U0350534

世界百大珍稀葡萄酒鉴赏

APPRECIATION OF THE WORLD'S TOP 100 GREAT AND RARE WINES

第二版
Second Edition

熊建明 著

中国轻工业出版社

图书在版编目（CIP）数据

世界百大珍稀葡萄酒鉴赏 / 熊建明著. -- 2版 -- 北京：中国轻工业出版社，2017.1
ISBN 978-7-5184-0889-4

Ⅰ. ①世… Ⅱ. ①熊… ②刘… Ⅲ. ①葡萄酒－品鉴－世界 Ⅳ. ①TS262.6

中国版本图书馆CIP数据核字(2016)第067847号

策划编辑：古　倩
责任编辑：古　倩　　　　责任终审：劳国强
整体设计：奇文雲海・設計顧問　　　　责任监印：张　可

出版发行：中国轻工业出版社（北京东长安街6号，邮编：100740）
印　　刷：北京顺诚彩色印刷有限公司
经　　销：各地新华书店
版　　次：2017年1月第2版第1次印刷
开　　本：787×1092　1/16　印张：19.25
字　　数：360千字
书　　号：ISBN 978-7-5184-0889-4　　　　定价：168.00元
邮购电话：010-65241695　传真：65128352
发行电话：010-85119835　85119793　　传真：85113293
网　　址：http://www.chlip.com.cn
Email：club@chlip.com.cn
如发现图书残缺请直接与我社邮购联系调换
151352S1X201ZBW

Chateau Pavie
PETRUS
CHATEAU AUSONE
ROMANÉE-CONTI
LA TÂCHE
RICHEBOURG
ROMANÉE-S^T-VIVANT
GRANDS ÉCHÉZEAUX
ÉCHÉZEAUX
MONTRACHET
LA ROMANÉE
RICHEBOURG
VOSNE-ROMANÉE
ECHEZEAUX
VOSNE-ROMANÉE
RICHEBOURG
Musigny
MUSIGNY
MUSIGNY
CHAMBERTIN
CHAMBERTIN
CLOS DE LA ROCHE
CHAMBERTIN
MONTRACHET
MONTRACHET
GRAND VIN
DE
CHATEAU LATOUR
HERMITAGE
CÔTE RÔTIE
KRUG
SALON
BOËRL & KROFF
CONTERNO
BAROLO
GAJA
BIONDI-SANTI
MASSETO
PINGUS
PORT
colgin
Penfolds
Grange
SEPPELT

再版前言

2016年4月1日，笔者与朋友一起登上庐山，故地重游。庐山位于江西九江，声名远播。庐山的众多景点中，仙人洞（亦称天泉洞、佛手岩）是最具代表性的名胜古迹之一。相传，唐代名道吕洞宾（吕纯阳）曾在仙人洞修炼，直至成仙。仙人洞内云雾缭绕，仙气秀逸。洞顶上有一注乳泉浮空而下，滴落成池，故称“一滴泉”“天泉”。在水池周边的石壁上，“琼浆”“洞天玉液”“甘露”“古洞千年灵异，岳阳三醉神仙”等石刻题词引人眼帘，颇有让人远离尘世，沉醉在朦胧飘逸的意境中之意。

本人是葡萄酒的爱好者和探索者。游历仙人洞，就像品尝美味的葡萄酒般，晶莹剔透的琥珀色酒体轻盈流淌，香溢四周，它让人忘却烦恼，使人生变得如玫瑰般艳丽绽放，给人们带来满心的喜悦。笔者由感而发，顿然醒悟，文人墨客们在仙人洞留下的“琼浆”“玉液”等千古绝句，何尝不是我苦苦寻求来形容珍稀葡萄酒最美妙的比拟吗?

“俺仙家景物奇绝，更有瑶池玉液，紫府琼浆”（明·无名氏《献蟠桃》）。本书愿借助古人“玉液、琼浆”这美妙的比喻，与读者朋友一起鉴赏世界百大珍稀葡萄酒。

2008年2月，中国轻工业出版社出版并首发了笔者的《世界百大珍稀葡萄酒鉴赏》（APPRECIATION OF THE WORLD'S TOP 100 GREAT AND RARE WINES）【荣获“2010年世界美食图书大奖”（The Best Wine History Book in China）】（以下称“首版”），先后共重印了8次。2013年4月，此书由台湾佳魁文化出版社以书名《酒藏年代——世界百大珍稀葡萄酒鉴赏》在台湾出版发行，并重印了多次。2011年4月，《世界百大葡萄酒·百年誌1900—2008》由中国轻工业出版社出版发行。2011年9月，《波尔多顶级葡萄酒品鉴》在中国轻工业出版社出版发行，也重印了多次。2012年8月，《勃艮第顶级葡萄酒品鉴》（Appreciation of Top Great Burgundy Wines）在中国轻工业出版社出版发行，已重印了两次。上述葡萄酒著作面世以来，得到了海内外广大读者的垂青和厚爱，笔者在此致以深深的谢意。

八年多来，笔者的上述葡萄酒著作已在海内外发行了数万册。一些葡萄酒商行将上述著作放在显著位置供读者阅读，许多葡萄酒爱好者以这些著作为参考按图索骥，选购和品鉴葡萄酒。这些拙作能得到海内外广大读者的垂青和厚爱，让笔者感到莫大慰藉。

近年来，世界葡萄酒业处于变革之中，首版中的百大葡萄酒已有许多发生了变化。为了让读者朋友掌握最新的世界葡萄酒动态，依据葡萄酒的市场认可度、稀有程度、全球市场价格等因素，参考英国伦敦葡萄酒搜寻网站 Wine Searcher 不定期发布的全球最昂贵 50 款葡萄酒的信息，世界著名拍卖行近 5 年来在香港、伦敦、纽约、洛杉矶和巴黎等地的葡萄酒拍卖行情，以及笔者近年来对世界各种知名葡萄酒发表的评论等，著成了本书——《世界百大珍稀葡萄酒鉴赏》（第二版），以飨读者朋友。

本书中的葡萄酒以产地顺序排列；一个酒庄如有多款葡萄酒收入本书，则分别作单独介绍。美国施氏佳酿拍卖行（www.zachys.com）主席 Mr. Jeff Zacharia 为本书提供了部分葡萄酒照片（在文中用*标示），笔者在此表示衷心感谢。

葡萄酒不仅涉及农业、天文、地理、化学、物理，还有宗教、历史、语言、民族风俗、饮食习惯等方面的知识，是一门“永无止境”的学问。本书中所列佳酿本人都曾品尝过。品尝葡萄酒最关键是自己的味蕾感受与亲身体验，别人所做的一切都是无法替代的。只有亲自品尝过，葡萄酒的个中滋味才得以描绘出来。当然，葡萄酒也是一门“酒海无涯”的学问，笔者对葡萄酒的评论并不能代表每位读者的观点，这正是葡萄酒的魅力所在。因此，本书是否合乎各位的见地，那就仁者见仁、智者见智了。

愿本书伴你度过每一个美好的葡萄酒旅程。

2016 年 9 月于深圳

目 录

第一章 法国产区

France

一、波尔多地区（Bordeaux）

二、勃艮第地区（Burgundy）

三、罗讷河谷地区（Rhone River Valley）

四、卢瓦河谷地区（Loire River Valley）

五、阿尔萨斯地区（Alsace）

六、香槟地区（Champagne）

第二章　意大利产区

Italy

第三章　西班牙产区

Spain

第四章　葡萄牙产区

Portugal

第五章　德国产区

Germany

第六章　美国产区

America

第七章　澳大利亚产区

Australia

第一章

法国产区

France

波尔多地区
BORDEAUX

001

拉菲

CHÂTEAU LAFITE-ROTHSCHILD

*

等级 梅铎地区一级特等（Médoc，Premiers Crus）

产地 法国，波尔多地区，梅铎·波依雅克（Pauillac Médoc，Bordeaux，France）

创立时间 1670年

主要葡萄品种 赤霞珠（Caberent Sauvignon），梅洛（Merlot），品丽珠（Cabernet Franc），小维铎（Petit Verdot）

年产量 200000 ~ 250000瓶

上佳年份 2014、2010、2009、2008、2005、2003、2000、1998、1996、1995、1990、1989、1988、1986、1982、1978、1961、1959、1955、1953、1948、1945、1929、1925

波尔多（Bordeaux）位于法国西南部，濒临大西洋，属于温带海洋性气候，是举世闻名的葡萄酒产区。流经波尔多的加伦河（La Garonne River）与多尔多涅河（La Dordogne River）在流入大西洋之前，汇成了著名的吉隆德河（Gironde River）。位于吉隆德河左岸的梅铎地区（Médoc）和位于加伦河左岸的格拉芙地区（Graves），统称之为“左岸”（Rive Gauche）；位于多尔多涅河右岸的圣-艾美浓地区（Saint-Emilion）和庞美洛地区（Pomerol），统称之为“右岸”（Rive Droite）。这就是人们常常听到的“左岸、右岸”。

在吉隆德河两岸，布满了许多享誉世界的顶级葡萄园。这里有非常适合优质葡萄生长的气候和土壤条件。河左岸的土壤以砾石闻名；河右岸的土壤以黏土为主，含有一些铁砂和石灰石。在波尔多有5个主要葡萄酒产区，分别是：梅铎（Médoc）、格拉芙（Graves）、庞美洛（Pomerol）、圣-艾美浓（Saint-Emilion）和以生产甜白葡萄酒为主的苏玳（Sauternes）。波尔多种植的主要葡萄品种有：赤霞珠（Cabernet Sauvignon）、梅洛（Merlot）、品丽珠（Cabernet Franc）、小维铎（Petit Verdot）等。波尔多葡萄酒基本上是由这些不同品种的葡萄混合酿造，很少用单一葡萄酿酒。

波尔多是依据法国葡萄酒“原产地控制命名”A.O.C.（Les Appellations d'Origine Contrôlées）命名的法定产区。1855年，巴黎举行了世界博览会，在此次世博会上，法国当局首次公布了波尔多梅铎地区60种葡萄酒的分级名单（Wine of Médoc 1855 Classification），共分为五个等级，其中获得一级特等酒庄（Premiers Crus）的有四家，分别是：拉菲酒庄（Château Lafite Rothschild）、拉图酒庄（Château Latour）、玛歌酒庄（Château Margaux）和侯伯王酒庄（Château Haut Brion）（唯一梅铎地区以外的）。1973年，法国农业部破例批准了梅铎地区的木桐酒庄（Château Mouton Rothschild）由二级特等酒庄（Deuximes Crus）晋升为一级特等酒庄。1855年，在苏玳（Santernes）地区和巴沙（Barsac）地区也进行了酒庄分级，有26家酒庄获得了评级（共分为三个等级），其中伊甘酒庄（Château d'Yuem）获得唯一一家超第一级特等酒庄（Premier Cru Supérieur）的殊荣。1953年，格拉芙（Graves）地区进行了第一次酒庄分级，共有22个酒庄入选，美讯酒庄（Château La Mission Haut Brion）与侯伯王酒庄一起被评为一级酒庄。1996年，圣-艾美浓（Saint-Emilion）地区进行了第一次酒庄分级，当局将当地68家酒庄分成了三个等级，获得第一特等酒庄A级（Premiers Grands Crus Classés A）荣誉的只有两家，它们是：奥松酒庄（Château Ausone）和白马酒庄（Château Cheval Blanc）。2012年9月6日圣-艾美浓列级酒庄的最新分级名单揭晓，新的分级版本中有18家一级特等酒庄，64家特等酒庄，总数82家，金钟酒庄（Château Angélus）与柏菲酒庄（Château Pavie）一道，由原来的圣-艾美浓列级一级特等酒庄B级升为圣-艾美浓列级一级特等酒庄A级。另外，波尔多还有一个早在1932年就已经公布了的布尔乔斯（Crus Bourgeois）中等级葡萄酒分类，这个分类有444家酒庄名列其中，包括上-梅铎（Haut-Médoc）、波依雅克（Pauillac）、圣-艾特菲（St.Estéphe）、圣-

朱利安（St-Julien）、利斯塔克（Listrac）、慕里斯（Moulis）、玛歌（Margaux）、侯伯王（Haut Brion）等八个法定产区在内。在47年后，布尔乔斯葡萄酒分类于1979年才被欧共体认可。又过了22年，法国议会于2001年1月31日批准了这个分类，并于2002年生效。

梅铎地区是波尔多五大产酒区中最重要的部分，由圣－艾特菲、波依雅克、圣－朱利安、玛歌等四个小产区组成，有1500个酒庄，16550公顷葡萄田，年产1亿瓶葡萄酒，年出口葡萄酒金额达5亿欧元。其中，波依雅克是名园荟萃的地方，这里有三个钻石般的名庄——拉菲酒庄、拉图酒庄和木桐酒庄，它们都是波尔多的大明星，魅力四射。当然，这其中最具代表性的要数拉菲酒庄。

早在公元1707年，拉菲酒就列入了英国伦敦官方公报（London Gazette），被誉为“新法国红酒”（New French Clarets），成为当时英国、法国皇帝国宴以及皇亲国戚们餐桌上不可或缺的角色，时任英国首相罗伯特·瓦尔普里（Robert Walpole，1732—1733年任首相）每个月都要定购三桶拉菲酒供接待和自己享用。1845年，波尔多的第一本葡萄酒专著 Cocks & Feret 将拉菲酒列在第一位。进入20世纪80年代，拉菲酒如日中天，酒价更是了得！2010年10月29日，笔者目睹了苏富比拍卖行在香港举行的横跨140年（1869—2009年）拉菲酒专场拍卖，所拍卖的酒均取自于拉菲酒庄酒窖。1大瓶（Imperal，6000毫升）1982年拉菲酒，卖到114.95万港元，合每瓶（750毫升）14.37万港元，刷新了此酒价格纪录；就连当时还躺在酒庄橡木桶里的2009年拉菲酒（2年后才出厂），每瓶（750毫升）也卖到了4.44万港元；令人不可思议的是，在8瓶（750毫升）1869—1899年的拉菲酒中，有7瓶超过100万港元，还有更令人咋舌的是3瓶1869年拉菲酒，每瓶卖到181.5万港元的天价，打破了单瓶葡萄酒成交价的世界纪录！2008年（北京奥运会之年）的拉菲酒（当时尚未上市），酒庄在酒瓶上印上了一个在中国象征好意头的红色“八”字，价格由每瓶570美元飙升到2860美元，一年内翻了5倍！2010年7月，时任全国人大常委会委员长吴邦国到访拉菲酒庄，并在2008年的第一瓶拉菲酒标上署名。拉菲酒曾被英国伦敦葡萄酒搜寻网站 Wine Searcher 列为2015年全球最昂贵的50款葡萄酒之一，当时是波尔多左岸地区唯一上榜的红葡萄酒。

1960年以前，拉菲酒庄在有些年份还生产极为稀有的拉菲干白酒（Château-Lafite Blanc），这款佳酿在市场上十分罕见，笔者在意大利一家米其林三星餐厅遇到一瓶1959年的拉菲干白酒，索价高达3万欧元（约27万人民币）！

拉菲（Lafite）的名字最早出现于1234年，源于加斯科尼【Gascon，法国西南部比利牛斯山（Pyrénéen）地区的旧称】方言中的“拉·菲特”（la Fite，法语“小山岳”的意思）。拉菲园（Château Lafite）位于波依雅克的最北端，历史非常悠久，公元1670—1680年间，拉菲园被法国路易斯十五国王誉为“葡萄酒王子”的当地贵族——亚历山大·西格尔（Alexandre de Ségur）侯爵收购，此前他已经拥有拉图酒庄。他的儿子尼古拉斯·亚历山大（Nicolas Alexandre）是波尔多市第一届议会主席，他在继承家族葡萄酒事业后，利用家族强大的财力，又陆续收购了木桐园、加龙园（Calon，后改名为加龙·西格尔园“Calon-Ségur”）等。至此，波依雅克的三大名园都落入了尼古拉斯·亚历山大家族囊中，可谓风光一时。但由于扩张得太快，管理又跟不上，这些名园开始走向衰败，此后木桐园、拉图园相继离开了亚历山大家族。1784年，尼古拉斯·亚历山大家族将拉菲园转让。1797年9月12日，拉菲园在法国大革命时期被政府充公并拍卖。在此后的70多年时间里，拉菲园多次易主。尽管如此，拉菲园在1855年还是获得了梅铎地区一级特等酒庄第一名的荣耀。

提到拉菲酒庄（Domaines Lafite Barons De Rothschild），有必要介绍一下罗斯柴尔德（Rothschild）家族。迈耶·阿姆谢尔·鲍尔（Mayer Amschel Bauer，1744—1812年）于1744年出生在德国法兰克福犹太人聚居的贫民窟里，其家族在法兰克福居住了两个多世纪。后来迈耶·阿姆谢尔·鲍尔将自己的姓改为了罗斯柴尔德（Rothschild）。“罗斯柴尔德”的德语意思为“红色盾牌”，法语意思为财富。迈耶·阿姆谢尔·鲍尔12岁开始在银行学徒，结束银行工作后，开始做古董、古钱币生意，后来从事贸易、走私商品活动，积累了庞大财富。迈耶·阿姆谢尔·鲍尔于1812年去世，他有五个儿子，这五兄弟分别在法兰克福、伦敦、巴黎、维也纳和那不勒斯等欧洲主要城市开设银行，其幼子巴朗·詹姆斯·迈耶·罗斯柴尔德（Baron James Mayer Rothschild，1792—1868年）在巴黎开设了迈希尤斯·罗斯柴尔德银行（Messieus de Rothschild Frères），此人就是拉菲酒庄后来的主人。19世纪，罗斯柴尔德家族富可敌国，是欧洲首富，号称欧洲第六帝国（前五位是：大英帝国、普鲁士－德意志、法兰西、奥匈帝国、俄国）。时至今日，罗斯柴尔德家族仍具有相当大影响力，除了金融、黄金、煤炭、钢铁、钻石、铁路、酒店等业务外，还拥有多家著名的酒庄。

1868年8月8日，是拉菲酒庄值得纪念的日子。这一天，巴朗·詹姆斯·迈耶·罗斯柴尔德在公开拍卖会上，以444万法郎的天价购得了拉菲园的全部股权。在购得拉菲园的三个月后，巴朗·詹姆斯·迈耶·罗斯柴尔德就去世了，此前他已将自己的财产（包括拉菲园）分成了三部分，分别由他的三个儿子——阿方索（Alphonse de Rothschild）、古斯塔夫（Gustave de Rothschild）与埃德蒙（Edmond de Rothschild）共同继承。罗斯柴尔德家族与葡萄酒结下的渊源至今已超过200年。在巴朗·詹姆斯·迈耶·罗斯柴尔德收购拉菲酒庄的15年前，他的侄子（三哥的儿子）巴朗·纳萨尼尔·迈耶·罗斯柴尔德（Baron Nathaniel Mayer Rothschild）于1853年就已收购了波尔多的另一名庄——木桐酒庄。

归入罗斯柴尔德家族后，拉菲酒庄迅速复苏的首功非约瑟夫·古达尔（Joseph Goudal）莫属。1797年，酒庄聘请他全权负责葡萄园管理和酿酒工作。约瑟夫·古达尔不负众望，在他精心经营下，葡萄酒的品质很快就跃居波尔多之首，拉菲酒也很快就红遍了法国和英伦三岛。

在第二次世界大战期间，拉菲酒庄被政府临时征用作为农业学校。1945 年第二次世界大战结束时，罗斯柴尔德家族重新接手酒庄。在 20 世纪 60—70 年代间，酒庄由于经营不善，葡萄酒品质逊色于波尔多其他顶级酒庄，酒庄的品牌和声誉都受到了极大影响。

1974 年，罗斯柴尔德家族的新生代成员巴朗·埃里克·罗斯柴尔德男爵（Baron Eric de Rothschild）接管了这个庞大的祖业，他临危受命，立志要恢复拉菲酒庄的声誉。第二年，他组成了一个四人小组专门负责管理葡萄园和酿造等事务。这个管理团队大胆革除陋习，勇于创新，采用先进的技术改善葡萄园管理和酿酒工艺，增添新的酿酒设备。埃里克男爵在成功地实施这一系列的改革措施后，拉菲酒很快就重新回到了巅峰状态。酒庄现任总经理是克里斯托菲·萨林（Christophe Salin）先生。

埃里克男爵不仅改造和复苏了拉菲酒庄，而且不断发展壮大酒庄。在他的努力下，他的家族于 1990 年收购了位于庞美洛地区的里凡奇酒庄（Château L'Evangile）等国内外一系列酒庄。1987 年，拉菲酒庄建造了一个宏伟的酒窖，这个由西班牙加泰罗尼亚（Catalonia architect）建筑师理查德·波菲尔（Richard Pofield）设计的地下环形陈酿酒窖由 16 根柱子撑起穹顶，使整个建筑宛若开阔的天空，展现出独有的恢宏与灵美风格。建筑耗时 2 年，开挖土石方约 1 万立方米。酒窖中沉睡着 2200 个橡木桶，葡萄酒在这里进行陈酿。这也是世界上第一座以环形方式储存橡木桶的酒窖，是一个名副其实的“红葡萄酒博物馆”。

2015 年 7 月，法国《挑战者》杂志公布了 2015 年“法国 500 强富豪名单”排行榜，埃里克男爵家族以 4.5 亿欧元名列第 138 位。

拉菲园面积有 90 公顷，土壤以石灰质土和沙砾土为主，独特的土壤和微气候环境，培育出了世界上独一无二具有优雅风格和与生俱来的洗练风味之美酒。拉菲园的葡萄树龄平均近 60 年，产量较低，每公顷年产拉菲酒 2100 公升。在葡萄园管理方面，继承了传统的葡萄种植方法，尽量少用化肥，葡萄在充分成熟后才采摘，收获后还要以桶为单位再做筛选，其中品质最好的葡萄才会用来酿造拉菲酒，平均每棵葡萄树每年只能产出半瓶（375 毫升）葡萄酒。

拉菲酒由赤霞珠葡萄、梅洛葡萄、品丽珠葡萄和小维铎葡萄混合酿成。葡萄在破碎后，用备有恒温设备的不锈钢桶和传统的大橡木桶进行浸渍和发酵，发酵完成后，转入自家生产的全新的橡木桶里醇化 18~24 个月。装瓶前每一桶酒要用 4~6 个蛋清澄清，装瓶后还要继续在酒窖里藏酿一年以上才能出厂。酒庄将淘汰下来达不到酿造拉菲酒品质的葡萄，用来酿造副牌酒—— 拉菲珍宝（又称“小拉菲酒”，Carruades de Lafite）。小拉菲酒的价格只有拉菲酒的 1/3~1/10，但酒的香气和味道与拉菲酒一脉相承。

拉菲酒庄似乎对天文情有独钟。为了纪念“哈雷彗星”每 76 年的一个轮回，1985

年的拉菲酒瓶上刻有“1985”的字样和“哈雷彗星”的图案。1999年又有特别的天文现象发生，当年的拉菲酒瓶刻上了日（金色）与月（银色）的图案。1985年及以前的拉菲酒，酒标上印的是“Château Lafite-Rothschild”，而1986年及以后的酒标上印的是“Château Lafite Rothschild”，少了“-”。从1996年起，拉菲酒瓶的瓶颈处铸有凸字的“Lafite”商标（即上下各有五支箭的箭头指向中心）。

2010年10月28日，应罗斯柴尔德集团（Barons de Rothschild）和苏富比拍卖行邀请，笔者在香港参加了名为“LAFITE EX CELLARS”的小型晚宴，拉菲酒庄主人巴朗·埃里克·罗斯柴尔德男爵、总经理克里斯托菲·萨林先生亲临主持。席前，埃里克男爵、萨林先生与笔者进行了热情交谈，内容涉及罗斯柴尔德家族、酒庄和拉菲酒的各个方面。埃里克男爵说，无论所谓年份好坏，拉菲酒品质都能得到保证。因为酿造葡萄酒就像生小孩，母亲在十月怀胎时和孩子出生后都要悉心照料。他无不得意地对笔者说，在他接手酒庄的30多年时间里，拉菲酒出现了在波尔多其他酒庄中非常少见的两个“三连贯年份”，分别是：1988年、1989年、1990年以及2008年、2009年、2010年。他接着说，在2008年，罗斯柴尔德集团与中国中信集团在山东蓬莱建立了合资酒庄，消费者将有机会喝上在中国生产的具有拉菲元素的葡萄酒。

当晚宴会酒单上的8种佳酿全部直接取自罗斯柴尔德家族酒窖：罗斯柴尔德香槟酒（Champagne Barons de Rothschild），2000年米龙酒（Château Duhart Milon），2000年小拉菲酒（Carruades de Lafite），1990年、1988年、1982年和1925年拉菲酒、1997年里耶塞克甜酒（Château Rieussec）。这些美酒中，给人印象最深的是1982年和1925年拉菲酒。萨林先生介绍说，1982年拉菲酒与其他年份有所不同，使用赤霞珠的比例降至65%，酒精含量13.5%，产量约216000瓶。他继续解释说，1982年拉菲酒之所以受欢迎，是因为波尔多夏天是白天热晚上凉，而1982年与往常不同，白天特别酷热而晚上也很热，正是这种特殊气候造就了这个伟大的年份。

1982年的拉菲酒呈紫红宝石色，慢慢地释放出饱含樱桃、栗子、李子、黑加仑子、甘草的复杂果香味，以及烟熏木、铅笔屑、矿物质和咖啡的气息，雄浑醇厚，层次极为丰富，在口腔中流露出辛香浓郁和细腻柔滑的复杂味道，优雅洗练，收结悠长。1925年的拉菲酒当时已过了85年，酒身似淡淡的红宝石色泽，虽不像1982年那样澎湃有力，但仍然馥芳柔顺，余韵优雅，有着独一无二的波尔多典型风采，尽显拉菲家族的华丽风范。

*

红葡萄酒
Red Wine

002

拉图

CHÂTEAU LATOUR

等级 梅铎地区一级特等

产地 法国，波尔多地区，梅铎 · 波依雅克

创立时间 1670 年

主要葡萄品种 赤霞珠，梅洛，品丽珠和小维铎

年产量 180000 瓶

上佳年份 2014、2011、2010、2009、2008、2005、2003、2000、1996、1990、1982、1961、1955、1953、1949、1948、1947、1945

吉隆德河在汇入大西洋之前流经的最后一个地方是梅铎地区。这一带土地肥沃，人们生活富足，但经常有海盗上岸袭扰当地居民。1331年，当地领主庞斯（Pons）下令在当地的圣－茂贝特（Saint Maubert）教区修建防御性的塔楼，用于监视吉隆德河上海盗活动的情况，以保护这个地区不受侵扰。后来，人们给这座堡塔取名为“拉·图”（La Tour）塔。“拉·图”塔建成的100年后，正处于英法百年战争期，英国－加斯科（Gascon）军队占领了这座塔楼。塔楼后来在战争中遭到毁坏，战争结束后于1625年进行了重建。

1378年，拉图酒庄（Château Latour）的名字最早出现在法国历史学家让·华萨（Jean Froissart）的《大事记》中。在英法百年战争后，拉图酒庄一直被英国与加斯科的两个股东所拥有。直到16世纪末，拉图酒庄成为亚历山大·西格尔（Alexandre de Ségur）家族的产业。亚历山大·西格尔是法国贵族，被路易斯十五国王称为“葡萄酒王子”。在他1716年去世前，亚历山大·西格尔收购了拉菲酒庄。他的儿子尼古拉斯·亚历山大（Nicolas Alexandre）是波尔多议会主席，在他继承家族葡萄酒事业后，又陆续收购了木桐园、加龙园【Calon，后改名为加龙－西格尔（“Calon-Ségur”）园】等。在以后的160多年时间内，尼古拉斯·亚历山大家族维持了拉图酒庄的原貌。1855年，本园被官方评为梅铎地区一级特等酒庄。1962年，亚历山大家族将酒庄的大部分股权售给了英国培生集团（Pearson，持有本园53%股份）和英国哈维公司（Harveys of Bristol，持有本园25%股份）。1989年，联合里昂（Allied Lyons）集团收购了培生集团和哈维公司所持有拉图酒庄的全部股份，同时还从亚历山大家族收购了部分股份，持股量达到93%，成为拉图酒庄的绝对大股东。

1993年6月，法国商界的传奇人物弗朗索瓦·皮诺（François Pinault）通过他的艾特密公司（Artemis），以7.2亿法郎的价格购从联合里昂集团手中获得了拉图酒庄的控股权。至此，拉图酒庄重新回到了法国人手中。弗朗索瓦·皮诺投资广泛，涉及奢侈品、葡萄酒、艺术品等。他拥有巴黎春天百货公司（Printemps），佳士得拍卖行（Christie's），世界第三大奢侈品品牌——古驰集团（Gucci），行李箱公司新秀丽（Samsonite），时装品牌巴黎世家（Balenciaga）、彪马（Puma）、麦昆（Alexander McQueen），法国最大的连锁书店法雅（Fanc），焦点杂志（Le Point），法国第一家足球俱乐部——布里奥尼（Brioni）；以及位于勃艮第的尤金尼酒庄（Domaine d'Eugenie），位于波尔多的十字架酒庄（Vray Croix de Gay）、修道院酒庄（Le Prieuré）、拉兰德酒庄（Lalande de Pomerol）、莎域酒庄（Château Siaurac），位于罗纳河谷的格里叶酒庄（Château Grillet），位于美国纳帕谷的阿罗珠酒庄（Araujo Estate）等。弗朗索瓦·皮诺拥有超过 2000 件顶级艺术品。2013 年 6 月，弗朗索瓦·皮诺先生向中国无偿归还了流失多年的国宝——圆明园青铜鼠首和兔首；2015 年 4 月 14 日，他又亲手将价值 100 多万欧元、来自我国甘肃省陇南市礼县大堡子山秦人陵园的四片金饰片文物，交还给了中国驻法国的巴黎大使馆，没有向中方索要任何补偿，2015 年 7 月 20 日，国家文物局将这些国宝移交给甘肃省博物馆保存。2003 年底，时年 67 岁的弗朗索瓦·皮诺先生将家族产业传给了儿子弗朗索瓦·亨利·皮诺（François Henri Pinault）。

2015 年 7 月，法国《挑战者》杂志公布了 2015 年“法国 500 强富豪名单”排行榜，弗朗索瓦·皮诺家族以 127 亿欧元荣登第八位。

拉图酒庄最核心的葡萄园——里恩克洛斯（L'Enclos）园，面积 47 公顷，土地以碎石和沙石土为主，较为贫瘠，利于葡萄藤的根系向下生长以获取更多的养分，园中种植的葡萄品种为赤霞珠、梅洛、品丽珠和小维铎，种植密度每公顷 10000 株，葡萄树龄平均 50 年，最老的超过 100 年。从 2000 年起葡萄园开始逐步采用生物动态法，从 2008 年起用马犁田。酒庄后来又陆续收购了 30 多公顷名为小巴塔里（Petit Batailley）的葡萄园，其收成的果实主要用来酿造酿造副牌酒——拉图堡垒（Les Forts de Latour），以及三等酒——“波依雅克”（Pauillac）。

现任酒庄总经理恩格尔（Frédéric Engerer）先生于 1995 年加入拉图酒庄，负责酒庄的全部工作和 66 人的团队。在他的领导下，酒庄于 1999 年 11 月开始历时 3 年，改造和新建了酒窖、酿酒车间、发酵设备等。1964 年，拉图酒庄在英国著名的葡萄酒权威人士哈里·旺（Harry Wangh）的建议下，在梅铎地区最早使用带有温控设备的不锈钢大桶替代木桶发酵，使用这种先进酿酒设备，可以酿出高质量的葡萄酒。通过这次改造，酒庄现有 66 个容量不等（从 12hL~170hL）的不锈钢桶。葡萄在采摘后要人工分拣，挤碎后的葡萄汁就用这种带有温控设备的不锈钢大桶进行发酵，发酵结束后，要用全新的木桶醇化 20~24 个月。拉图酒用来自勒克斯园的优质葡萄酿造，其淘汰下来达不到品质要求的葡萄与来自小巴塔里园的葡萄一起，用于酿造副牌酒——拉图堡垒。1990 年，酒庄开始用上述的葡萄生产三等酒——“波依雅克”，这种酒的酒标上只有拉图酒庄的标志，在酒标的下方标明了此酒在拉图酒庄装瓶。2012 年，拉图酒庄宣布，从当年起开始退出在波尔多已经近百年历史的期酒市场。从此，市场上再也见不到拉图酒的“酒花”了。

1725年10月，波尔多著名酒商巴鲁里瓦尔（J·Bruneval）在写给英皇乔治二世（George Ⅱ）的信中建议：英皇每天应该饮用波尔多四种最好的葡萄酒：拉图酒、拉菲酒、玛歌酒和庞塔克（Pontac）家族的侯伯王酒，其中拉图酒列第一位。这个建议与100多年后的1855年波尔多酒庄的分级结果如出一辙。乔治二世采纳了巴鲁里瓦尔的建议，经常饮用拉图酒，拉图酒的名声也因此越来越大。拉图酒雄浑刚劲的洗练风格是出了名的。一些原来酷爱烈酒的人，因健康原因而改为喝红葡萄酒，而拉图酒便成为他们的首选。拉图酒一般要在10年以上才能成熟。

虽然拉菲酒的名声盖过了拉图酒，但拉图酒的品质较拉菲酒更为稳定。如果将拉图酒与拉菲酒进行品质比较，在一百多年历史（1900—2010年）中，好年份的拉图酒（共有20个年份）要多过好年份的拉菲酒（共有18个年份），有些年份的拉图酒，价格远高于同年份的拉菲酒。

2011年5月25日，笔者应拉图酒庄总经理恩格尔先生和佳士得亚洲区主席叶先生之邀，参加了在澳门新葡京酒店8中餐厅举办的“横跨3世纪之Latour”晚宴，品尝了12个年份的拉图酒（这些酒均于2011年3月在酒庄装瓶，品饮前3小时开瓶），包括：1897年、1909年、1919年、1929年、1937年、1949年、1959年、1961年、1966年、1971年（mag）、1982年、2000年。其中，给人印象最深的是1897年、1949年、1959年、1961年和1982年。而1961年尤为突出，它呈现出深紫的石榴色，充满了非常诱人的松露菌、薄荷、皮革、樱桃、薰衣草、甘草、巧克力、咖啡的浓郁香味。单宁饱满富足，层次复杂，馥郁圆润，浑厚有力。细腻幼滑的口感、浓郁华丽的芳香、悠长雅致的余韵，着实令人沉醉。是一款“刚柔并济”的美酒。

*

003

木桐

CHÂTEAU MOUTON ROTHSCHILD

等级 梅铎地区一级特等

产地 法国，波尔多地区，梅铎 · 波依雅克

创立时间 1853 年

主要葡萄品种 赤霞珠，梅洛，品丽珠，小维铎

年产量 300000 瓶

上佳年份 2014、2012、2010、2009、2008、2005、2003、2000、1998、1996、1986、1982、1961、1959、1953、1949、1948、1947、1945

在法文中，木桐（Mouton）是“羊”的意思。

木桐酒庄（Château Mouton Rothschild）成名于公元18世纪。1725年，约瑟夫·布兰（Joseph de Brane）家族在波依雅克购得了一块葡萄园，取名为布兰·木桐园（Brane Mouton）。布兰·木桐酒在当时的影响非常大，深受法国国王喜爱。在1829年前，这个酒庄属于被路易斯十五国王誉为“葡萄酒王子”的法国贵族——亚历山大·西格尔（Alexandre de Ségur）家族所有。

1830年，布兰·木桐园卖给了巴黎的银行家依萨卡·杜雷（Isaac Thuret）家族。1853年，该园被罗斯柴尔德家族成员巴朗·纳萨尼尔·迈耶·罗斯柴尔德（Baron Nathaniel Mayer Rothschild）买下，之后，布兰·木桐园被易名为布兰·木桐·罗斯柴尔德园（Brane-Mouton Rothschild），后来又改为木桐·罗斯柴尔德园（Château Mouton Rothschild）。在相隔15年后的1868年，巴朗·纳萨尼尔·迈耶·罗斯柴尔德的叔叔巴朗·詹姆斯·迈耶·罗斯柴尔德（Baron James Mayer Rothschild）购得了波尔多的另一个名园——拉菲园。自1853年至今的170多年里，木桐园一直由巴朗·纳萨尼尔·迈耶·罗斯柴尔德家族拥有。

1922年，巴朗·纳萨尼尔·迈耶·罗斯柴尔德年仅20岁的孙子巴朗·菲利普·罗斯柴尔德男爵（Baron Philippede Rothschild）接管了家族生意，直至1988年去世。菲利普男爵去世后，木桐园由他的独生女儿、具有戏剧天赋的巴罗尼斯·菲利宾·罗斯柴尔德（Baroness Philippine de Rothschild）夫人继承和管理，成为掌管木桐酒庄的第五代传人。除了生产木桐酒，他们从1992年起还生产一种干白酒——阿里·达尔根特（Aile d'Argent），一种甜酒 La Cuvée Madame de Château Coutet，一种类似于波特酒的 Liqueur de Cassis de Mouton Rothschild。除此之外，菲利宾家族在波尔多还拥有两个五级酒庄——克拉米伦（Château Clerc Milon）和达玛雅克（Château d'Armailhac）。另外，木桐酒庄与美国加州酒庄合作的“作品一号”（Opus One）、在智利酒庄合作的“活灵魂”（Almaviva），也赢得了国际声誉。

1992年，一个名为“白金家族葡萄酒联盟”（Primum Familiae Vini）的组织宣告成立，成员分别来自法国、德国、意大利、西班牙、葡萄牙和美国等6个国家的12家著名酒庄。这个组织的成员必须是其酒庄一直由同一家族拥有。由于美国的罗伯特·蒙大维酒庄（Robert Mondavi）的股东于2004年发生了变化，这个组织已淘汰其联盟成员资格。目前，该联盟目前的成员为11名，分别是波尔多的木桐酒庄，罗讷河谷的博卡特尔酒庄（Château De Beaucastel），德国的伊贡·慕勒酒庄（Weingut Egon Müller），意大利的彼埃罗·安东尼酒庄（Marchesi Piero Antinori）、圣圭托酒庄（Tenuta San Guido）和西班牙的维加·西西里亚酒庄（Vega Sicilia）等。2009年11月16日，笔者应邀出席了“白金家族葡萄酒联盟”在香港举行的年会。作为波尔多数千家酒庄在“白金家族葡萄酒联盟”中的唯一代表，巴罗尼斯·菲利宾·罗斯柴尔德女士非常热情地向笔者介绍了这个联盟和木桐酒庄，虽年逾七旬，但她的思路清晰，非常健谈。

2014年8月22日晚，菲利宾女爵在巴黎逝世，享年80岁。波尔多市长阿兰·朱佩（Alain Marie Juppé）发表哀悼声明称：“这位伟大的女性为弘扬法国文化进行过不懈的努力……她为促进波尔多葡萄酒的发展做出了卓越贡献，对波尔多葡萄酒文明城（CCV）项目也给予积极支持”。

菲利宾女爵1958年毕业于国立巴黎高等戏剧艺术学院，进入法兰西喜剧院成为一名演员，曾主演过歌剧《哈洛与慕德》（Harold and Maude）。1988年父亲逝世后，她不得不告别舞台，接管酒庄，带领木桐酒庄与时俱进、再现辉煌。她还荣获过“法国艺术与文学骑士勋章”和“法国荣誉军团军官勋章”，2013年6月被英国葡萄酒大师学会（IMW）与《饮料商务》杂志（Drinks Business）联合授予“葡萄酒行业人物终身成就奖”。

现在，菲利宾女爵的3个子女全都继承了她的事业，投入到酒庄的经营管理。他们分别是：儿子菲利普·塞莱斯·罗斯柴尔德（Philippe Sereys de Rothschild）和卡米尔·塞莱斯·罗斯柴尔德（Camille Sereys de Rothschild），女儿朱利恩·波玛谢（Julien de Beaumarchais）。酒庄现任酿酒师是菲利普·达路安（Philippe Dhalluin）。2015年1月29日，笔者应邀参加在香港举办的以木桐酒为主题的晚宴，笔者见到了他们兄妹三人，并与他们交谈，兄妹三人流露出对他们母亲的无限思念。他们对酒庄的前景充满了信心，在酒庄管理中既有分工又有合作。

2015年7月，法国《挑战者》杂志公布了2015年“法国500强富豪名单”排行榜，新庄主菲利普·塞莱斯·罗斯柴尔德家族以7.5亿欧元列第87位。

木桐酒的酒标具有收藏价值。1945年，为纪念同盟国的胜利，木桐酒庄采用世界知名画家菲利普·朱利昂（Philippe Jullian）的作品作为酒标。1973年，为庆祝酒庄由二级评为一级，经毕加索（Pablo Picasso）女儿授权，菲利普男爵采用毕加索于1959年12月22日所做的水彩名画《酒神祭》（Bacchanale）作为1973年木桐酒的酒标，并在酒标上写上“今日一级，昨日二级。木桐不变（Premier jesuis,second je fus.Mouton ne change）”。历史上，木桐酒曾有过两次“在同一年份使用两种不同酒标”的现象：第一次是1978年，蒙特利尔的艺术家让－鲍尔（Jean-Paul Riopelle）为木桐酒设计了两款不同的酒标，结果菲利普男爵对这两款酒标都非常喜欢，于是1978年的木桐酒就使用了两种不同的酒标；另一次是1993年，波兰裔法国画家巴尔苏（Balthus）为木桐酒设计了一个性感裸体少女的酒标，结果遭到了美国烟酒枪械爆炸物管理局（BATFE）的调查，如不改变酒标，就禁止其在美国销售。无奈之下，1993年的木桐酒在美国和亚洲销售时，其酒标的上半部分是空白的，而在其他地区销售的1993年木桐酒，其酒标仍然保留了波兰裔画家的作品。1996年，木桐酒第一次采用中国画家的作品作为酒标，中国画家兼书法家古干的《心连心》作品成为当年木桐酒的酒标。在千禧年的2000年（“羊年”），木桐酒庄就直接在酒瓶上印上了一只金色的羊作为酒标，非常醒目。2008年，木桐酒采用了中国画家徐累的《月下葡萄丛中太湖石上的绵羊》做酒标，此画恰到好处地表现了“天、地、人”之关系，分开的东、西半球漫挂着葡萄枝，中间一只白绵羊和如影的假山石，在朦胧的月色下，显得幽远娴静。

木桐园与拉菲园的主人虽有血缘关系，近在咫尺，但一直不相往来，且相互竞争。在1855年官方评级时，拉菲园被评为一级特等园，而木桐园只被评为二级特等园。在菲利普·罗斯柴尔德男爵继承家业后，他心有不甘，发誓要让木桐园的水准赶超拉菲园。为此，他全身心地投入园务和酿造工作，大胆创新，引进先进技术和管理方法，斥巨资改善酒庄环境，获得了空前的成功。他的做法是：于1925年率先在自己的酒庄里用玻璃瓶灌装出售，比法国当局于1972年通过法令强制所有酒庄必须以瓶装酒出售的规定早了整整47年；其次是从1945年起，将一成不变的酒标，改为每年聘请一位世界知名画家设计是年的新酒标，以丰富酒的艺术内涵；第三是以“亲戚园”拉菲园的价格为基准，制定相应的价格行销策略。

经过菲利普男爵不懈的努力，木桐酒庄终于在1973年获得时任法国农业部长、法国前总统杰克·希拉克（Jacques Chirac）的批准，由二级特等酒庄破例晋升为一级特等酒庄，这是自1855年以来梅铎地区唯一的一家晋升为一级特等的酒庄。晋升为一级特等后，木桐酒的价格也开始向拉菲酒靠拢。对波尔多葡萄酒来讲，1973年并非好年份，但1973年的木桐酒（说实话，此酒并不好喝）在葡萄酒拍卖中，每瓶（750毫升）成交价却超过6000元港币，这样的价格，只能说是世界顶级艺术家作品与世界顶级葡萄酒天合之作的结晶。在波尔多著名的葡萄酒批发商马莱尔－贝斯（Mähler-Besse）2008年9月的一份价目表中，一瓶（750毫升）1945年的木桐酒，报价竟然达到了令人匪夷所思的2万欧元！为了纪念菲利宾女爵，菲利宾女爵的三个子女与苏富比拍卖公司合作，于2015年1月30日在香港举办了一次木桐酒专项拍卖会，所得部分资金用于“推广文化与艺术的基金会（A Foundation For The Advan Cement In The Performing Arts）”。

随着时间的推移，木桐酒庄与拉菲酒庄之间的恩怨是非“一笑泯恩仇”了。近年，这两个酒庄的主人以家族姓——罗斯柴尔德（Rothschild）和家族标志“五支箭”为品牌，在香槟区合作酿造“Champagne Barons de Rothschild Brut NV”、“Champagne Barons de Rothschild Blanc de Blancs NV”和粉红色的“Champagne Barons de Rothschild Rosé NV”三款香槟酒。

木桐园位于波依雅克一个坡度不高的碎石坡顶上，碎石的厚度达12米，不易耕作。本园葡萄树龄平均50多年，每公顷年产木桐酒3000公升。每年在葡萄开花时，园主会修剪葡萄枝，以控制葡萄的产量；葡萄在完全成熟后才采用人工采摘，在采摘时进行第一次分选，送到酿酒车间后还要再度精选，从中挑选出品质最好的葡萄酿造木桐酒。木桐酒由赤霞珠葡萄、梅洛葡萄、品丽珠葡萄和小维铎葡萄混合酿成。葡萄在破碎后就进行发酵，发酵结束后，要用全新的橡木桶醇化20~30个月。从1993年起，木桐酒庄将淘汰下来达不到木桐酒品质的葡萄，用于生产副牌酒——小木桐（Le Petit Mouton de Mouton-Rothschild），这种酒的年产量为43000瓶。此酒一推出，就十分引人注目。

笔者品尝过1945年标准瓶木桐酒，当年产量为75921瓶，其中：标准瓶（Bottle，750毫升）74422瓶、Magunm（1500毫升）1475瓶、Jeroboam（5000毫升）24瓶。这瓶酒虽近60年，但在开瓶2小时后仍显得年轻有活力，酒瓶边缘的琥珀色令人着迷，黑醋栗、黑樱桃、李子、杉木、烤面包、烤烟及香料的气息郁郁葱葱，十分诱人。酒身浑厚，单宁充足细腻，浓郁和谐，有着难以令人捉摸的神韵，入口时甘润柔顺，始终散发着诱人的魅力，让人感受到它靓丽的青春和饱满的热忱。

004

碧尚女爵

CHÂTEAU PICHON LONGUEVILLE COMTESSE DE LALANDE

*

等级 梅铎地区二级特等（Médoc，Deuxiemes Crus）

产地 法国，波尔多地区，梅铎 · 波依雅克

创立时间 1850 年

主要葡萄品种 赤霞珠，梅洛，品丽珠，小维铎

年产量 250000 瓶

上佳年份 2014、2010、2009、2008、2005、2003、2000、1996、1982、1961、1947、1945

贝纳德·碧尚（Bernard de Pichon）曾经是法国的贵族，其家族成员从 14 世纪起就参与管理国家事务，是法国路易斯十四国王少数坚定的拥戴者之一。

1694 年，贝纳德·碧尚的次子雅克－弗朗索瓦·碧尚·龙古维里（Jacques-François de Pichon Longuevill）因婚姻关系获得了一块葡萄园，这就是碧尚最初的葡萄园。雅克－弗朗索瓦·碧尚去世后，该园由他的孙子约瑟夫·碧尚·龙古维里（Joseph de Pichon Longueville）继承。约瑟夫·碧尚·龙古维里去世后，由于受限于新颁布的拿破仑法典，酒庄由他的五名子女分割继承。他的两个儿子得到面积为 28 公顷的葡萄园以及酿酒设备，而他的三个女儿则获得剩下的 42 公顷的葡萄园。上述五兄妹中有三人膝下无子女，最终，这些葡萄园由其中两个人的后代继承——豪尔·碧尚·龙古维里（Raoul de Pichon Longueville）继承了原来分给儿子的那一部分（后来命名为——碧尚·巴雄酒庄“Château Pichon Longueville Baron”），而玛丽－劳拉－维吉妮（Marie-Laure-Virginie）则获得了分给女儿的那一部分。1855 年梅铎地区葡萄酒分级中，这两个酒园都被评为二级特等酒庄。

玛丽－劳拉－维吉妮后来嫁给了亨利·拉兰（Henri de Lalande）伯爵，并因此获得了拉兰伯爵夫人的头衔。拉兰伯爵夫人决定独立经营自己所继承的葡萄园，并将酒园命名为——碧尚－拉兰女爵酒庄（Château Pichon-Longueville Comtesse de Lalande），简称为：碧尚女爵酒庄。拉兰伯爵夫人聘请波尔多建筑师杜佛（Duphot）根据丈夫童年时代在波尔多的拉兰公馆建造了一座宅邸。1882 年，见证了 1855 年碧尚女爵酒庄荣获二级酒庄地位的拉兰伯爵夫人去世。由于没有子嗣，拉兰伯爵夫人在去世前将自己心爱的酒庄传给了她丈夫侄子查尔斯·拉兰（Charles de Lalande）伯爵的配偶伊丽莎白（Elisabeth）。在这以后，酒庄遭受了接踵而来的粉孢菌、霉菌病、酒商造假、第一次世界大战等一系列致命打击。1925 年，拉兰伯爵夫人的远亲路易斯·爱德华（Louis & Edouard，持有 55% 股份）和路易斯·米埃勒（Louis Miailhe）兄弟买下了碧尚女爵酒庄，在新庄主严谨的组织与管理之下酒庄重获新生。路易斯·爱德华于 1959 年去世，酒庄由威廉－阿莱·米埃勒（William-Alain Miaihe）掌管。1978 年，路易斯·爱德华的女儿梅·艾莲·朗格桑（May Eliane de Lencquesaing）接管了酒庄。在近 30 年时间里，她亲自管理家族酒庄，扩建了酿酒车间和酒窖，改善了葡萄园和花园的环境，聘请酿酒名师里波莱奥－戈尤（Pascal Ribereau-Gayou）于每年初来酒庄调配葡萄酒。她的这些措施，使碧尚女爵酒的水准大幅提升，同时她所持酒庄股份也由 55% 上升至 84%。

在过去的250多年时间里，碧尚女爵酒庄一直由同一家族经营，而且经营者都是女性，这在波尔多是非常少见的。酒庄的现任总管是家族成员铎龙伯爵（Count Gildas d'Ollone），他对小维铎葡萄情有独钟。他认为，小维铎葡萄色泽深，有充足的单宁和辛辣味，清新而复杂，对于掺和却有画龙点睛之用。2005年，碧尚女爵酒庄聘请吉隆德河右岸圣－艾美浓地区的金钟酒庄（Château Angélus）的庄主胡伯特·鲍德·拉福雷（Hubert de Bouard de Laforest）为酿酒顾问。

2007年，碧尚女爵酒庄卖给了路易斯·王妃香槟酒庄（Louis Roederer）的庄主——让－克劳德·罗扎德（Jean-Claude Rouzard）和弗雷德里克·罗扎德（Frédéric Rouzaud）家族。这个家族企业由弗雷德里克·罗扎德领导，他们在波尔多已经拥有培堡（Château Pez）和欧博圣堡（Château Haut Beauséjour）两个葡萄园，在普罗旺斯和葡萄牙、美国等地也拥有优质葡萄园。

碧尚女爵园的土壤表层主要是碎石，深层的土壤具有黏土和石灰土的双重性质。葡萄树龄平均45年，每公顷年产碧尚女爵酒2500公升。本园的葡萄在完全成熟后才采用手工采摘，并进行严格的分选，从中挑选出高品质的葡萄酿造碧尚女爵酒。这款酒由赤霞珠葡萄、梅洛葡萄、品丽珠葡萄和小维铎葡萄混合酿成。葡萄在破碎后就进行发酵，发酵结束后，要用二分之一新的橡木桶醇化18~24个月。本园将淘汰下来达不到碧尚女爵酒水准的葡萄，用于酿造副牌酒——伯爵夫人珍酿（Réservé de La Comtesse）。

碧尚女爵酒的特点是：新酒可以即时享用，也可以长年储藏。这款酒通常带有密不透光深暗红色，渗透出咖啡、巧克力、李子、樱桃等复杂的果香味，单宁澎湃，充满活力，入口柔顺和谐，丰富细致，层次分明且变化多端，绚丽多彩。

005

雄狮

CHÂTEAU LÉOVILLE-LAS CASES

等级 梅铎地区二级特等

产地 法国，波尔多地区，梅铎 · 圣－朱利安（St · Julien Médoc，Bordeaux，France）

创立时间 1638 年

主要葡萄品种 赤霞珠，梅洛，品丽珠，小维铎

年产量 216000 瓶

上佳年份 **2014、2010、2009、2008、2005、2003、2000、1996、1990、1989、1982**

1638年，让·蒙帝（Jean de Moytie）家族在吉隆德河左岸的圣－朱利安村（ST-Julien）开辟了一片名为狮子（Léoville）的葡萄园，最初的名字是蒙帝园（Mont-Moytie）。在法文中，“Léo”是狮子的意思，“ville”是城堡或村庄的意思，而“Léoville”亦称为狮子庄。

在法国大革命时期，让·蒙帝的后人因地位太过显赫，他们怕有断头的危险，纷纷逃离了法国，并将1/4面积的狮子园拍卖，余下的3/4仍由让·蒙帝家族持有。被拍卖的部分便是今天的狮子·巴彤园（Château Léoville Barton）。1815年，让·蒙帝的后人分割了家族财产，其中让·皮埃尔（Jean Pierre）继承了家族大部分的葡萄园，起名为雄狮酒庄（Château Léoville-Las Cases，也称“拉斯－卡斯酒庄”）；家族其余的葡萄园由皮埃尔的妹妹尚妮（Jeanne）获得。尚妮后来嫁给了波弗莱（Baron Jean-Marie de Poyfrré）男爵，而她的葡萄园也成为波弗莱男爵的名下的狮子·波弗莱酒庄（Château Léoville Poyferré）。在“狮子”园的“一门三杰”中，雄狮园是最突出的一个。

1855年，雄狮酒庄被官方评为二级特等酒庄。为避免产权被再次分割，让·皮埃尔家族于1900年成立了法人社团，酒庄总管米契尔·德龙（Michel Delon）家族持有法人社团5%的股份。在以后的几十年时间里，米契尔·德龙家族逐步收购了其他的一些股份，使持有本园的股份已达到控股股东的地位（65%的股份），成为雄狮酒庄的主人。100多年以来，雄狮酒庄一直由德龙家族精心照料。酒庄的现任主人是米契尔·德龙家族的后人让－胡伯特（Jeau-Hubert）。

雄狮园位于波尔多名村圣－朱利安村，它坐落在一个沼泽地带（冲积形成的低洼地）的斜坡上，与拉图园相邻，面积达97.2公顷，种植的葡萄品种是：赤霞珠、梅洛 、品丽珠和小维铎，每公顷种植葡萄约8000株，葡萄树龄50年，每公顷产酒量约为4000公升，年产雄狮酒216000瓶。葡萄在成熟后采摘，从中挑选出高品质的葡萄酿造雄狮酒。葡萄酒酿造时要在不锈钢桶里进行发酵，发酵完成后，用橡木桶醇化18个月。与其他酒庄不同的是，本园对新酒醇化使用的新橡木桶比例视年份而定，一般年份使用50%~80%新橡木桶，好年份则会使用100%的新橡木桶。早在1904年，雄狮酒庄就将淘汰下来达不到雄狮酒水准的葡萄（一般年份的淘汰率在50%以上），用于酿造副牌酒——侯爵园（Clos du Marquis），这款副牌酒迄今已有100多年历史，年产量为240000瓶，价格不贵，但品质不错。

雄狮酒被誉为圣－朱利安产区的酒王，2003年被美国《葡萄酒观察家》杂志评为当年世界百大葡萄酒中的第5名。雄狮酒通常色泽深红，散发出黑醋栗、樱桃果酱、矿物质和烤橡树的香气，酒精含量在13%左右，单宁充足，刚劲雄浑，丰浓和谐，细腻的结构犹如丝绸般的柔滑，回味缠绵，有极佳的陈年耐力。

006

玛歌

CHÂTEAU MARGAUX

等级 梅铎地区一级特等

产地 法国，波尔多地区，梅铎 · 玛歌（Margaux Médoc，Bordeaux，France）

创立时间 公元16世纪

主要葡萄品种 赤霞珠，梅洛，品丽珠和小维铎

年产量 200000瓶

上佳年份 2014、2012、2010、2009、2008、2005、2003、2000、1996、1990、1982、1961、1955、1953、1948、1947、1945、1928、1900

1787年，美国第一位驻法国大使托马斯·杰弗逊（Thomas Jefferson，后来当选为美国总统）在波尔多旅游时，他评出了包括玛歌酒（Château Margaux）、拉菲酒、拉图酒、侯伯王酒在内的波尔多四大名酒，玛歌酒名列榜首，这与后来的1855年梅铎地区顶级葡萄酒评级（玛歌园当时被评为一级特等酒庄）完全一致。杰弗逊对葡萄酒的品鉴水平的确令人信服！

笔者曾多次访问位于波尔多的玛歌酒庄总部，受到了老朋友——酒庄的灵魂人物、总经理兼酿酒师保罗·蓬塔里尔(Paul Pontailler)先生的热情接待。他于1956年出生，大学课程专攻葡萄种植和酿酒专业。1983年，他27岁时加入玛歌酒庄，在酒庄工作了整整33年，为玛歌酒庄的发展和今天的辉煌奠定了坚实的基础。2016年3月，保罗·蓬塔里尔先生不幸与世长辞，我们失去了一位在葡萄酒行业备受尊敬的天才。

玛歌园坐落在梅铎地区的玛歌区，16世纪由里斯特纳（Lestonnac）家族建立，历史非常悠久。1755年之前，这个酒园由外来的福敏（de Fumel）家族所有。1755年，本园被当地的贵族玛歌（Margaux）伯爵收购，之后这个酒园被命名为玛歌园。1802年，玛歌园卖给了科罗尼拉（Marquis de La Colonilla）家族。1810年，科罗尼拉在本园建造的一个类似美国白宫式的希腊圆拱柱廊型城堡作为酒窖，这个城堡成了玛歌地区的标志性建筑，被誉为“波尔多的凡尔赛宫”，玛歌园的名字也就成为了玛歌地区的地名了。1836年，西班牙银行家阿古多（Alexandre Aguado）收购了玛歌园。1860年，阿古多将玛歌园卖给了当地贵族迪奥里德（D'Aulede）家族。与波尔多的多数酒园一样，在法国大革命时期，玛歌园被政府没收并拍卖，由法国银行家维尔（Pillet-Will）家族购得。在这之后，玛歌园又经历了一轮频繁易主。

直到1977年，法国菲利·波廷（Felix Potin）食品连锁公司（在巴黎有1600间店铺，当然也销售葡萄酒）的老板安德列·孟茨波罗（Andre Mentzelopoulos）收购了玛歌园大部分股份，成为本园的大股东。安德列是希腊裔的斯巴达人，能讲六种语言，他的事业始于第二次世界大战时期的缅甸、中国、印度和巴基斯坦。安德在1980年去世后，他持有的本园股份由其女儿科琳娜·孟茨波罗（Corinne Mentzelopoulos）夫人继承。1973年，科琳娜·孟茨波罗夫人曾陪同其父亲安德列·孟茨波罗访问过中国，并受到周恩来总理的接见。1992年，来自意大利的矿泉水生产商阿格里（Agnelli）家族收购了酒庄的多数股份，但酒庄的经营权仍在科琳娜·孟茨波罗夫人的手上。科琳娜·孟茨波罗夫人在接手本园后，聘请保罗·蓬塔里尔（Paul Pontallier）为酒庄总经理兼酿酒师，使本园继续保持了传统的一流水准。2001年，时任中国国家副主席胡锦涛在访问法国时，法国政府特意安排胡主席参观玛歌酒庄，并品尝了1982年的玛歌酒。2003年，科琳娜·孟茨波罗夫人重新收回了过去出售的股权。2010年8月，玛歌酒庄在波尔多五大名庄中第一家在香港设立分支机构，办事处主任由酒庄总经理保罗·蓬塔里尔的儿子吉保尔特（Thibault）担任。

科琳娜·孟茨波罗夫人育有一女，现年20多岁，名叫亚历山德拉·珀蒂－孟茨波罗（Alexandra Petit-Mentzelopoulos），已是亭亭玉立的大姑娘。几年前，科琳娜·孟茨波罗夫人曾经想卖掉酒庄过清闲的生活，但后来她又改变了注意，决定加大投资改造酒庄。2015年7月，法国《挑战者》杂志公布了2015年"法国500强富豪名单"排行榜，科琳娜·孟茨波罗夫人以6.3亿欧元列第108位。

2009年丰收季节，庄主科琳娜·孟茨波罗夫人决定重新修缮酒庄希腊圆拱柱廊型的酒窖，她请来了英国著名建筑设计大师诺曼·富斯特（Norman Foster）担纲设计和监造工作。新的酒窖其实就是一个庞大的酿造车间，全部恒温恒湿，可以容纳40个酒桶，还有一个酒窖。这个酒窖于2015年6月完工。

玛歌园的土壤构成复杂，主要是细碎石黏沙土和石灰石，颜色很浅。本园的葡萄树龄平均35年，葡萄的收获量非常低，每公顷产酒量只有2000公升。葡萄在采收后要精挑细选，从中挑选出高品质的葡萄酿造玛歌酒。玛歌酒由赤霞珠葡萄、梅洛葡萄、品丽珠葡萄和小维铎葡萄混合酿造。葡萄在破碎后，转入有恒温设施的木桶里进行20天左右的发酵，然后转到全新的橡木桶里醇化20~26个月。

早在100多年前，玛歌酒庄就将淘汰下来达不到玛歌酒水准的葡萄，酿成副牌酒——艳红亭（Pavillon Rouge du Château Margaux），这可能是波尔多副牌酒的鼻祖了。玛歌酒庄还生产用纯长相思（Savignon Blanc）葡萄酿成顶级干白葡萄酒——白玛歌（Château Margaux du Pavillon Blanc）。

2012年，世界著名葡萄酒商里·科斯（Le Clos）与玛歌酒庄联手推出一款2009年份的12公升装玛歌酒，售价高达19.5万美元，成为世界上零售价最昂贵的新葡萄酒。

玛歌酒色泽深红，有优雅的果香味和完美的平衡感，细致并复杂，结构饱满，单宁中庸，味道和谐。这款酒可以长时间的藏酿，是葡萄酒中的一棵长青树。

007

宝玛

CHÂTEAU PALMER

*

等级 梅铎地区三级特等（Médoc，Troisiemes Crus）

产地 法国，波尔多地区，梅铎 · 玛歌

创立时间 1748 年

主要葡萄品种 赤霞珠，梅洛，小维铎

年产量 150000 瓶

上佳年份 2014、2012、2011、2010、2009、2008、2005、2000、1999、1982、1961、1959、1947、1945

宝玛酒庄（Château Palmer）的历史记载不多。法国历史学家皮嘉索（Pijassou）先生曾专门研究过该酒庄，其研究结果于1964年发表在西南部地区发展史协会（Fédération Historique dû sudouest）的一次会议上，为后人了解宝玛酒庄的历史提供了依据。

宝玛园原为狄仙（d'Issan）城堡古老葡萄园的一部分，在1748年时由福克斯－坎达勒（Foix-Candale）家族所有。1814年，拿破仑时期来自英国的少将查尔斯·宝玛（General Charles Palmer）移居波尔多，花了10万法郎购得了这片葡萄园，并用自己的姓氏将它命名为宝玛园。在1816—1831年期间，查尔斯·宝玛家族陆续在波尔多购买土地和屋舍，葡萄园总面积扩大到163公顷。此后，查尔斯·宝玛大多数时间仍旧居住在英国，酒庄的管理委托给波尔多的葡萄酒批发商保尔（Paul Estenave）和让·拉古尼格兰德（Jean Lagunegrand），而查尔斯·宝玛则利用他的社交关系负责在英国推广他的葡萄酒，这令宝玛酒在英国宫廷中更广为人知，很快被伦敦各大会所的会员争相追捧，甚至还赢得了未来的乔治四世英王（George IV，1762.8.12—1830.6.26）的青睐。后来，查尔斯·宝玛将军因家族财政出现困难，宝玛园于1843年卖给了弗朗索瓦·玛丽·伯格夫人（François Marie Bergerac）。1853年6月，弗朗索瓦·玛丽·伯格夫人以41.3万法郎的价格将本园卖给了伊萨克－罗德里格·皮埃尔（Isaac-Rodrigue Péréire）家族。由于酒庄频繁易主，结果影响到官方于1855年对宝玛园的评级（本园当时被官方评为梅铎地区三级酒庄）。皮埃尔是犹太裔葡萄牙人，财力雄厚。1856年，这个家族邀请了波尔多建筑师布尔古特（Burguet）设计并建成了酒庄主堡，一直使用到今天。1889年，皮埃尔家族成立了法人社团，以维护本园不遭分裂，直到1937年。

1938年，波尔多四家顶级葡萄酒批发商共同出资购买了宝玛酒庄，并逐渐恢复了酒庄应有的地位。这四个家族是：来自德国的西奇尔（Sichels）家族持有34%的股份（第一大股东），另外三个股东是：马莱尔－贝斯（Mähler-Besse）家族、金特（Ginestet）家族和米埃尔（Miailhe）家族。马莱尔－贝斯家族祖籍荷兰，多年从事纺织品和葡萄酒批发贸易，于19世纪末在波尔多设立了一家名为马莱尔－贝斯（Mähler-Besse）的公司，专门从事葡萄酒买卖，是波尔多最具影响力的酒商之一。至今，从马莱尔－贝斯家族购买的波尔多老酒，酒瓶的颈部都会被贴上马莱尔家族的名字（Mähler），以保证品质。

目前，宝玛酒庄只剩下了两个股东：西奇尔家族和马莱尔－贝斯家族，西奇尔家族持有65%的股份，是酒庄第一大股东。

说起对宝玛酒庄贡献最大的人非贝特朗·鲍特尔（Bertrand Bouteiller）莫属，他是马莱尔－贝斯的外甥，自1962年正式从父亲手中接管酒庄后，一直持续工作到2004年，执掌酒庄长达42年之久。如果说他将毕生的精力都奉献给了宝玛，这毫不过分。由贝特朗·鲍特尔和他父亲倾注心血共同酿造的1961宝玛酒，是酒友们难以忘怀的佳酿。2004年他退休后，酒庄董事会经过严格的挑选，聘请年轻的酿酒师托马斯·德罗西（Thomas

Duroux）为酒庄的总经理。托马斯·德罗西先生四十多岁，是一位农艺学工程师，在世界许多顶级酒庄（如美国加利福尼亚、意大利托斯卡纳等地）从事葡萄酒酿造工作之后，他带着满腔热情回到了波尔多。他将继续保持宝玛酒庄与时俱进的传统，并将延续下去。

宝玛酒庄还拥有一个引人注目、令人遐想的葡萄酒珍酿馆。这个珍酿馆建在一条连接主堡与宝玛村的走廊内：透过一扇圆形的小窗，可以看见那些精心收藏的葡萄酒。许多年份的葡萄酒沉睡于此，其中还有两瓶1875年古老的葡萄酒。

2014年，对宝玛酒庄来讲具有深远意义，因为这是酒庄自1814年查尔斯·宝玛将军接手酒庄并更名后的二百周年。为此，在当年波尔多期酒周前的最后一个星期五，宝玛酒庄以爵士音乐会的形式向世人揭晓了2014年的宝玛酒。

2011年4月10日，托马斯·德罗西先生在古老的宝玛酒庄热情接待了笔者一行。他带笔者参观了这家酒商位于波尔多市区大得惊人的酒窖。这个面积近万平方米的酒窖，储藏着波尔多许多名庄从1826年至今各个年份的佳酿。在酒窖里，我们品尝了多个年份的宝玛酒，午宴时还享用了只供家族内部品尝的宝玛白葡萄酒。

在20世纪60—80年代，宝玛酒庄一度是玛歌产区最成功的酒庄，风头盖过了玛歌酒庄，而1961年的宝玛酒更被誉为波尔多的经典之作。澳门有一家酒店存有几百瓶1961年的宝玛酒，过了40多年，这些葡萄酒仍保持着高水准。2005年，这家酒店还专门从波尔多请来宝玛酒庄的工匠对这批葡萄酒进行换塞。

宝玛园的土壤主要为沙砾土，葡萄树龄平均50年，每公顷产酒2500公升。葡萄在成熟采摘，采摘后还要再分选一次，从中挑选出高品质的葡萄酿造宝玛酒。宝玛酒由赤霞珠葡萄、梅洛葡萄和小维铎葡萄混合酿造。葡萄在破碎后，葡萄汁要转入橡木桶里进行发酵，发酵结束后，要用五成新的橡木桶醇化24个月。从1983年开始，将淘汰下来达不到宝玛酒水准的葡萄，用以酿造宝玛副牌酒——将军珍酿（Réservé du General）。酒庄还生产另一款副牌酒——“宝玛知己”（Alter Ego）。从2006年起，酒庄开始生产一款珍稀佳酿——Historical XIX the Century Wine，这款酒的名字古典浪漫，它用波尔多的赤霞珠葡萄、梅洛葡萄掺杂着20%来自罗讷河谷希斯托利卡尔地区（Historical）的希拉葡萄酿成，年产不过3000瓶，口感强劲，芬芳独特。

2015年7月9日，笔者再次品尝了1959年宝玛酒。这瓶酒虽已年过半百，但色泽依然深红，透出浓郁而复杂的黑加仑子、李子、烤面包和矿物质气息，单宁集中饱满，层次复杂连贯，柔和而浓郁，平衡和谐，口感馥郁优雅，回味悠长。没有辜负人们的期望。

008

侯伯王

CHÂTEAU HAUT BRION

等级 梅铎地区一级特等

产地 法国，波尔多地区，格拉芙 · 帕萨克 – 朗哥兰（Pessac-Leognan Graves，Bordeaux，France）

创立时间 1533 年

主要葡萄品种 赤霞珠，梅洛，品丽珠

年产量 约 140000 瓶

上佳年份 2014、2012、2011、2010、2009、2008、2006、2005、2003、2000、1998、1995、1990、1989、1985、1982、1975、1961、1955、1953、1945

法国历史上著名的酒评家萨穆尔·皮伊（Samuel Pepy's）在他1663年4月10日的日记中写道：在皇家橡树酒店（Royal Oake Taverne），他享用了一种名为“HO Bryan”的葡萄酒，这种酒味道非常特别，他本人从未品尝过这么美妙和有如此风味的葡萄酒。这款酒就是侯伯王酒，它由让·庞塔克（Jean de Pontac）家族的侯伯王酒庄（Château Haut Brion）生产。

侯伯王酒庄始建于公元14世纪，是波尔多地区历史最悠久的酒庄之一。1529年，让·庞塔克（Jean de Pontac）迎娶当地利邦市（Libourne）市长之女——琼娜·贝隆（Jeanne de Bellon）为妻，而侯伯王葡萄园的一部分是其嫁妆之一。1533年，庞塔克买下了侯伯王葡萄园的全部产权，并于1549年开始兴建酒庄的建筑物。1550年，庞塔克家族注册了侯伯王酒标，并一直沿用至今。1660年，侯伯王酒开始登上了英国查理二世（Charles II）的皇室宴会。1666年，庞塔克家族在伦敦市中心开了一家名为“庞塔克之头”（The Pontack's Head）的餐厅，经常有一些葡萄酒爱好人士在此聚会，极具影响力的英国皇家学会也经常在此举办年度晚会。此后，侯伯王酒的名声响遍英伦三岛。

1739年，侯伯王酒庄作为庞塔克的后裔特瑞莎·庞塔克（Thérèse de Pontac）的嫁妆，归到了玛歌酒庄的所有者让－丹尼斯·道乐德·莱斯托纳（Jean-Denis Daulède de Lestonnac）名下。莱斯托纳是当地名噪一时的人物，因为他拥有两家顶级酒庄。1749年，莱斯托纳去世，由于膝下无子女，他的妹妹及其儿子路易斯·富美伯爵（Louis de Fumel）继承了莱斯托纳的遗产，富美伯爵在当地极受欢迎，后来他成为波尔多市的市长。富美家族对酒庄的贡献良多，时至今日，人们看到的酒庄古堡、花园、围墙等均是富美家族留下的。在法国大革命时期，富美伯爵被送上了断头台，他的侯伯王酒庄也被政府没收。1801年，拿破仑（Napoleon）时代的外交部长夏尔·莫里斯·泰兰（Charles Maurice Talleyrand）买下了侯伯王酒庄。1836年，该酒庄再次被转到了巴黎银行家——约瑟夫－尤金·拉利奥（Joseph-Eugène Larreau）手中，并一直经营到1923年。经过拉利奥家族的努力，在1855年梅铎地区葡萄酒分级时，侯伯王酒庄被评为一级特等酒庄（是梅铎地区以外、也是格拉芙—Graves地区唯一获此殊荣的酒庄）。1953年，格拉芙地区60多家酒庄第一次进行评级，侯伯王又被评为一级酒庄。酒庄在经历了几次转手之后，1935年5月13日，美国银行家克里斯·帝龙（Clarence Dillon）以不足20万法郎的价格收购了侯伯王酒庄，并以克里斯·帝龙社团（Domaine Clarence Dillon SA）的名义持有。1954年，帝龙之子道葛利斯（Douglas Dillon）出任美国驻法国大使，后来又任美国联邦政府财政部长。1975年，道葛利斯的女儿、卢森堡查理王子（Charles of Luxembourg）的夫人——琼安·帝龙（Joan Dillon）继承了这份祖业，她励精图治，聘请酿酒名师让－贝尔纳德·戴马斯（Jean-Bernard Delmas）为酒庄总管，使酒庄很快恢复到世界一流水准。1997年6月，琼安·帝龙的儿子——罗伯特·卢森堡侯贝王子（Prince Robert of Luxembourg）全职担任酒庄的管理职务。2008年8月，侯贝王子从他母亲手中接过了董事长兼总裁一职，成为克里斯·帝龙家族的第四代掌门人。现在，酒庄原酿酒师让－贝尔纳德·戴马斯的儿子——让－菲利普·戴马斯（Jean-Philippe Delmas）先生接任酒庄总经理兼总酿酒师。

近30年来，克里斯·帝龙家族一直在扩大他们的葡萄酒版图。1983年，分别兼并了美讯酒庄（Château La Mission Haut Brion）、拉图·侯伯王酒庄（La Tour Haut-Brion）。2011年，帝龙家族又收购了位于圣－艾美浓地区的道嘉宜酒庄（Château Tertre Daugay），并将其更名为昆图斯酒庄（Château Quintus）。除了出产名扬四海的侯伯王红酒和美讯红酒外，帝龙家族还分别出产两款品质极高、产量极少的侯伯王干白葡萄酒（Château Haut-Brion Blanc）、美讯干白葡萄酒【Château La Mission Haut-Brion Blanc，该款白葡萄酒自2009年起由拉维·侯伯王（Château Laville Haut-Brion）改名而来】。另外，还分别生产侯伯王红酒和美讯红酒的副牌酒，以及一种由侯伯王白酒和美讯白酒混酿的副牌干白葡萄酒—克兰特·侯伯王（La Clarté de Haut-Brion）。近期，酒庄又宣布已经获得了拉若斯酒庄（Château l'Arrosée）的批准，将和昆图斯酒庄（Château Quintus）合并，使圣－艾美浓地区的占地面积从16公顷增加到28公顷。

2008年9月4日，在带有神秘色彩的侯伯王酒庄，温文尔雅的罗伯特·卢森堡侯贝王子热情接待了笔者，他对葡萄酒事业热衷和专一的精神，让笔者十分钦佩。他亲自带领笔者分别参观侯伯王酒庄和美讯酒庄，并对葡萄园、酿酒车间、酿酒工艺、酒庄的未来发展等向笔者一一作了介绍，品尝了近几个年份的侯伯王酒和美讯酒，以及2004、2005年侯伯王干白葡萄酒。2011年11月12日，笔者应邀出席了由酒庄总经理乔治·戴马斯在香港举行的克里斯·帝龙家族葡萄酒小型晚宴，他专门就2011年克里斯·帝龙家族的各款葡萄酒作了详细介绍，虽然波尔多2011年葡萄的收成不太好，但侯伯王和美讯的表现却很优秀，让人感到意外。2013年9月24日，卢森堡侯贝王子邀请笔者出席在上海浦东环球金融中心86楼的晚宴，分享了克里斯·帝龙家族的各款不同年份的葡萄酒，侯贝王子亲自对每款葡萄酒做了热情洋溢的介绍，让每一位宾客得到了一份不可多得的收获。他还对刚刚收购来的昆图斯酒庄充满着希望，计划在不长的时间里，将昆图斯打造成如同侯伯王和美讯齐名的顶级佳酿。

侯伯王园坐落在平缓的小丘之上，葡萄树龄平均40多年，每公顷产酒2500公升。葡萄在收获时用人工采摘，之后还要进行人工分选，从中挑选出高品质的葡萄酿造侯伯王酒。早在1769年，酒庄就用玻璃瓶灌装1764年的侯伯王红酒。从1960年起，酒庄开始用科学方法种植葡萄和改善酿酒工艺，在栽培葡萄方面进行无性繁殖研究，用不锈钢桶代替木桶发酵。一般情况下，侯伯王酒由赤霞珠葡萄、梅洛葡萄和品丽珠葡萄混合酿造。葡萄在破碎后，转到橡木桶里进行发酵，发酵结束后，葡萄酒要用泵输入到全新的橡木桶里醇化24~36个月。此外，酒庄将淘汰下来达不到侯伯王酒品质的葡萄，生产副牌酒——百安·侯伯王（Bahans Haut-Brion）。为纪念克里斯·帝龙首次访问（1935年）侯伯王酒庄72周年，从2007年起，副牌酒改名为克里斯·侯伯王（La Clarence de Haut-Brion）。

2015年10月20日，英国女王伊丽莎白二世（Her Majesty Queen Elizabeth II）在伦敦的白金汉宫为中国国家主席习近平和夫人彭丽媛举行的盛大欢迎晚宴中，就用1989年侯伯王红酒招待中国贵宾。

侯伯王酒在“五大名庄”中价格相对较低，按价格性能比来说，是最值得收藏的一款名酒。它色泽暗红，时常伴有黑醋栗、黑莓、松露、巧克力、焦糖、焙烤的复杂香味，单宁丰富充足，入口柔顺，细腻纯粹，馥郁醇厚，回味绵长。如1961年、1989年侯伯王红酒，如有机会你一定要喝上一口，顷刻间你就会有一种神魂颠倒的感觉。

009

白侯伯王

CHÂTEAU HAUT-BRION BLANC

*

等级 未评级

产地 法国，波尔多地区，格拉芙 · 帕萨克－朗哥兰

创立时间 1682 年

主要葡萄品种 赛美戎（Sémillon），长相思（Sauvignon Blanc），灰长相思（Sauvignon Gris）

年产量 少于 8000 瓶

上佳年份 2014、2013、2012、2011、2010、2009、2008、2007、2006、2005、2004、2003、2000、1998、1997、1993、1989、1985、1983、1982、1981

经常有葡萄酒爱好者问我，波尔多最好的干白葡萄酒是哪一款？我的回答——克里斯·帝龙家族的侯伯王干白葡萄酒（Château Haut-Brion Blanc）是不二的选择。在克里斯·帝龙家族的白葡萄酒中，还有一款产量更少、品质极高的干白葡萄酒——拉维·侯伯王（Château Laville Haut-Brion），这款白酒自2009年起，改名为——美讯干白葡萄酒（Château La Mission Haut-Brion Blanc）。不过，要提醒读者注意的是，侯伯王红酒和侯伯王白酒的酒标上印的都是“侯伯王”（Château Haut-Brion）字样。为了有所区别，本书中侯伯王红酒用“Château Haut-Brion”，侯伯王干白葡萄酒用“Château Haut-Brion Blanc”。

2013年9月24日，卢森堡侯贝王子邀请笔者出席在上海浦东环球金融中心86楼的晚宴，分享了克里斯·帝龙家族的各款不同年份的葡萄酒，侯贝王子亲自对每款葡萄酒做了热情洋溢的介绍。在谈起侯伯王干白葡萄酒时，庄主罗伯特·卢森堡侯贝王子显得十分谦逊。他说，早在19世纪，约瑟夫－尤金·拉鲁岳（Joseph-Eugène Larrieu）家族在经营侯伯王酒庄时，就对生产侯伯王干白葡萄酒充满着愿景，他们希望将最优质的甜酒所带来的丰富香气表现在干白葡萄酒上。拉鲁岳的愿景现在已经完全实现。他继续说，在侯伯王酒庄，白酒与红酒都会得到同样的对待，由于侯伯王白酒的产量更为稀少，价格自然会比侯伯王红酒更贵一些。

侯伯王白酒葡萄园占地面积2.87公顷，土壤以砾石土为主，具有良好的排水性。葡萄树龄平均32年，种植的葡萄品种有：赛美戎（Sémillon）、长相思（Sauvignon Blanc），还有少许灰长相思（Sauvignon Gris）。通常情况下，酒庄聘请工人对葡萄进行整串采摘，并整串进行压榨，采用50%全新橡木桶酿造，葡萄酒在橡木桶中醇化9~12个月后装瓶。这款酒产量稀少，平均年产量不足8000瓶（以每箱12标准瓶计，在450~650箱之间），其价格一般高于侯伯王红酒，而且经常会出现“一瓶难求”的现象。这里需要说明的是，侯伯王白酒葡萄与侯伯王红酒葡萄的酒标，印上的都是“Château Haut-Brion”，而“Château Haut-Brion Blanc”是笔者以示区别的。

赛美戎与长相思葡萄几乎均衡与完美的配合，给侯伯王干白葡萄酒带来了一股类似于阿尔萨斯（Alsace）或勃艮第（Burgundy）干白葡萄酒特有的烟熏、柑橘、柠檬的馥郁香气，层层叠叠，美不胜收。此酒单宁厚实庞大，但又柔顺纯粹，酸度恰到好处，清爽宜人，其复杂性和层次感萦绕缠绵，让人难以舍弃。试想，有谁能从波尔多选出一款干白葡萄酒与之媲美呢？

010

美讯

CHÂTEAU LA MISSION HAUT BRION

*

等级 圣－艾美浓（Saint-Emilion）第一特等酒庄A级（Premiers Grands Crus Classés A）

产地 法国，波尔多地区，格拉芙·帕萨克－朗哥兰

创立时间 1682年

主要葡萄品种 赤霞珠，梅洛，品丽珠

年产量 72000瓶

上佳年份 2014、2012、2011、2010、2009、2008、2005、2003、2000、1998、1995、1990、1989、1982、1978、1975、1961、1959、1955、1949、1948、1945

在16世纪初，波尔多的土地大部分由皇权贵族统治。其中，位于阿尔日格（Arregedhuys）地区的葡萄园属于路易斯·鲁斯坦（Louis de Roustaing）家族。1540年，鲁斯坦将这片葡萄园卖给了阿尔诺·莱斯托纳（Arnaud de Lestonnac）。莱斯托纳于1548年过世后，这片葡萄园一直由他的后人掌管。直至100多年后的1682年，这份财产被转移给波尔多传教士差会（Prêcheurs de la Mission）管理。至此，属于罗马天主教财产的美讯葡萄园正式诞生了。在1745—1769年之间，美讯葡萄酒经常出现在波尔多大主教奥迪伯·路森（Audibert de Lussan）的餐桌上。1792年，同侯伯王酒庄的命运一样，美讯酒庄也难逃法国大革命风暴，被当作国家财产而公开拍卖，由波尔多照明集团老板维兰特（Martial-Victor Vaillant）购得。自1821年3月5日，一位名叫赛勒斯坦·古德汉－夏贝拉（Célestin Coudrin-Chiapella）的美国人在公开拍卖中获得了美讯酒庄。1884年，夏贝拉家族将酒庄出售。1919年，沃尔特涅（Frédéric Otto Woltner）家族得到了美讯酒庄。沃尔特涅是一位热情洋溢的葡萄酒商，他渴望不断改善酒的品质。自1927年起，沃尔特涅家族开始酿造产量极少、品质极高的干白葡萄酒——拉维·侯伯王（Château Laville Haut-Brion），自2009年起，这款顶级白葡萄酒改名为——美讯干白葡萄酒（La Mission Haut-Brion Blanc）。在1953年的格拉夫地区酒庄第一次分级中，本园与侯伯王园一起被评为最受欢迎的酒庄。

在20世纪的大部分时间内，沃尔特涅家族一直是酒庄的主人。沃尔特涅家族决定移居美国加州，于1983年11月2日将酒庄公开出售，侯伯王酒庄的主人——琼安·帝龙（Joan Dillon）女士获得了美讯酒庄。至此，本园成为侯伯王园的姐妹园，结束了长期以来相互竞争的格局。1987年，帝龙家族对美讯葡萄园老灌溉区进行了现代化改造，建设全新的酿造车间，使这个古老的酒庄成为世界上最现代化、最为杰出的酒庄之一，葡萄酒的品质得到了大幅提升。

美讯园的葡萄树龄平均30年，产量非常低，每公顷产酒只仅有1500公升左右。葡萄在成熟后采用人工采摘分选，选用品质最好的葡萄酿造美讯酒。这款酒由赤霞珠葡萄、梅洛葡萄和品丽珠葡萄混合酿成。葡萄在破碎后，要在有计算机控制的容量为4755加仑的不锈钢大桶里进行发酵，发酵完成后，用泵抽送到100%比例的新橡木桶里进行醇化，醇化期为22个月，装瓶前一般不经过滤，用新鲜蛋清澄清。自1990年起，酒庄会用淘汰下来达不到美讯酒品质的葡萄，生产美讯副牌酒——小美讯（La Chapelle de La Mission Haut-Brion）。

美讯酒虽然未入“五大”之列，但其品质决不会输给其中的任何一家。特别是近20年来，它的表现更为突出，酒评家们对它的评价通常高过同年份的侯伯王酒，笔者当然也是它的追捧者。

成熟后的美讯酒呈暗红色，通常会伴有黑莓、紫罗兰、雪茄、烤面包、咖啡的复杂香味，单宁饱满浓郁，浑厚庞大，层次丰富，入口柔顺圆润，尾韵绵长。

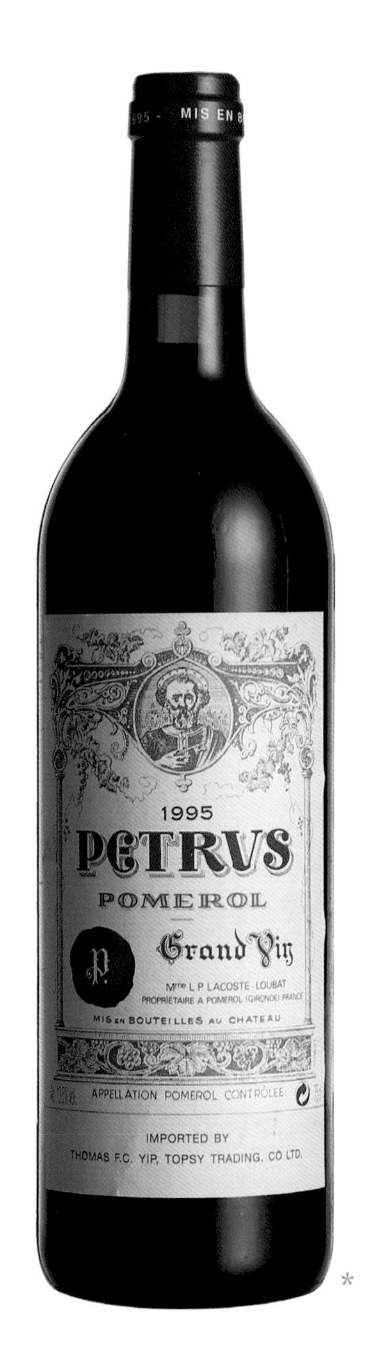

*

011

柏图斯

CHÂTEAU PÉTRUS

等级 未评级

产地 法国，波尔多地区，庞美洛

（Pomerol，Bordeaux，France）

创立时间 公元 18 世纪

主要葡萄品种 梅洛，品丽珠

年产量 42000 瓶

上佳年份 2014、2012、2011、2010、2009、2008、2005、2003、2000、1998、1990、1989、1982、1975、1970、1966、1964、1961、1959、1953、1950、1948、1947、1945、1921

柏图斯酒庄（Château Pétrus）位于吉隆德河右岸的庞美洛地区，它的名字最早出现在1837年，当时在庞美洛地区（Pomerol）的排名第三、四名。1855年，法国当局公布波尔多梅铎产酒区的60种葡萄酒分级名单，并未包括庞美洛产区在内。由于没有评级，像柏图斯酒这样的名酒不能称为“一级特等”（Premiers Crus），在酒标上只能“委屈”地印上“好酒”（Grand Vin）。在梅铎产酒区分级23年后，在1878年的巴黎世界博览会上，柏图斯酒为庞美洛的葡萄酒赢得了有史以来的第一枚金牌，总算挽回了一些面子。

柏图斯酒庄的名字由耶稣的第一个信徒圣·彼德（Saint Peter）的名字演变而来，酒庄大门口的墙边竖立着圣·彼德手里拿着开启“天堂之门”钥匙的石雕。柏图斯酒就是采用这个石雕图案作为酒标，自创立以来几乎没有变过。

1925年，原园主阿诺（Arnaud）家族将柏图斯园卖给了一位饭店的女老板鲁芭（Madame Loubat）夫人。此时的鲁芭夫人在当地已拥有两个酒厂和一家饭店，她的弟弟还是当地的市长。鲁芭夫人像一位技艺高超的厨师，非常注重葡萄园管理和酿造过程的每一个细节，以确保品质完美无缺，使她的佳酿能与任何葡萄酒媲美。虽然鲁芭夫人尽心竭力，但在1945年以前，柏图斯园并无出色的表现。鲁芭夫人心有不甘，她以非常敏锐的眼光，请来了酿酒技艺高超的让－皮艾尔·木艾西（Jean-Pieree Moueix）担任酒庄的酿酒师，使得柏图斯园的命运涅槃重生。1945年，由让－皮艾尔·木艾西酿造的柏图斯酒首次出口到美国和英国，一到岸就被销售一空，销售价格也超过了当时所有的波尔多葡萄酒。1947年，柏图斯酒成为英国伊丽莎白女皇二世的婚宴御用酒，鲁芭夫人也因此成为了座上宾。美国第35任总统约翰·菲茨杰拉德·肯尼迪（John Fitzgerald Kennedy）对柏图斯酒也情有独钟。从此后，柏图斯酒便一直安坐在“波尔多葡萄酒王”的宝座上，尽管每瓶售价在万元以上，但它的爱好者仍然趋之若鹜。2016年9月1日柏图斯酒被英国伦敦葡萄酒搜寻网站Wine Searcher列为2016年全球最昂贵的50款葡萄酒之一，是榜单中仅有的两款波尔多酒，位列榜单第十四。

鲁芭夫人没有子女，她在1961年去世前，已将柏图斯园的股份分成了三份：一份转让给酒庄酿酒师让－皮艾尔·木艾西，另两份由其侄儿继承。1964年，让－皮艾尔·木艾西收购了鲁芭夫人侄儿的一份股份，使得让－皮艾尔·木艾西家族拥有柏图斯园的股份达到了三分之二，成为控股股东和经营者。同年让－皮艾尔·木艾西聘请让－克洛德·贝鲁特（Jean-Claude Berrouet）为酒庄的酿酒师。现在，让－皮艾尔·木艾西家族在全世界拥有21家葡萄酒厂，其中包括波尔多的卓龙酒庄（Château Trotanoy）、柏图斯之花酒庄（La Fleur Pétrus）、拉图·庞美洛酒庄（Château Latour à Pomerol）等。早在20世纪30年代后期，木艾西家族还建立了一家名叫“Eta. Jean-Pierre Moueix”的公司，专门从事葡萄酒买卖生意。需要提醒读者注意的是，在当地还有一家带有“柏图斯”（Pétrus）字样的柏图斯·盖亚酒庄（Château Pétrus Gaïa），实际上它与柏图斯酒庄没有任何关系。

让－皮艾尔·木艾西退休后，他的儿子克里斯蒂安·木艾西（Christian Moeuix）开始掌管柏图斯酒庄。克里斯蒂安·木艾西在1992年10月，迎娶了一位在美国出生的华裔太太——陈晓瑞（Christian & Cherise Moueix）。陈晓瑞是巴黎的一家艺术画廊的艺术总监，她出身名门，她的父母于1946年离开中国到美国定居，祖父是中国驻德国前大使，她还是清朝光绪皇帝的老师、清朝大臣李鸿章兄弟李翰章的玄外孙女。

2003年3月28日，毕生致力于提高波尔多右岸葡萄酒声望的让－皮艾尔·木艾西先生仙逝，享年90岁。生前，他将自己的遗产分配给了他的两个儿子：克里斯蒂安·木艾西继承了柏图斯酒庄；他的另一个儿子让－弗朗索瓦（Jean-François），是波尔多著名的葡萄酒批发商，在波尔多有自己的公司叫作“Bordeaux Millesines”，他继承了父亲留给他的“Eta. Jean-Pierre Moueix”公司。

克里斯蒂安·木艾西有一套自己的酿酒哲学，他认为葡萄酒的素质完全锁定在葡萄当中，要让葡萄主导葡萄酒的一切。他建立了一个由四人组成的团队管理酒庄，包括克里斯蒂安·木艾西本人、酿酒师让－克洛德·贝鲁特、酒庄经理吉利特（Michel Gillet）和酒窖经理费歇尔（François Veyssiere）。对于葡萄种植和酿造过程等方面的重大问题均由四人集体讨论，最后由克里斯蒂安·木艾西拍板决定。这个团队在一起工作了20多年。克里斯蒂安·木艾西先生自己在美国加州也投资有酒庄。

2007年，在柏图斯酒庄工作了43年的酿酒师让－克洛德·贝鲁特先生退休，他的儿子奥利维耶·贝鲁特（Olivier Berrouet）承袭，承担起了帕图斯酒庄酿酒师的职责。

柏图斯园面积只有11.4公顷，其中包括于1969年从毗邻的嘉胜园（Château Gazin）收购来的5公顷土地。不同于左岸的砾石、沙质，表层为黏土，其土壤表层为沙肥土，其下方约20厘米处有厚约70~80厘米的黏土，更深的一层是含铁量很高的石灰土，有着良好的排水性能。

柏图斯园种植的葡萄就以梅洛为主，有少量的品丽珠葡萄，这些葡萄树龄平均60多年，有的已近百岁“高龄”，种植密度较低，每公顷种植6000株。克里斯蒂安·木艾西的团队对葡萄园深耕细作，使葡萄树充分吸取深层黏土中的各种养分。他们不惜工本，每年夏季都要剪枝，严格控制葡萄的产量，使得每公顷产酒仅有2500公升。本园葡萄用人工采摘，在采收后要进行分选，从中挑选品质最好的葡萄酿造柏图斯酒。柏图斯酒用梅洛葡萄和品丽珠葡萄混合酿造。葡萄在破碎后，用橡木桶进行发酵，发酵结束后，进行为期20~24个月的醇化，每隔三个月要将酒液分别移至来自不同产区的橡木桶里，让酒液吸取各种木材的气味，以增加酒的香味和复杂性。

笔者多次品尝过1961年的柏图斯酒。尽管已逾半个世纪，这款酒仍然色泽亮丽，充满着甘草、黑莓、薄荷、生姜、李子酱和无花果的香气，还有诱人的新橡木、烘焙松露、烟熏烤肉、巧克力的溢香，同时还带一点潮湿的泥土味，单宁充沛，丰浓凝缩，雄浑而厚重，辛辣又不失柔顺，和谐细腻，余韵悠长，完美无瑕。

*

红葡萄酒
Red Wine

012

里鹏

LE PIN

等级 未评级

产地 法国，波尔多地区，庞美洛

创立时间 1979 年

主要葡萄品种 梅洛，品丽珠

年产量 6000 瓶

上佳年份 2014、2012、2011、2010、2009、2008、2006、2005、2000、1998、1990、1989、1982

里鹏酒庄（Le Pin）创建于1979年，是庞美洛地区葡萄园面积最小、历史最短的酒庄之一。里鹏酒（Le Pin）的第一个年份是1979年。此酒刚一问世，便以仅次于柏图斯酒的价位推向市场上市，演绎了波尔多葡萄酒的经典和辉煌，同时也引来了一片哗然。现在，这款口感柔顺的里鹏酒广受女性酒友们的喜爱，被许多葡萄酒收藏者誉为时尚而又新潮的“红酒之后”。

里鹏每年的产量约6000瓶，其中四分之三的数量卖到英国，只有少数流入世界各地市场。由于量太少，这款酒在美国被刻意炒作，价格飙升，所谓“物以稀为贵”。由于价格被炒作得太高，使得一些酒评家不太愿意对里鹏酒发表评论，就算是有评论，多数也是负面的。当然，这种现象也引起了包括法国酒评界一号人物克莱夫·科茨（Clive Coates）等酒评家，以及葡萄酒专业杂志和酒迷们的高度关注。德国葡萄酒刊物《一切为酒》（Alle Uber Wein）曾经报道过一则着实令人惊讶的消息，主办方组织了德国十位著名品酒师对1979—1992年十三个年份的里鹏酒和柏图斯酒进行蒙瓶试饮，结果居然有九个年份由里鹏酒胜出。这次盲评的结果使得里鹏酒可以正身扬名了。在目前的市场上，一瓶1982年里鹏酒可以卖到超过10万元人民币，这个价格远超过同年份的柏图斯酒，可以与罗曼尼－康帝（Romanée-Conti）酒并驾齐驱！因此，里鹏酒被英国伦敦葡萄酒搜寻网站Wine Searcher列为2016年全球最昂贵的50款葡萄酒之一。

20世纪80年代以前，里鹏园在波尔多寂寞无名，没有辉煌的历史，也没有宏伟的城堡和大片的葡萄园。1979年之前，里鹏园当时的庄主罗碧夫人（Mme. Laubrie）每年将所生产的葡萄酒以散装形式出售。经常购买和饮用里鹏园散装酒的酒商、历史悠久的著名酒庄——老塞丹（Vieux Château Certan）庄主亚历山大·蒂安邦（Alexandre Thienpont）的堂弟——雅克·蒂安邦（Jacques Thienpont）看中了里鹏园的优良潜质，他慧眼识珠，仅以一百万法郎就买下了这个小酒园。里鹏园面积当时只有1.06公顷，由于太小，达不到当局规定的要求，因此不能像波尔多大多数的酒园那样叫酒庄或“堡”（Château）。1985年以后，雅克·蒂安邦逐渐收购了相邻的一些小地块，形成了今天面积为2.08公顷的里鹏园。如同柏图斯酒庄一样，在当地还有一些带有“里鹏”（Le Pin）字样的酒庄，如里鹏·博索莱伊酒庄（Château Le Pin Beausoleil）、里鹏·贝尔奇尔酒庄（Château Le Pin Belcier）等，它们与里鹏酒庄不存在任何关联。

里鹏园坐落在庞美洛中心，与老塞丹园为邻，距柏图斯园也只有咫尺之遥。雅克·蒂安邦的意愿是要向柏图斯园看齐，目标就是要使里鹏园赶超柏图斯园的水准。为此，他投入了大量的资金和精力对里鹏园进行改造。

里鹏园得名源于在该园附近生长的一种名叫“里鹏”（Le Pin）的松树。里鹏园土壤主要为黏土，园中葡萄树龄平均40年，产量低过柏图斯园，每公顷产里鹏酒2200公升。里鹏园仿效柏图斯园的葡萄种植方式和酿造方法，但雅克·蒂安邦更是不计成本，只选用品质最好的梅洛（92%）、品丽珠（8%）葡萄混合酿造里鹏酒。与波尔多的大多数名酿不同，葡萄汁在不锈钢桶里发酵，为了最大程度的萃取葡萄中更多有益成分，乔治·蒂安邦将发酵温度设定为32℃（高温发酵），发酵结束后，用100%新橡木桶醇化24个月。

2013年，里鹏酒庄还生产了一款名为三步曲（Trilogie Pomerol）的佳酿，它混合了2011、2012、2013年的梅洛葡萄，并掺和少许赤霞珠葡萄酿成。

里鹏酒的味道纯正柔美，又有美国加州酒或澳洲酒的狂野风格。这款酒呈淡紫红色，只要轻轻摇晃一下手中的酒杯，立刻会溢出一股层层叠叠的果香味，并伴有一点焦糖味，口感丰浓柔顺而油润，高度匀和，精妙绝伦。

*

013

花堡

CHÂTEAU LAFLEUR

等级 未评级

产地 法国，波尔多地区，庞美洛

创立时间 公元 17 世纪

主要葡萄品种 梅洛，品丽珠

年产量 12000 瓶

上佳年份 2014、2012、2011、2010、2009、2008、2005、2003、2000、1999、1998、1995、1990、1989、1982、1975、1970、1961、1959、1953、1947、1945

在法文中，“La′fleur”是“花”的意思。花堡酒庄（Château Lafleur）因“花”而得名。这个酒庄离柏图斯酒庄只有200米，古朴经典，历史悠久，早在1893年，曾被列为庞美洛葡萄酒产区的三甲之首。1925年，花堡酒还获得过庞美洛产区的金奖。

公元18世纪前，花堡酒庄属于当地望族冯特明（Fontemoing）家族，18世纪初该酒庄转到了贝夏（De Bechade）家族手中。之后几经辗转，于1872年由亨利·格瑞罗德（Henri Greloud）家族购得。1888年，亨利·格瑞罗德的儿子查尔斯（Charles）继承了花堡酒庄。1915年，该酒庄被查尔斯的表亲安德烈·罗宾（Andre Robin）买下。1947年，安德烈·罗宾去世，他的两个女儿特雷斯·罗宾（Therese Robin）与玛丽·罗宾（Marie Robin）继承了这个庄园，在此期间这个庄园并没有获得进一步的发展，但酒庄所酿造的葡萄酒依然保持着不错的品质。1983年，酒庄聘请曾任职于柏图斯酒庄的知名酿酒师让－克劳德·巴柔易特（Jean-Claude Barrouet）前来管理酒庄。此人有着丰富的酿酒经验，在他的带领下，花堡酒的特质被充分发挥出来，花堡酒庄如涅槃的凤凰得到重生。1984年，特雷斯·罗宾和玛丽·罗宾相继去世，她们的外甥、现任庄主雅克·格维诺迪（Jacques Guinaudea）继承了家族财产，包括花堡酒庄。近几十年来，柏图斯酒庄的主人木艾西（Jean-Pieree Moueix）家族一直是花堡酒的代理商。

花堡园面积为4.5公顷，园内土壤含有丰富的磷、钾等稀有元素，多样性的土壤包括了往北的砾石脊，往东的沙砾，往南的一段则是黏土，沿葡萄园对角线延伸的还有一个淤沙土质丰富的狭窄断层，土质甚佳，有利于长出优质的葡萄。花堡园的原创力就是缘于这些不同土质的混合。本园的葡萄树龄平均为50年，种植密度为5900株/公顷。由于有了让－克劳德·巴柔易特的加入，花堡园成功地复制了柏图斯园的秘诀，严格控制葡萄产量，葡萄在十分成熟后用人工采摘和分选。虽然法国AOC法例中允许每公顷葡萄园产酒量可以达到4000公升，但花堡园的实际产量只有这个标准的一半左右，每公顷仅产2300公升，每年的产酒量只有12000瓶。葡萄在收获后要进行一次分选，从中挑选品质最好的葡萄酿造花堡酒。花堡酒用梅洛葡萄和品丽珠葡萄混合酿造。葡萄在破碎后，要进行较长时间浸渍，发酵是在混凝土槽中进行，发酵完成后，要用橡木桶醇化18个月，如同柏图斯酒一样，在醇化期间每年要更换三分之一到二分之一新的橡木桶，让酒液吸取木材的气味，以增加酒的香味和复杂性，装瓶前用蛋清对葡萄酒进行澄清，但不过滤。从1987年起，酒庄将淘汰下来达不到花堡酒要求的葡萄，全部用于酿造副牌酒（Second Wine）——花堡箴言（Pensées de Lafleur）。

2015年9月，笔者品尝了1950年的花堡酒。虽然过去了65年，但色泽依然华丽，有令人沉醉的强烈芬芳和果香味，入口顺滑，轻柔优雅，并且伴有一点辛辣味，浓郁醇厚，有绵长的尾韵，风味十足，甘醇优雅。

红葡萄酒
Red Wine

014

拉·康希雍

CHÂTEAU LA CONSEILLANTE

*

等级 未评级

产地 法国，波尔多地区，庞美洛

创立时间 1751 年

主要葡萄品种 梅洛，品丽珠

年产量 60000 瓶

上佳年份 2014、2012、2010、2009、2008、2005、2003、2000、1990、1989、1982

在法语中，康希雍（Conseillante）的意思是指女议员，也有“女强人”或“铁娘子”之意。

1751年，从事金属贸易的凯瑟琳·康希雍（Catherine Conseillante）夫人在其父亲的帮助下，收购了一块葡萄田，并用她本人的名字命名为拉·康希雍酒庄（Château La Conseillante）。这个葡萄园与著名的老塞丹酒庄（Vieux-Château-Certan）和里凡奇酒庄（Château L'Evangile）为邻。凯瑟琳·康希雍夫人思想开放，不断创新。1756年，她在拉·康希雍园进行了一次颠覆性的葡萄栽培试验，并获得了成功。这次试验的成功，使得拉·康希雍园的名声大振。由于年事已高，凯瑟琳·康希雍夫人于1777年将这个酒园传给了她侄女玛丽·德丝·普琼尔（Marie Des Pujol）夫人。

1871年，普琼尔将本园卖给了路易斯·尼古拉斯（Louis Nicolas）家族，并一直归这个家族所有并经营至今。路易斯·尼古拉斯家族在庞美洛地区有良好的声誉，其后人在1900年建立了庞美洛地区葡萄酒商会并执掌长达数十年。现在，这个酒庄的掌门人是路易斯·尼古拉斯家族的后人，他们分别是：让－米契尔·拉谱特（Jean-Michel Laporte）任董事长，贝特兰德·尼古拉斯（D·Bertrand Nicolas）任总经理，以及贝特兰德·尼古拉斯的夫人马丽·法兰克·尼古拉斯·德阿弗里（Marie France Nicolas d'Arfeuille）。

拉·康希雍园坐落在庞美洛高原的最佳位置，面积12公顷。园内土质以波尔多右岸常见的黏土加石灰岩组合为主，种植的葡萄树龄平均50年，种植密度6000株/公顷。葡萄园只有在土地养分不足的情况下才使用化肥，每年春末夏初，要对葡萄藤进行整枝、除去部分蓓蕾和减少绿叶，以控制葡萄生长，以实现理想的每公顷3500公升的产量。拉·康希雍酒由梅洛葡萄和品丽珠葡萄混合酿成。为了进一步提升酒的品质，尼古拉斯家族不断加大投资、引进新技术，改造酿酒设备，并从1971年起改用不锈钢桶发酵，发酵的时间改为一周，在发酵前要用三周的时间浸渍；从1985年起新酒采用80%~100%的法国新橡木桶醇化，醇化期为18~24个月，在醇化期间要用压缩空气清除沉淀物，装瓶前用新鲜蛋清进行澄清，但不过滤。功夫不负有心人，自20世纪80年代以来，拉·康希雍酒品质得到了迅速的提升，让同行们刮目相看。

尽管拉·康希雍酒的产量不大，但其品质非常高雅。美国一家拍卖行于2009年4月25日，在香港拍卖了一箱6大瓶装（1500毫升）1949年的拉·康希雍酒，拍卖价达193600港元，每标准瓶合到16133港元。

2011年4月10日，在庞美洛地区美丽的拉·康希雍酒庄总部，酒庄总经理贝特兰德·尼古拉斯先生热情地接待了笔者一行，他向笔者详细介绍了酒庄和家族的历史以及酒庄未来的发展，亲自领着笔者一行参观葡萄园、酿酒车间和酒窖，并品尝了多个年份的拉·康希雍酒。

拉·康希雍酒风格细腻丰韵，有着极好的浓度与深度，口感圆润，优雅而纯正，如天鹅绒般柔软幼滑，且层次复杂，时而还带着几分白马酒（Château Cheval Blanc）的经典澎湃之感，有的年份甚至有超越柏图斯酒的表现，可以说是庞美洛地区具代表性的佳酿之一。

015

奥松

CHÂTEAU AUSONE

*

等级 圣－艾美浓（Saint-Emilion）第一特等酒庄 A 级（Premiers Grands Crus Classés A）

产地 法国，波尔多地区，圣－艾美浓（Saint-Emilion，Bordeaux，France）

创立时间 公元 18 世纪

主要葡萄品种 梅洛，品丽珠

年产量 约 20000 瓶

上佳年份 2014、2013、2012、2011、2010、2009、2008、2005、2003、2000、1999、1998、1996、1990、1989、1982

位于吉隆德河右岸的圣－艾美浓镇，至今还保留着中世纪的街头景象和古老的葡萄园，景色迷人，风景如画，是一个盛产名酒佳酿的地方，1999 年被联合国教科文组织列为世界遗产。

奥松酒庄（Château Ausone）就坐落在这个美丽古镇的一条主要而又古老大街的入口处，葡萄园坐落在陡峭的山坡上，大街边耸立的石头挡土墙将它高高托起，人们只能站在大街上仰视这个著名的酒庄。

奥松（Ausone）的名称源于一个传说。大约在公元 340 年前后，当时（古罗马时期）生于此地的诗人德茨穆斯·奥松依尤斯（Decimus Magnus Ausonius，310—394 年，曾做过罗马皇帝幼时的老师）就在此地修建罗马式别墅和种植葡萄树。此君不单有权势而且文学造诣极高，深受人们的尊崇。德茨穆斯·奥松依尤斯还是葡萄酒爱好者，他不单在很多的诗歌中宣传葡萄酒，而且将爱好付诸行动，开拓了不少葡萄园，成为波尔多葡萄酒最早的先驱之一。相传奥松葡萄园就是当年德茨穆斯·奥松依尤斯的故居，这就是奥松（Ausone）名称的来由。

18 世纪初，在当地从事木桶生意的卡特纳（Jean Catenat）家族获得了奥松园，到 18 世纪中叶，此园转到了卡特纳亲戚拉法古（Lafargue）家族。1891 年，拉法古将奥松园赠给了侄女夏隆（Challon）和她的丈夫爱德华·杜波（Edouard Dubois）。到 20 世纪 70 年代，奥松酒庄由爱德华·杜波家族和亚莱·沃潜（Alain Vauthier）家族各持 50% 股份，这两个家族其实是亲戚关系。1974 年，爱德华·杜波去世后，其遗孀杜波－夏隆（J.Dubois-Challon）接管了此园。1976 年，她聘请了一位年轻的酿酒师帕萨尔·德贝克（Pasal Delbeck）负责酒庄的酿酒工作，在帕萨尔·德贝克努力下，奥松酒的水准得到了大幅提升。与此同时，酒庄的另一股东亚莱·沃潜和妹妹凯瑟琳（Catherine）对杜波·夏隆夫人的做法极为不满，双方产生了纠纷，反目为仇并闹上了法庭。1996 年，法庭裁决由亚莱·沃潜兄妹买下杜波·夏隆夫人手上本园的另一半股份，亚莱·沃潜兄妹俩终于成了奥松酒庄的唯一主人。1995 年，酒庄聘请著名酿酒师米歇尔·罗兰（Michel Rolland）担任酿酒顾问，奥松酒再次开始了它的繁荣时期，并远远超越其往日的灿烂辉煌。1996 年，在官方的圣－艾美浓地区葡萄酒分级时，奥松园被评为第一特等酒庄 A 级（Premiers Grands Crus Classés A）。

奥松园面积 7 公顷，面朝东南，葡萄树可以享受充足的阳光。土壤的表层为 30 厘米厚的黏土和细砂，下层则为石灰岩、砾层土及冲积砂等。园中种植的葡萄品种：梅洛和品丽珠，葡萄树龄平均55年，每公顷产量为3300公升，年产奥松酒约20000瓶。

为了提升葡萄酒品质，亚莱・沃潜兄妹对葡萄园的管理非常认真，严格控制葡萄的产量，用经验丰富的工人采摘葡萄，葡萄在采摘后要进行十分仔细的分选。葡萄在轻轻地揉碎后进行发酵，发酵过程一般为21~35天，发酵结束后，要用100%比例新的橡木桶进行醇化，醇化期为18~24个月。在醇化过程中，每隔3个月要换一次桶，以清除酒中的沉淀物。装瓶前要用蛋清澄清，但不过滤。酒庄还生产一种名为“小奥松”的副牌酒（Chapelle d'Ausone）。

近年来，奥松酒的品质非常稳定。笔者品尝过从2008—2014年连续7个年份的奥松酒，其表现都让人叹为观止！这在波尔多葡萄酒业界十分罕见。

成熟后的奥松酒色泽深浓，气质高雅，黑醋栗、黑樱桃、橡木、肉桂的香味馥郁浓稠、绵密细致，酒体充满了刚劲的单宁，层次丰富，味道细致柔和，醇厚高雅。奥松酒通常需要10年以上时间才能成熟，有的酒在酒窖储藏了几十年后，仍然保持着年轻而又迷人的韵姿。

016

白马

CHÂTEAU CHEVAL BLANC

*

等级 圣－艾美浓（Saint-Emilion）第一特等酒庄 A 级（Premiers Grands Crus Classés A）

产地 法国，波尔多地区，圣－艾美浓

创立时间 1852 年

主要葡萄品种 品丽珠，梅洛

年产量 100000 瓶

上佳年份 2014、2012、2011、2010、2009、2008、2005、2003、1998、1990、1982、1961、1955、1949、1947、1945、1928

白马酒庄（Château Cheval Blanc）的名字初次出现于1768年，但作为一个独立的葡萄酒生产商是从1852年开始的。1830年，杜卡斯（Ducasse）家族从圣－艾美浓镇的菲吉酒庄（Château Figeac）购买了16.3公顷的葡萄园。在1832—1838年间，在经过三次收购扩充之后，达到今天拥有36.8公顷面积的白马园。1852年，杜卡斯将本园作为女儿梅妮・亨利特（Mlle Henriette）的嫁妆归到了女婿让－劳斯卡・福库德（Jean Laussac Fourcard）家族中。让－劳斯卡・福库德在接管这个酒园的第二年，遂将酒园取名为白马酒庄。在酒庄的管理上，让－劳斯卡・福库德花了不少心血，他将园区内所有的土地全部重新种上葡萄树，改善了酿酒工艺，使得白马酒在1862年的伦敦大赛和1878年的巴黎大赛中获得金奖。1893年，让－劳斯卡・福库德将酒庄交给了他的儿子阿尔伯特（Albert）。1927年，为防止本园出现分裂，阿尔伯特设立了一个公司来管理酒庄，并成立了公司董事会。1970—1989年期间，酒庄董事长由阿尔伯特孙女的丈夫、波尔多大学的校长雅克・埃布拉（Jacques Hebrard）担任。从1991年起，酒庄聘请酿酒名师皮埃尔・吕东（Pierre Lurton）担任总经理，并与凯斯・范・莱文（Kees Van Leeuwen）组成团队精心管理。在1996年圣－艾美浓葡萄酒分级中，白马酒庄与奥松酒庄一起被评为圣－艾美浓地区仅有的两家第一特等酒庄A级。1998年11月，由于阿尔伯特家族出现纷争，导致酒庄被迫卖给了伯纳德・阿诺特（Bernault Arnault）和比利时人巴浓・阿尔伯・费勒伯爵（Baron Alber Frère）。在完成酒庄的收购后，伯纳德・阿诺特继续聘请酒庄原总管皮埃尔・吕东先生担任总经理。

伯纳德・阿诺特是大名鼎鼎的全球最大奢侈品集团——法国LVMH（Louis Vuitton Moët Hennessy）集团的主席，除拥有许多奢侈品品牌外，他在全世界还拥有23家著名的葡萄酒庄。2015年7月，法国《挑战者》杂志公布了2015年“法国500强富豪名单”排行榜，伯纳德・阿诺特家族以346亿欧元荣登榜首，再一次成为法国首富。

白马园毗邻庞美洛地区，园中的土壤大部分是碎石、沙子、泥土，也有一些砂岩，甚至是金属矿物。本园葡萄树龄平均50年，每公顷产量为2100公升。葡萄在成熟后采用人工采摘和分选，从中挑选出高品质的葡萄酿造白马酒。白马酒由品丽珠葡萄和梅洛葡萄混合酿造。葡萄在轻柔破碎后，要浸渍三个星期后再发酵，发酵完成后，要用五成新的橡木桶醇化18~24个月，不经过滤装瓶。酒庄将淘汰下来达不到白马酒水准的葡萄，用于酿造品质同样出色的副牌酒——小白马（Le Petit Cheval），年产量为40000瓶。

由于连续获得1862年伦敦大赛和1878年巴黎大赛金奖，白马酒的名声大噪，在那时的英国，只要提及白马酒，人们都要将它与波尔多1855年评定的四大一级特等名庄相提并论。20世纪以来，白马酒庄生产过许多珍贵的佳酿，其中1947年的白马酒就被许多酒评家和爱酒人士视为心中的尤物，被誉为波尔多100多年来最优秀、最伟大的葡萄酒之一。

2010年5月21日，苏富比拍卖行在香港专门为法国LVMH集团属下的葡萄酒举行了一个专场拍卖会，所拍卖的葡萄酒由酒庄直接提供，拍品包括自1900—2005年之间几

乎所有年份的白马酒、一些珍贵年份的伊甘酒（Château D'Yquem）、唐·培里侬（Dom Pérignon）“香槟王”等。其中，3瓶（每瓶750毫升）1947年的白马酒卖到了港币556600元的天价！

2010年5月19日下午，笔者应邀在香港与白马酒庄总经理皮埃尔·吕东先生进行了一次长谈，他向笔者详细地介绍了酒庄的历史和未来的发展计划。2011年4月10日，在波尔多白马酒庄总部，皮埃尔·吕东先生亲自接待笔者一行，带领我们参观葡萄园、酿酒车间和偌大的酒窖。皮埃尔·吕东先生稍显清瘦，双眼炯炯有神。虽然白马酒庄已易主，但他一直担任酒庄总经理20多年。在LVMH收购了伊甘酒庄后，他又受命兼任伊甘酒庄的CEO，足见LVMH老板对他的信任。皮埃尔·吕东先生向笔者特别谈到了1947年的白马酒。他说，当年除了特别的气候原因外，1947年这款酒与其他年份的白马酒相比，在许多方面显得很不同：1947年的含渣量为103克/升，而其他年份的含渣量为0.7克/升；1947年的含糖量为4.5克/升，而其他年份的含糖量为1.9克/升；1947年的酒精含量14.5%，而其他年份的酒精含量13%。上述的这些区别，使得葡萄酒在酸度、单宁、酒体结构、厚度和层次等方面都有很好的表现，正是这些与众不同的要素，造就了伟大而经典的1947年白马酒。

2006年9月26日，笔者应邀参加了香港半岛酒店的一个晚宴，分享了1928年白马酒和1947年白马酒。1928年白马酒（730毫升）来自半岛酒店的酒窖，因为这一年是该酒店的开张之年；1947年白马酒（730毫升）是于1997年在酒庄瓶装，因此这两瓶酒的品相都相当好。两个伟大年份的白马酒PK，说实话，以笔者之水平，很难找出它们之间的差距，哪怕是一点点微小差距。1928年白马酒过了78年，但色泽仍然深红，开瓶后，始终洋溢着黑莓、蓝莓、甘草、松露菌和咖啡、烤烟、皮革的复杂香气，酒身富饶醇厚，层次复杂，丰腴柔顺，有如神话般的美妙优雅。1947年的白马酒也年逾花甲，却依然年轻，单宁非常丰富，酒精度较高，有激昂澎湃之感，酒身圆浑有力，香浓醇厚而又细腻幼滑，用皮埃尔·吕东先生的话来说，就是“雍容华贵、璀璨美丽”。

017

金钟

CHÂTEAU ANGÉLUS

*

等级 圣－艾美浓（Saint-Emilion）第一特等酒庄 A 级（Premiers Grands Crus Classés A）

产地 法国，波尔多地区，圣－艾美浓

创立时间 1924 年

主要葡萄品种 梅洛，品丽珠，赤霞珠

年产量 75000 瓶

上佳年份 2013、2012、2011、2010、2009、2008、2006、2005、2003、2000、1998、1996、1990、1985、1982、1953

金钟酒庄（Château Angélus）坐落在圣－艾美浓镇著名的彼德（Pied de Cote）斜坡旁，这个酒庄是由鲍德·拉福雷（Boüard de Laforest）家族数代人相继投入许多心血传承下来的。鲍德·拉福雷家族历史悠久，早在1564年，他们的祖先乔治·鲍德（Georges de Boüard）就是当地的行政长官。1924年，在鲍德·拉福雷购入拉·金钟（L'Angélus）酒庄之前，这个家族已经拥有马泽拉酒庄（Château Mazerat）。鲍德·拉福雷家族后来将这两个酒庄合并，酒庄名字仍然叫拉·金钟酒庄。1987年，鲍德·拉福雷家族的第四代传承人胡伯特·鲍德·拉福雷（Hubert de Boüard de Laforest）继承了祖业。后来，他还受聘担任了碧尚女爵酒庄的酿酒顾问。

拉·金钟（L'Angélus，法文意思是“祈祷的钟声”）的名字缘于当时一块7公顷的葡萄园，在这块土地上，可以同时听到来自马泽拉（Mazerat）教堂、圣·马丁教堂（St. Martin）以及圣－艾美浓教堂三个教堂的祈祷钟声。由于在L'Angélus前面有一个“L”字母，在普遍使用电脑的今天，可能会影响到酒庄的排名顺序。1990年，酒庄的新主人胡伯特·鲍德·拉福雷决定取消“L'Angélus”前面的字母“L”，将酒庄的名称改为“金钟”（Angélus），这样做的目的会使酒庄的排名靠前，这对酒庄的宣传和推广都是一件好事。1996年，金钟酒庄晋升为圣－艾美浓地区第一特等酒庄B级（Premiers Grands Crus Classés B）。2012年9月6日，圣－艾美浓列级酒庄的最新分级名单揭晓，新的分级版本中有18家一级特等酒庄，64家特等酒庄，总数82家。金钟酒庄与同区的柏菲酒庄（Château Pavie）一道，由原来的圣－艾美浓第一级特等酒庄B级晋升级为圣－艾美浓第一级特等酒庄A级（Premiers Grands Crus Classés A）。

2008年9月4日，在古朴的金钟酒庄，具有艺术家风度的主人胡伯特·鲍德·拉福雷先生热情接待了笔者，他谈起了金钟酒庄的历史、现在和将来，他非常得意地介绍了酒庄非常独特的发酵和酿造工艺，他认为这是提升葡萄酒品质的关键。胡伯特先生告诉笔者，他已收购了金钟园对面、面朝东南的一块坡地葡萄园，准备生产品质更好的葡萄酒。同时，他对中国葡萄酒市场非常感兴趣，每年他至少要来中国一次。

2015 年 7 月，法国《挑战者》杂志公布了 2015 年“法国 500 强富豪名单”排行榜，庄主胡伯特·鲍德·拉福雷家族以 2.8 亿欧元列第 253 位。

金钟园朝南，占地面积为 23.4 公顷，葡萄树龄平均 40 年，种植密度 6500~7500 株 / 公顷，产酒量较低，收获量在 2500~3000 公升 / 公顷之间。葡萄在成熟时采摘，采摘后要再分选一次，从中挑选出高品质的葡萄酿造金钟酒。金钟酒由梅洛葡萄、品丽珠葡萄和赤霞珠葡萄混合酿造。金钟酒庄采用现代化与传统相结合的酿造技术。葡萄压榨后，酒汁要均分到不同材质的不锈钢桶、水泥槽和橡木桶里分别发酵 2~4 周，发酵完成后再从三个不同之处汇入全新的橡木桶里醇化，醇化期为 18~24 个月，装瓶前不过滤，用蛋清澄清后装瓶。像金钟酒庄这种发酵和酿造工艺，在波尔多甚至全法国都非常罕见。酒庄将淘汰下来达不到金钟酒水准的葡萄，用于酿造副牌酒——艾·金钟（Carillon de I'Angélus），这种副牌酒的年产量为 10000 瓶。

近年来，金钟酒的品质得到了迅速地提升。酒庄从 2012 年晋升级为圣－艾美浓第一级特等酒庄 A 级后，金钟酒的价格也已经大幅飙升，已经接近波尔多一些顶级名庄酒的价格。

成熟后的金钟酒呈深紫红宝石色泽，紫罗兰、橄榄、黑莓果、石墨、烟熏木、烧烤香料的气息隐约可感飘至鼻中，浓厚雄浑，层次复杂，柔顺幼润，丰满和谐，醇郁优雅。

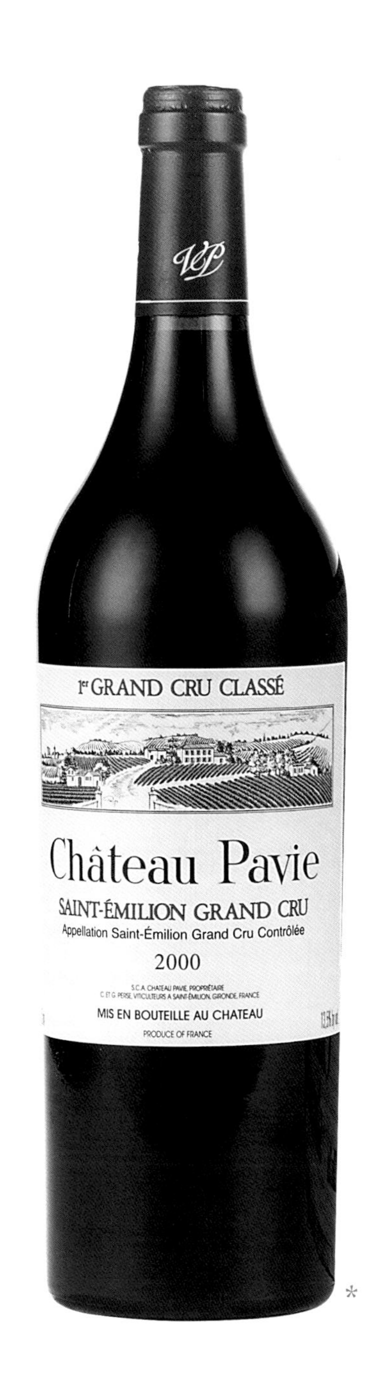

*

018

柏菲

CHÂTEAU PAVIE

等级 圣－艾美浓（Saint-Emilion）第一特等酒庄 A 级（Premiers Grands Crus Classés A）

产地 法国，波尔多地区，圣－艾美浓

创立时间 1885 年

主要葡萄品种 梅洛，品丽珠，赤霞珠

年产量 100000 瓶

上佳年份 2014、2013、2012、2011、2010、2009、2008、2005、2003、2000、1999、1998、1990、1989、1982、1975、1961、1955

早在公元4世纪，就有人在圣－艾美浓地区种植了一片名叫柏菲（Pavie）的葡萄园，至今已有1600多年的历史。不过，这个葡萄园直到19世纪才开始逐渐地发展起来。1885年，一位来自波尔多的葡萄酒商人保华德（Monsieur Ferdinand Bouffard）买下了这片葡萄园，并取名为——柏菲酒庄（Château Pavie）。当时这个酒庄的葡萄园面积只有17公顷。后来，保华德家族又连续买下了邻近的几个酒园，将葡萄园面积扩大到了今天的41公顷。第一次世界大战后，柏菲酒庄由阿伯特（Albert Porte）家族购得。1943年，酒庄易主，它的新主人是一个来自巴黎的酒商亚历山大·瓦勒特（Alexandre Valette），他为柏菲酒庄设计了一个60年的重建计划。此后，柏菲酒庄开始迅速发展，酒的质量也开始逐步提高。1998年，瓦勒特家族将柏菲酒庄卖给了原本经营超市的杰拉德·佩尔斯（Gérard Perse）和夏塔尔·佩尔斯（Chântal Perse）家族。这个家族投入巨资，整修了葡萄园，重建了酿酒工厂。在近十几年时间里，柏菲酒品质的提升幅度相当惊人，许多年份的佳酿都被酒评家们给以高度评价。

柏菲酒庄至今仍由杰拉德·佩尔斯家族所有和管理。1996年，在圣－艾美浓地区酒庄评级中，柏菲酒庄被评为第一级特等酒庄B级。2012年9月6日，圣－艾美浓列级酒庄进行了最新的分级，新的名单中有18家一级特等酒庄，64家特等酒庄，总数82家。柏菲酒庄与同区的金钟酒庄一道，成为仅有的两家由原来的圣－艾美浓第一级特等酒庄B级（Premiers Grands Crus Classes B）晋升为圣－艾美浓第一级特等酒庄A级（Premiers Grands Crus Classes A）。

柏菲园坐落在一个狭长、坡度平缓的山坡上，山坡上有裸露的岩石。在山顶的悬崖下面，有许多阴暗潮湿的岩洞，柏菲酒庄利用这一地形，建了一个天然酒窖，许多年份的柏菲酒就储藏在这里。柏菲园原本面积为41公顷的葡萄园，2001年杰拉德·佩尔斯家族经过收购一些毗邻庄园的小块葡萄园后，将面积扩大到了今天的50公顷。本园葡萄树龄平均50年。园主尽量控制较低的葡萄收获量，使得每公顷产酒只有2000公升。柏菲酒由梅洛葡萄、品丽珠葡萄以及赤霞珠葡萄混合酿成。葡萄在轻柔破碎后进行发酵，发酵和醇化都在全新的橡木桶里进行，醇化期为18个月。柏菲酒庄改变了以前葡萄酒在成熟后都要送到英国去装瓶的做法，现在均在本酒庄装瓶。

近年来，柏菲酒品质非常稳定。当谈起波尔多的名酒时，人们常说“左岸有拉菲，右岸有柏菲”。柏菲酒常常带有法国酒骨子里的优雅与平衡，但同时又具有新世界酒的个性与力量。这款酒成熟时深红色泽，饱含玫瑰、紫罗兰、无花果和蜜瓜的馥郁芬芳，有的年份柔顺细腻，和谐中庸，甘甜可口；而有的年份则单宁厚重，深邃难测。

019

伊甘

CHÂTEAU D'YQUEM

等级 巴扎克－苏玳地区超第一级特等（Sauternes-Barzac，Premier Cru Superieur）

产地 法国，波尔多地区，苏玳（Santernes，Bordeaux，France）

创立时间 1593 年

主要葡萄品种 赛美戎（Semillon），苏维浓（Sauvignon）

年产量 110000 瓶（只在葡萄最好的年份生产）

上佳年份 2014、2013、2011、2009、2008、2007、2006、2001、1999、1997、1996、1995、1990、1989、1988、1976、1975、1971、1947、1945、1937、1921

苏玳地区（Sauternes）位于波尔多五大葡萄酒产区的最南端，是世界久负盛名的甜白酒产区之一。从苏玳的山坡上往远方眺望，周围乡村的美景山色尽收眼底。

犹如神话般的伊甘酒庄（Château d'Yquem）坐落在苏玳地区的一个小山丘上，它的葡萄园占据了这个地方最佳的地理位置，在官方1855年对巴扎克－苏玳地区葡萄酒评级中，伊甘获得唯一的超第一级特等酒庄（Premier Cru Superieur）。这个酒庄生产的伊甘甜白酒被誉为"液体黄金"，成为"酒痴"们梦寐以求的挚爱。

伊甘酒庄的历史可以追溯至12世纪，至今已有400多年。有当地历史语言学家考证，"伊甘"（D'Yquem）一词最早来源于10世纪日耳曼语中的"aighelm"，意为拥有尖顶头盔的人。中世纪，法国阿奎坦（Aquitaîné）女公爵嫁入英国皇室，成为英伦皇后，伊甘领地随之归属英国皇室。经过法英百年战争，法王查尔斯七世（Charles VII of France）于1453年收回了阿奎坦的领地，伊甘复回法国怀抱。1593年12月8日，法国贵族、时任波尔多市长的罗杰·苏瓦吉（Roger de Sauvage）家族以交换保留地协约的形式获得了这片土地的所有权。那时伊甘领地及周围地区已经种植了葡萄树，用晚收的葡萄酿造甜酒。若干年后，苏瓦吉家族建立了伊甘酒庄，修建了古朴宏大的伊甘城堡，并陆续将酒庄周围的葡萄园收入囊中，继续生产甜白葡萄酒。苏瓦吉家族代代相传，精心管理着这个庞大酒庄。1711年，法国国王路易斯十四（The French king Louis XIV）正式册封苏瓦吉家族后人——隆·苏瓦吉·伊甘（Lon de Sauvage d'Yquem）为贵族爵位，他也正式成为伊甘酒庄的新主人。

1785年，隆·苏瓦吉·伊甘的曾孙女弗朗索瓦－约瑟芬·苏瓦吉·伊甘（François-Joséphine de Sauvage d'Yquem）与法国国王路易斯十五（The French king Louis Jugo）的教子路易斯·阿米德·鲁尔·萨鲁克斯（Louis Amédée de Lur Saluces）伯爵结婚，伊甘酒庄从此正式归属路易斯·阿米德·鲁尔·萨鲁克斯家族，并一直延续下去。就在他们结婚两年后的1787年，后来成为美国总统的托马斯·杰弗逊（Thomas Jefferson）来到苏玳地区，在遍尝波尔多名酒之后，他对伊甘甜白酒赞不绝口，欣然选购了250瓶1784年的伊甘甜白葡萄酒并运回美国，送给当时的美国总统乔治·华盛顿（George Washington）。随后，这款酒也成为乔治·华盛顿的心头好。新婚三年后，夫婿路易斯·阿米德·鲁尔·萨鲁克斯不幸去世，弗朗索瓦·约瑟芬·苏瓦吉重新接管了伊甘酒庄。

弗朗索瓦·约瑟芬·苏瓦吉夫人承前启后，开拓了伊甘酒庄最绚丽的一段历史。当时的伊甘甜白酒广为世界最著名的葡萄酒鉴赏家所欣赏，它的拥趸者包括时任美国总统的乔治·华盛顿和托马斯·杰弗逊等。在众多皇家贵族于法国革命中断送身家性命时，弗朗索瓦·约瑟芬·苏瓦吉夫人不仅将家族产业原封不动地保持住，而且将酒庄继续发展得更加辉煌。她于1851年去世，四年之后是闻名的1855年波尔多葡萄酒分级，伊甘酒庄在分级中是唯一被定为超一级酒庄（Premier Cru Superiéur），这一至高荣誉也使得当时的伊甘酒庄甚至比其他一级酒庄还要高出一个等级。因此，弗朗索瓦·约瑟芬·苏瓦吉夫人被誉为名垂伊甘酒庄青史的“伊甘女士”！在这之后，伊甘酒庄又进入了前所未有的绚丽时代，从欧洲的王宫贵族，俄国皇亲国戚，到日本皇族，都纷纷斥巨资争购伊甘甜白酒。

关于伊甘甜白葡萄酒，还有一个传奇故事。1847年，时任庄主鲁尔·萨鲁克斯（de Lur Saluces）因为去外国打猎迟归，因而耽搁了葡萄树的采摘时节，等他回来的时候，葡萄都已经腐霉了，但他仍然下令采摘酿造。不过用这些已经腐霉了的葡萄酿制的酒待遇却大不相同，以至于大家都没有把它当作一回事。等到12年后，俄国沙皇的兄弟格兰德·杜克·康斯坦丁（Grand Duke Constantine）造访酒庄时，品尝了这款酒，他被那种特异的酒香深深吸引，不能自拔，立马掏出2万法郎买下一桶，这个价格是当时伊甘葡萄酒的四倍。从此，伊甘贵腐甜酒的名气在欧洲迅速传播开来。

在第一次世界大战期间，伊甘酒庄被当作战地医院使用，但酒庄未受到大的损坏。战争结束后，贝特兰德·鲁尔·萨鲁克斯（Bertrand de Lur Saluces）侯爵接手酒庄管理。在他管理的半个世纪中，伊甘酒庄的地位进一步巩固。当时，波尔多酒庄懂得如何开拓国际市场的人极少，贝特兰德侯爵与几位同仁共同创建以品酒为主要市场策略的吉隆德特级酒庄联合会（Union des Crus Classes de la Gironde），亲自担任会长长达40年。1966年，由于膝下无子，贝特兰德·鲁尔·萨鲁克斯将酒庄管理权交给了侄子亚历山大·鲁尔·萨鲁克斯伯爵（Comte Alexandre de Lur Saluces）。在他的领导下，伊甘品牌更加发扬光大。亚历山大·鲁尔·萨鲁克斯伯爵于2003年退休，酒庄交由阿麦里克·木图尔特（Aymeric de Montault）负责管理。

1996年11月，由于萨鲁克斯家族内部出现长期纷争，伊甘酒庄的53个家族股东中有50个股东将他们持有的股份卖给了法国著名奢侈品企业——LVMH集团（Louis Vuitton Moët Hennessy）。至此，这个古老酒庄400多年来第一次由家族拥有转为由现代企业与家族共同拥有。酒庄易主后，萨鲁克斯家族正式将伊甘酒庄的管理权交给LVMH集团，由来自LVMH集团控制的白马酒庄总经理皮埃尔·吕东接任伊甘酒庄总经理。LVMH集团收购后，酒庄于1998年聘请桑德琳·嘉贝（Sandrine Garby）女士担任总酿酒师至今。桑德琳·嘉贝女士是波尔多本地人，也是法国为数不多的女性酿酒师之一，从1995年起在酒庄跟随亚历山大·鲁尔·萨鲁克斯伯爵酿酒，她对伯爵非常尊重。

2008年9月4日，亚历山大·鲁尔·萨鲁克斯伯爵在他的波尔多办公室与笔者进行了一次长谈。年逾古稀的伯爵对伊甘酒庄充满感情，对伊甘酒庄卖给LVMH集团，他与许多波尔多人一样，感到愤愤不平。根据几十年的酿酒经验，亚历山大·鲁尔·萨鲁克斯伯爵认为生产葡萄酒犹如一场赌博，因为要酿造好的葡萄酒非常困难，大多数的时候只能靠天吃饭。虽然年事已高，退休后的亚历山大伯爵，仍然掌管着其家族的另一份祖业、离伊甘酒庄不远的法古斯酒庄（Château de Fargues），他亲自领着笔者参观这个酒庄和葡萄田，并邀请笔者在10年后再来到他的酒庄，他将再次亲自接待。

伊甘园土壤表面是一层薄薄的碎石与砂子土，底层为黏土和石灰岩。几百年来，萨鲁克斯家族花费大量资金不断改造葡萄园，修建排水管道。本园葡萄树龄平均超过50年，每公顷年产量不超过1000公升，平均需要四株葡萄树的果实才能酿出一瓶伊甘甜白酒。到秋天葡萄成熟时候，附近的加伦河与吉隆德河带来的湿气和早上雾气，使得将要成熟的葡萄皮上长上了一层抗灰色葡萄孢（一种霉菌，也叫贵腐菌，其学名是"Botrytis Cincrea"，法文叫"Pourriture Noble"，而德文称之为"Edelfaule"），这种霉菌吸收葡萄上的湿度和糖分的结晶。带有这种霉菌的葡萄会发生两个阶段的变化：第一阶段的变化是葡萄皮上覆盖满了褐斑，称为波力（Porri Plien）；第二阶段的变化是葡萄开始凋萎干涸，称为罗堤（Roti），此时的葡萄称为贵腐葡萄（Pouriturre Noble）。

时至今日，伊甘园仍在用传统的马拉犁耕种，用人手工剪枝及引枝。葡萄采摘以德国式的"逐粒精选"方法进行。在葡萄达到"罗堤"程度时，才会在每年的10月、11月分别采摘6~10次，每次只摘下枯萎程度最深的葡萄，其他的则会留到下次采摘，这种采摘方法非常费事费时。伊甘园的葡萄收成，每10年中至少有一个年份是不够理想的。从1959年至2013年的54个年份中，才只有28个年份出产了伊甘甜白酒。

伊甘酒庄还生产一种味道极佳的开胃干白酒（Château d'Yquem Ygrec），我称其为"Y"酒。酿造"Y"酒的葡萄与用来酿造伊甘甜白酒的葡萄完全相同，只是葡萄的采摘时间和酿造方法上有所区别。同样，"Y"酒也不是每年都生产，每次的产量约24000瓶，从1959年至2012年，总共只有23个年份生产了"Y"酒。不过要提醒读者注意，"Y"酒（Ygrec）的名称与伊甘甜白酒（d'Yuem）极易混淆，这恐怕是伊甘酒庄在营销策略上的一大遗憾。

伊甘甜白酒由赛美戎葡萄（Semillon）、苏维浓葡萄（Sauvignon）混合酿成。这种酒在酿造过程中非常讲究，葡萄榨汁仍用旧式的小型篮式压榨机，用全新的木桶发酵，发酵完成后，采用全新的木桶醇化3年，在醇化期间，每周要将所蒸发掉的部分加满，并且经常换桶。在装瓶前，还要对葡萄酒进行严格的检验。

伊甘甜白酒的销售方法与众不同，它是通过波尔多一些经纪人，将近期八个年份的葡萄酒捆绑在一起销售，一年内限量供应三到四次，以保持其卓越的声誉。

伊甘酒透着晶莹的金黄色，橙皮、菠萝、香桃、椰子、羊脂油、胡椒、烤腰果、焦糖、烘橡木的芬芳在鼻腔里凝聚回荡，浓郁醇厚，清新细腻，爽口提神。如此绝代风华的佳酿，彷佛把你带入了丰沃、深邃、旖旎之仙境。

勃艮第地区
BURGUNDY

020

罗曼尼－康帝，DRC

ROMANÉE-CONTI，DRC

等级 勃艮第地区特级（Burgundy，Grand CRU）

产地 法国，勃艮第地区，夜坡（Côte de Nuits，Burgundy，France）

创立时间 1760年

主要葡萄品种 黑皮诺（Point Noir）

年产量 约5300瓶

上佳年份 2013、2012、2011、2010、2009、2008、2006、2005、2003、2002、1999、1990、1988、1985、1978、1971、1969、1966、1964、 1962、1959、1945

勃艮第（Burgundy，此为英文；法文：Bourgogne）有大勃艮第和勃艮第之分，都是产酒区。

大勃艮第由四个省份组成，包括：约纳省（Yonne）、金丘省（Côte d'Or）、索恩罗亚尔省（Saône-et-Loier）和隆河省【Rhône，主要是薄酒莱（Beaujolais）产区】。大勃艮第地区葡萄园总面积达225万公顷。

勃艮第是大勃艮第产酒区的精华部分，位于法国东北部，距巴黎约310公里，是法国古老而著名的葡萄酒产区。它的名气很大程度上来源于勃艮第公爵（Dukes of Burgundy），当时他在很多国家设有办事机构，并在北欧拥有自己的领地。勃艮第葡萄酒产区绵延250公里，从地处索恩河（Saone River）右岸的第戎（Dijon）到里昂（Lyon）之间的狭长地带，面积为31752公顷。勃艮第海拔高度在400~900米之间，东部多平原，中部为丘陵，不同地区的地理差异带来了气候的多样性。勃艮第的葡萄园是沿着山脉的右山谷轴线分布的。土壤以红壤和火山熔岩混合为主，这是最适宜种植葡萄树的土壤。

勃艮第产酒区是依据法国"原产地控制命名"A.O.C.（Les Appellations d'Origine Contrôlées）命名的法定产区，并分为五级：①产区级法定产区葡萄酒（Les diverses categories d'AOC），②村庄级法定产区葡萄酒（Les Appellations Régionales）；上述两个级别均称为"大区级餐酒"（Régional Wines）；③附加酒庄名称的村庄级法定产区葡萄酒（Les Appellations Communales suivies d'un nom de climat），称为"村级酒"（Village Wines）；④一级葡萄园法定产区（Les Premiers），称为"一级酒"（Premier Cru）；⑤特级葡萄园法定产区（Les Appellations Grands Cru），称为"特级酒"（Grand Cru）。1930年4月29日，

第戎市法庭民事判决裁定，所有勃艮第 A.O.C. 葡萄园，一律采用大勃艮第地区（Bourgogne Viticole）名称。

目前，勃艮第葡萄酒协会（BIVB）已将整个勃艮第的葡萄田精确分割成 1247 块具有各自风格、不同特性的小葡萄园，并赋予各块葡萄园不同的名称。

勃艮第产酒区现有 101 个 A.O.C. 法定产区；有 33 个特级葡萄园（Grand Cru），562 个一级葡萄园（Premier Cru），4000 多个村级葡萄园（Village Wines），以及地区餐酒级葡萄园（Régional Wines），年产葡萄酒 2.5 亿公升，其中 80% 为红葡萄酒。

由南往北，勃艮第依次分为 8 个葡萄酒产区：薄酒莱（Beaujolais）、马贡（Mâconnais）、蔻崇依斯（Couchois）、夏隆奈坡（Côte Chalonnaise）、伯恩坡（Côte de Beaune）、夜坡（Côte de Nuits）、维哲里（Vezelien）和莎布利（Chablis）。其中最著名的是由夜坡和伯恩坡所构成的金丘（Côte d'Or），这里葡萄园面积达 5550 公顷，有 32 个特级葡萄园，375 个一级葡萄园，年产红葡萄酒、白葡萄酒共计 275 万箱。金丘（Côte d'Or）北面的夜坡盛产红酒，而南部的伯恩坡则以白酒闻名。在这个堪称“世界葡萄酒豪宅区”的地方，聚集着沃恩－罗曼尼（Vosne-Romanée）、木西尼（Musigny）、李其堡（Richebourg）、香贝丹（Chambertin）、圣－丹尼斯（Saint-Denis）和普里尼－夏莎妮（Puligny-Chassagne）等著名葡萄酒生产重镇。

勃艮第红葡萄酒主要用世界上最优秀、最娇贵、也是最难种植的葡萄品种——黑皮诺葡萄（Pinot Noir）酿造，白葡萄酒主要由霞多丽葡萄（Chardonnay）和阿里哥特（Aligoté）葡萄酿造。

沃恩－罗曼尼镇位于夜坡地区的中心地段，南临夜－圣－乔治镇（Nuits-St-Georges），北靠格夫热－香贝丹镇（Gevrey-Chambertin）。数百年来，这里的几百名村民均以种植葡萄或酿造葡萄酒为生。沃恩－罗曼尼镇原本是勃艮第伯爵打猎的地方，在公元 12 世纪初，就有人在这里种植葡萄树和酿造葡萄酒。此地名园荟萃，共有八个特级葡萄园，十几个一级葡萄园，盛产各种名贵的极品红酒，个个都称得上葡萄酒中的“大腕”。在法国葡萄酒业中享有显赫地位的罗曼尼－康帝酒庄商社（Société Civile du Domaine de la Romanée-Conti）（以下简称“DRC”）就坐落在这里。

DRC 拥有葡萄园总面积为 27 公顷，独享面积为 1.8 公顷的罗曼尼－康帝（Romanée-Conti）和面积为 6.06 公顷的拉·塔希（La Tâche）这两个大名鼎鼎的特级独占园，以及另外 4 个特级红酒园、2 个一级红酒园，还有 2 个特级白酒园。这些酒园分别是：李其堡特级园（Richebourg）3.51 公顷（约占李其堡园区总面积的 50%）、罗曼尼－圣－维凡特级园（Romanée-Saint-Vivant）5.28 公顷（约占罗曼尼－圣－维凡园区总面积的 50%）、大艾瑟索特级园（Grands Échézeaux）3.53 公顷（约占大艾瑟索园区总面积的 33%）、艾瑟索特级园（Échézeaux）4.67 公顷（约占艾瑟索园区总面积的 14%）；沃恩－罗曼尼·苏乔特一级园（Vosne-Romanée Suchots，很少在市场上销售）1.02 公顷、佩迪·芒特一级园（Petits

Monts，很少在市场上销售）0.4 公顷；白酒特级园的蒙哈榭园（Le Montrachet）0.675 公顷（约占蒙哈榭园区总面积的 8.5%），以及巴塔－蒙哈榭特级园（Bâtard-Montrachet，只供给酒庄内部人员品尝）0.17 公顷。在收成极好的年份，DRC 用罗曼尼－康帝园或拉·塔希园第二次采摘的葡萄，生产沃恩－罗曼尼（Vosne Romanee 1er Cru Cuvée Duvault Blochot）一级酒（于 1999 年首次上市）。近十多年来，DRC 还会从别的葡萄农那里买来一些阿里哥特葡萄，每年生产一种可遇不可求的佳酿——约 600 瓶布岗干白酒（Bourgogne Hautes-Côtes de Nuits），专门供给一些法国当地的著名餐厅使用，所得款项捐给当地的圣－维凡修道院（Priory Saint-Vivant）。在特别年份，DRC 还生产两款"精酿干邑"Fine de Bourgogne（用装瓶后剩下的葡萄酒蒸馏发酵而成）和 Marc de Bourgogne（用压榨后的葡萄渣蒸馏发酵而成），酒精含量在 40% 左右。

近年来，DRC 又在不断地大肆扩张，动作频频。2008 年，梅罗德酒庄（Domaine Prince Florent de Mérode）的掌门人去世，其子女不想继承家族葡萄酒事业，因此前来咨询罗曼尼－康帝酒庄掌门人奥贝尔·德·维兰（Aubert de Villaîné）先生。当年 11 月 11 日，梅罗德酒庄与罗曼尼－康帝酒庄达成一致，签署了协议，由 DRC 租用梅罗德酒庄在勃艮第高登（Corton）地区的三块特级葡萄园，租期 36 年，从 2009 年起这三块葡萄园出产的葡萄酒均用 DRC 的标签。这三块葡萄园分别是：0.5721 公顷的 Corton-Clos du Roi 园；1.1944 公顷的 Corton-Bressandes 园；0.5081 公顷的 Corton-Renardes 园。2009 年是 DRC 高登酒的第一个年份。同时，梅罗德酒庄在著名的白葡萄园区高登－查理曼（Corton-Charlemagn）占着 20%（2.88 公顷）的面积，这意味着 DRC 将来也有可能酿造顶级的高登－查理曼干白葡萄酒。

与绝大多数法国葡萄园不同，罗曼尼－康帝园开垦 800 多年以来，中间只换过 9 任业主。1232 年，勃艮第公爵维吉（Vergy）将其家族在沃恩－罗曼尼镇的一个葡萄园，租给了圣·维凡（Saint Vivant）修道院。1631 年，圣·维凡修道院将这个葡萄园卖给了克伦堡（Croonebourg）家族。1651 年，克伦堡家族将这个葡萄园命名为拉·罗曼尼园（La Romanée）。1760 年，克伦堡家族因财政出现困难，拉·罗曼尼园被公开拍卖，法国皇室成员、法国皇帝路易斯十五（Louis XV）的堂兄——路易斯－弗朗索瓦·康帝伯爵（Louis-François Bourbon，Prince de Conti，1717—1776 年）在与其他皇亲国戚的激烈竞争中，花了近 10 万"里维莱斯"（livres，法国古代货币单位）、以 10 倍于法国当时最好葡萄园的天价夺得了拉·罗曼尼园，并将此园冠以自己的名字——罗曼尼－康帝园。在路易斯－弗朗索瓦·康帝伯爵家族的精心打理下，罗曼尼－康帝园成为了法国最上等的极品葡萄园。1793 年，法兰西第一帝国及百日王朝皇帝拿破仑（Napoléon Bonaparte，1769.8.15—1821.5.5）的革命政府将此园没收，并予拍卖，最后由劳尔勒（Nicolas Defer de la Nouerre）购得。1819 年，劳尔勒遂将本园转让给了银行家欧瓦德（Juien Ouvrard）。1866 年，法国爆发了灾难性根瘤蚜虫病，许多葡萄园几乎颗粒无收。而欧瓦德家族不惜血本，使用了当时极为昂贵的化肥，取代了可能传染根瘤蚜虫病的天然肥堆，才逃过一劫。

1869年，是罗曼尼－康帝园再次辉煌的起点。欧瓦德家族由于其他原因，将罗曼尼－康帝园卖给了勃艮第的大酒商杜瓦尔特－布洛希（Jacques-Marie Duvaullt-Blochet）家族。此后，杜瓦尔特－布洛希家族在沃恩－罗曼尼镇又分别收购了另外一些上等葡萄园，成立了罗曼尼－康帝酒庄（Domaine de la Romanée-Conti）。在第二次世界大战中，罗曼尼－康帝园蒙受了巨大损失，杜瓦尔特－布洛希家族已没有资金对葡萄园进行再投资。1942年，杜瓦尔特－布洛希家族将罗曼尼－康帝酒庄一半的股份卖给了当地葡萄酒商亨利·勒鲁瓦（Henri Leroy），亨利·勒鲁瓦家族同时还获得了DRC产品的销售权。1945年春，一场特大的冰雹伤及了罗曼尼－康帝园的大部分老葡萄藤，庄主不得不在1946年将这些老株全部铲除，从拉·塔希园（La Tâche）引进黑皮诺葡萄树苗重新栽种，致使罗曼尼－康帝园在1946—1951年的六年间未出产过一瓶酒。1954年，亨利·勒鲁瓦将持有DRC一半的股份分由两个女儿继承。现在，DRC由亨利·勒鲁瓦家族、杜瓦尔特－布洛希家族各持50%股份，共同组成罗曼尼－康帝酒庄商社对酒庄进行管理。

1974年，杜瓦尔特－布洛希的曾孙——奥贝尔·德·维兰（Aubert de Villaîné）和亨利·勒鲁瓦大女儿拉茹·贝茨－勒鲁瓦（Lalou Bize-Leroy）开始共同管理酒庄。但在1990年初期，二人在对葡萄酒的销售方式上起了冲突，甚至对簿公堂，最后拉茹·贝茨－勒鲁瓦在1992年离开酒庄。但在酿造方法上他们达成了一致，停止使用肥料和农药，而是采用自然动力种植法（Biodynamism），利用天体运行的力量牵引葡萄的生长，更严谨细致地了解、观察葡萄园和葡萄的生长变化，也借此降低产量。自然动力种植法是继有机种植之后又一新兴的绿色风潮。该种植法强调完全使用天然的肥料。依照配方，以蓍草、春日菊、荨麻、橡木树皮、蒲公英、缬草、牛粪及硅石等材料调制出各种制剂，并配合天象星座的运行，使长期使用化学农药与肥料的土地回归原始活力。而有机种植法只是停止使用化学肥料，减少对环境的破坏，并没考虑到大自然元素。为了防止造假，酒庄自2010年开始，采用了一系列科学技术手段来确保葡萄酒的可追溯性。

目前，DRC酒庄仍然由年逾七旬的奥贝尔·德·维兰先生担任总经理，他的儿子贝拉德·德·维兰（Bertrand de Villaîné）已接任父亲的酿酒师职位，酒窖总管是诺贝里（Bernard Noblet）。奥贝尔·德·维兰是勃艮第葡萄酒业的代表人物。2006年，他出任“勃艮第申报世界遗产项目”负责人。2010年，英国葡萄酒杂志Decanter将奥贝尔·德·维兰先生评为葡萄酒风云人物。早在20世纪60年代新世界葡萄酒刚开始冒起，当时还没人知晓美国加州的葡萄酒，奥贝尔·德·维兰先生就为《法国葡萄酒杂志》（La Revue du Vin de France）撰稿，向外界推介加州葡萄酒。

2016年9月1日，英国伦敦知名的葡萄酒搜寻网站Wine Searcher发布了2016年全球

最昂贵的50款葡萄酒榜单，罗曼尼－康帝酒庄的“五红一白”顶级葡萄酒位列其中，其中包括：罗曼尼－康帝酒（名列第一），拉·塔希酒，李其堡酒，罗曼尼－圣－维凡酒，大艾瑟索酒和蒙哈榭干白酒等。

罗曼尼－康帝酒庄举世瞩目，群星荟萃，而罗曼尼－康帝酒又在群星之中傲视同侪。罗曼尼－康帝酒的酒标简洁清晰，白底黑字非常醒目，每一瓶都有独立编号和酿酒师的签名，在瓶颈处还贴有惹眼的“独家所有”（Monopole）字样。2011年5月17日，佳士得拍卖行（Christie's）在日内瓦（Geneva）拍卖一瓶非常罕见的1945年（750毫升）罗曼尼－康帝酒，拍出的天价达到123910美元（合人民币790000元）！每毫升约合人民币1053元，远远贵过黄金！2013年11月23日在香港，又是佳士得拍卖行拍卖了一箱12瓶（每瓶750毫升）装的1978年罗曼尼－康帝酒，拍卖价达到惊人的367万港币！这些贵得离谱的琼浆玉液，恐怕连希腊神话中的“酒神”巴克奇鲁斯（Bacchus）都会感到诧异，难怪著名酒评家罗伯特·帕克先生发出感叹：“罗曼尼－康帝酒是百万富翁之酒，但却是亿万富翁所饮之酒！”

罗曼尼－康帝园是一个闻名遐迩的极品葡萄园，它是DRC最顶级、最精华、也是目前世界上最古老的葡萄园之一，被葡萄酒鉴赏家们称之为“勃艮第的宝石”（Fleuron de Bourgogne），号称“天下第一园”。笔者注意到，从1990—2011年的22年间，罗曼尼－康帝酒总共生产了115895瓶，平均每年生产5268瓶，这其中产量最大的1990年为7446瓶，产量最小的2008年为3151瓶，罗曼尼－康帝酒22年的总产量也不及拉菲酒一个正常年份产量的一半。

罗曼尼－康帝园坐落在勃艮第夜坡中心地段的一面倾斜度为16° 的山坡上，日照充足，由小石子掺杂着黏土构成的土壤有利于排水和保温，但如果遇到大雨，土壤容易流失，经常需向邻近的拉·塔希园借土。本园的黑皮诺葡萄树每公顷平均种植约一万株，树龄平均超过60年。在夏季，酒庄组织工人对葡萄树逐棵进行修剪，有许多葡萄被整串地剪除，以保证剩余葡萄枝能够健康成长。葡萄在成熟后用人工采摘，采摘过程小心翼翼，收获后的葡萄使用先进的皮带传动机进行分选，有时甚至是一颗一颗地用人工分选。罗曼尼－康帝园葡萄的收获量较低，每公顷产酒量平均约2600公升，差不多要用三株葡萄树的果实才能酿出一瓶酒。产量最多的年份也不会超过10000瓶（最多的年份如1972年为9626瓶），最少的年份只有区区的几百瓶（如1945年只有2桶，约600瓶）。罗曼尼－康帝酒由纯黑皮诺葡萄酿造，葡萄在分选后不去梗，在压榨后要进行冷浸渍处理5~6天，而且每天要用水循环喷淋，之后进行发酵，发酵在开顶的圆形或椭圆形橡木桶里进行，配以自动气压式机器设备，这样可以使葡萄皮和二氧化碳漂浮起来，然后使用全新的橡木桶醇化24个月，装瓶前不澄清、不过滤。为了不使葡萄酒中含有过多的橡木味，橡木板要在露天存放三年（有时甚至在露天存放四年，如2005年），让其在雨水中浸泡，在太阳下暴晒，待完全自然风干后才可以制成木桶。

笔者多次品尝过罗曼尼－康帝酒。2015年1月23日，笔者第二次品尝1985年罗曼尼－康帝酒。如以前一样，此酒的锋芒了得，完全诠释了什么是伟大的葡萄酒！它呈现出绚丽多彩的红宝石色泽，酒精含量13%。荟萃着丰富的黑醋栗、樱桃、李子、丁香花、玫瑰花、紫罗兰、八角、肉桂、豆腐、海鲜的复合香气，萦回环绕，美不胜收。单宁密实饱满，新鲜纯净，酒质浑厚健壮，始终向人展示着其非凡的活力。酸度均衡，层次丰富复杂，口感细腻馥郁，精致柔和，犹如天鹅绒般幼滑，带着娇柔多姿、温馨旖旎的余韵，让人魂牵梦萦，实为当之无愧的“世界红酒之王”！

*

021

拉·塔希，DRC

LA TÂCHE，DRC

等级 勃艮第地区特级

产地 法国，勃艮第地区，夜坡

创立时间 1869 年

主要葡萄品种 黑皮诺

年产量 20000 瓶

上佳年份 2013、2012、2011、2010、2009、2008、2006、2005、2003、2002、1999、1990、1985、1978、1971、1969、1964、1962、1959、1947、1945、1937

著名的拉·塔希园（La Tâche），中间隔着大街园（La Grande Rue）与罗曼尼－康帝园相望。公元17世纪中叶，拉·塔希园与罗曼尼－康帝园原本同为克伦堡家族的产业，是一对“孪生兄弟”。1760年，路易斯－弗朗索瓦·康帝伯爵占据了罗曼尼－康帝园，而拉·塔希园则被勃艮第的另一贵族比威（Joly de Bevy）家族揽入囊中，两个名园从此被分开了。与罗曼尼－康帝园的命运一样，拉·塔希园在法国大革命时期也被拿破仑革命政府没收，并于1800年被革命政府拍卖，由来自第戎市的巴思勒（Nicolais-Ciullaume Basire）家族购得。巴思勒去世后，他的女儿卡莱热－科稀里（Claire-Cecile）继承了本园。卡莱热－科稀里后来嫁给拉·罗曼尼园（La Romanée）的园主路易斯·里杰－贝奈（Louis Liger-Belair）将军，而拉·塔希园也作为卡莱热·科稀热的嫁妆归入了贝奈将军家族。1933年，贝奈将军家族中出现了纠纷，本园卖给了罗曼尼－康帝园的主人——布洛希家族。在140多年后，拉·塔希园和罗曼尼－康帝园又终归同一主人所有。与罗曼尼－康帝园一样，拉·塔希园的园务管理和酿酒工作，现在也由奥贝尔·德·维兰先生负责。

在1933年之前，拉·塔希园的面积只有1.44公顷。1929年，布洛希家族在收购本园时，又收购了相邻质地相对较差、面积为4.62公顷的沃恩－罗曼尼·高帝秀园（Vosne-Romanée Les Gaudichots）。1931年，经当地法院许可，沃恩－罗曼尼·高帝秀园并入拉·塔希园，并于1933年起正式使用拉·塔希园的名字，所以拉·塔希园现今的总面积有6.06公顷，属于罗曼尼－康帝酒庄独家拥有。拉·塔希园与康帝园的微气候、土壤结构都极为相似。两园除了同属一个东家外，园中种植的葡萄藤也血脉相通。1890年，拉·塔希园遭受了一场空前的大灾难，园中所有葡萄被根瘤蚜虫侵蚀，必须将园中的葡萄彻底铲除，园主便从邻近的罗曼尼－康帝园引来了葡萄树苗重新种植；在事隔56年后的1946年，罗曼尼－康帝园因老葡萄藤受损、土壤流失严重，又从拉·塔希园引来葡萄树苗补种。可以说，拉·塔希园与罗曼尼－康帝园完全是同族、同根、同血统。

拉·塔希园种植的黑皮诺葡萄树，树龄平均为55年。园主奥贝尔·德·维兰坚持一直奉行的低产信条，葡萄在最成熟状态下用人工采摘，每公顷产酒量控制在2600公升左右，年产红葡萄酒20000瓶。拉·塔希酒由纯黑皮诺葡萄酿造，酿造方法与罗曼尼－康帝酒稍有不同，葡萄少量除梗，发酵期比较长，使用全新的橡木桶醇化24个月以上，装瓶前不澄清、不过滤。

拉·塔希酒产量虽然三倍于罗曼尼－康帝酒，但二者的品质相差并不大，实在是不遑多让。笔者以为，如果你热衷于罗曼尼－康帝酒而又不愿花大价钱的话，不如花罗曼尼－康帝酒 1/3 的价钱来品尝与其同一血统的拉·塔希酒，同样可以享受到罗曼尼－康帝酒的个中滋味。拉·塔希酒被英国伦敦葡萄酒搜寻网站 Wine Searcher 列为 2016 年全球最昂贵的 50 款葡萄酒之一。

2015 年 8 月 31 日，笔者品尝了 1929 年的沃恩－罗曼尼·高帝秀园酒（Vosne-Romanee，Les Gaudichots，La Tâche），由罗曼尼·康帝酒庄庄主杜瓦尔特－布洛希家族酿造，当年这款酒的酒名还不能叫“拉·塔希”。白色的酒标上除印有高帝秀园（Les Gaudichots）字样外，还印有“Domaine De La Romanée-Conti”字样。这瓶酒至今已有 76 年，水位于中至下肩部（mid-low shoulder），略淡的红宝石色泽，依然释放出令人难以置信的混合香料、矿物质以及轻盈的木材气息。单宁馥郁经典，层次复杂，纯净华丽，天鹅绒般的质地圆润幼滑，优雅的余韵彰显出了昔日的经典辉煌。

2015 年 4 月 23 日，笔者参加了在香港举办的拉·塔希酒垂直品鉴晚宴。是晚，1966、1972、1975、1983、1987、1988 六个年份的拉·塔希酒悉数上阵。其中，1972 年是拉·塔希酒产量最大的年份之一（共生产 39280 瓶），1975 年则被认为是勃艮第的“灾难之年”，1983 年是拉·塔希酒最具争议的年份，其实当晚这三个年份拉·塔希酒的表现都很好；1983、1987、1988 虽是平常年份，但它们的表现都很优秀；更让人惊喜的是 1966 年拉·塔希酒，虽将近半个世纪，但状态依然青春活泼！它显现出略淡的红宝石色泽，刚开瓶时带点异味，但很快就变得清新了。随后缓缓溢出八角、丁香的香料味和烟味，樱桃和浆果的果味，森林草丛和海鲜韵味，还能感觉到一点矿物质的气息，这些香味和气息交织在一起，郁郁葱葱，错综复杂，变化万千。单宁丰富醇厚，口感犹如丰富的天鹅绒般，细腻柔滑，带着高超的平衡感，有一种琢磨至极的纤细与实在感，既有罗曼尼－康帝酒的韵味而又不失拉·塔希酒的雄浑特点，与罗曼尼－康帝酒相比实在是不遑多让，精彩绝伦！

022

李其堡，DRC

RICHEBOURG，DRC

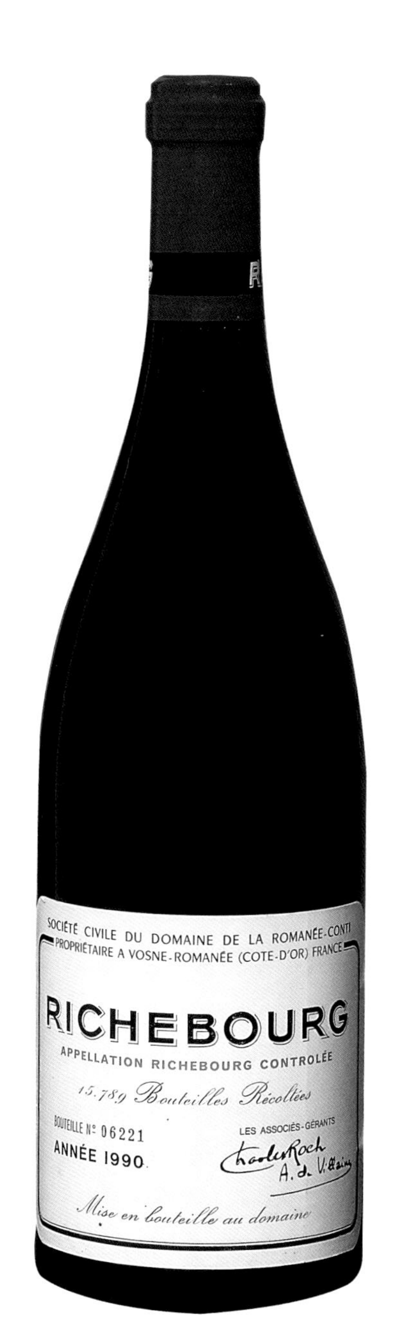

等级 勃艮第地区特级

产地 法国，勃艮第地区，夜坡

创立时间 1933 年

主要葡萄品种 黑皮诺

年产量 12000 瓶

上佳年份 2013、2012、2011、2010、2009、2008、2006、2005、2003、2002、1999、1990、1985、1978、1962、1952、1949

李其堡（Richebourg）法文的字面意思是“富裕的城镇”。李其堡园毗邻拉·罗曼尼园（La Romanée）和罗曼尼－康帝园。李其堡园是勃艮第非常著名的葡萄园，是沃恩－罗曼尼镇6家获得法定AOC特级（Grand Cru）称号的葡萄园之一，也是沃恩－罗曼尼镇的第二大特级葡萄园，面积仅次于罗曼尼－圣－维凡园（Romanée-Saint-Vivant）。

早在1512年，李其堡园就已建成，当时是思特奥希修道院（Citeaux）的产业，面积只有5公顷。思特奥希修道院后来通过兼并相邻的威罗勒斯（Les Veroilles）一级园，并经法院许可，也挂上了李其堡园的牌子，现在的总面积为8公顷。数百年来，李其堡园经历了多次分割，产权分散。李其堡园现已分成了十几个小酒园，归不同的主人所有，其中包括著名的罗曼尼－康帝酒庄、勒鲁瓦酒庄（Domaine Leroy）、美奥－凯木泽酒庄（Domaine Méo-Camuzet）、安妮·弗朗索瓦·葛罗斯酒庄（Domaine Anne François Gros）等，这些著名酒庄出产的李其堡酒的品质都相当出色。

1760年，法国皇室成员路易斯－弗朗索瓦·康帝伯爵在收购罗曼尼－康帝园的同时，也收购了面积为0.13公顷李其堡园。后来，康帝伯爵又陆续收购了邻近的一些小园，形成了今天罗曼尼－康帝酒庄面积为3.51公顷的李其堡园，占据了李其堡园区近一半的面积。

李其堡园与相邻的罗曼尼－康帝园的气候、土壤结构相差无几，但由于它坐落在较陡的山坡上，泥土较易流失，土地耕种比较困难。罗曼尼－康帝酒庄的李其堡园采用有机耕作方法，不施化肥和农药，使用自家生产的有机肥。园中种植的葡萄品种为黑皮诺，树龄平均为40年，每公顷产酒2700公升，年产量为12000瓶。李其堡（DRC）酒由纯黑皮诺葡萄酿造，葡萄在采摘后不去梗，在压榨后要冷浸渍5~6天，发酵完成后，使用全新的橡木桶醇化12个月以上，装瓶前不进行澄清、不过滤。

李其堡（DRC）酒的品质是李其堡园区中最高的，当然价格也是最高的，每瓶均价在10000元人民币以上。罗曼尼－康帝酒庄所酿造的李其堡酒被英国伦敦葡萄酒搜寻网站Wine Searcher列为2016年全球最昂贵的50款葡萄酒之一。

1985年的李其堡（DRC）酒笔者曾品尝过多次。这款酒呈透亮的深红宝石色泽，有着优雅而又充满芬芳的焦糖味、蓝莓香味渐渐溢出，口感顺滑，酒体结构密实，单宁酸丰富，味道强劲，香醇厚重，是一款令人垂涎的美酒。

023

罗曼尼-圣-维凡，DRC

ROMANÉE-SAINT-VIVANT，DRC

*

等级 勃艮第地区特级

产地 法国，勃艮第地区，夜坡

创立时间 1966 年

主要葡萄品种 黑皮诺

年产量 25000 瓶

上佳年份 2013、2012、2011、2010、2009、2008、2005、2003、2002、1999、1990、1985、1978、1962、1952、1949、1947、1945

圣－维凡修道院（Saint-Vivant）始建于公元900年。修道院建立之后，接受了许多人士的捐赠，其中包括勃艮第公爵维吉家族在1232年捐赠的葡萄园，在这捐赠的葡萄园中，包括了今天的罗曼尼－康帝园和罗曼尼－圣－维凡园（Romanée-Saint-Vivant）。

罗曼尼－圣－维凡园位于罗曼尼－康帝园东南面，面积为9.44公顷。该园的名字最早出现于1765年。法国大革命时期的1791年，圣－维凡园卖给了尼古拉斯－约瑟夫·马利（Nicolas-Joseph Marey）家族，园名也被马利家族易为罗曼尼·马利－芒奇园（Romanée Marey-Monge）。在经历了数次更迭后，园名被改为了今天的罗曼尼－圣－维凡园。在1791—1966年期间的170多年里，中间虽有反复，但马利－芒奇（Marey-Monge）家族一直持有5.29公顷的罗曼尼－圣－维凡园，占据了罗曼尼－圣－维凡园区总面积的56%。现在，罗曼尼－圣－维凡园区被分割成12个小园，分别由不同的家族持有。罗曼尼－圣－维凡园虽然早就被列为特级园，但由于每个酒庄的酿酒技术及经验不同，致使各个酒庄出产的罗曼尼－圣－维凡酒的品质相差悬殊。

除罗曼尼－康帝酒庄，让－雅克·康富荣酒庄（Domaine Jean-Jacques Confuron，简称J.J. Confuron）生产的罗曼尼－圣－维凡酒也是极品，它同样被行家们誉为皇冠上的明珠。其庄主是索菲尔·梅尼尔－康富荣（Sophie Meunier-Confuron）女士，她的丈夫阿莱尼·梅尼尔（Alain Meunier）是酿酒师。2014年10月21日，笔者参观了该酒庄，受到梅尼尔夫妇的热情接待。这个酒庄葡萄田总面积为9.5公顷，分布在勃艮第的13个产区。1988年，索菲尔女士从父亲那里继承到此庄，精力充沛且极端投入，夫妻俩自1990年开始就对酒庄进行彻底的改良，采用有机的种植方式。这个酒庄的罗曼尼－圣－维凡园占地0.5公顷，园中最老的黑皮诺葡萄树种植于1922年，年产罗曼尼－圣－维凡酒约2000瓶，价格不菲，市场上极少见到它的身影。

另外，还有一家勃艮第顶尖的膜拜酒庄——西尔·卡地亚酒庄（Domaine Sylvain Cathiard & Fils）也生产罗曼尼－圣－维凡酒。庄主是西尔·卡地亚（Sylvain Cathiard），他是家族的第三代传人。酒庄由西尔·卡地亚的祖父艾尔弗雷德（Alfred）创建，他曾在第二次世界大战期间负责管理过罗曼尼－康帝酒庄。2010年，西尔·卡地亚将酒庄的所有事宜交给了儿子塞巴克里斯蒂安（Sébastian）打理。2011年是塞巴克里斯蒂安独立生产葡萄酒的第一个年份。这个酒庄的罗曼尼－圣－维凡园面积只有0.17公顷，年产量不足两桶，市场上极少见到它的身影。此外，这个酒庄还有位于拉·塔希园旁边的沃恩－罗曼尼·玛康索（Vosne-Romanée“Les Malconsorts”1er）一级酒园，面积为0.74公顷，品质也非同凡响。2014年11月23日，在香港佳士得的一场拍卖会上，由西尔·卡地亚酒庄生产的6瓶2009年罗曼尼－圣－维凡酒，含佣金价每瓶达到15500元，高过同年份罗曼尼－康帝酒庄的罗曼尼－圣－维凡酒！这款佳酿被英国伦敦葡萄酒搜寻网站Wine Searcher列为2015年全球最昂贵的50款葡萄酒榜单之中。

罗曼尼－康帝酒庄于1966年向马利－芒奇家族租用了其全部拥有的罗曼尼－圣－维凡园，面积达5.29公顷，并于1966年开始由罗曼尼－康帝酒庄酿酒装瓶，但当年（1966年）仍然使用马利－芒奇酒庄（Domaine Marey-Monge）的酒标，只是在酒瓶的颈部贴有“De La Romanee-Conti”等字样。22年后的1988年，罗曼尼－康帝酒庄获得了面积为5.29公顷的罗曼尼－圣－维凡园的所有权。这个酒园种植的全是黑皮诺葡萄树，树龄平均40年，每公顷产酒3000公升，年总产量为25000瓶。本园在园务管理、葡萄的采摘和分选、酿造及装瓶等各环节，采用的技术和工艺与DRC其他佳酿一样严谨，罗曼尼－圣－维凡（DRC）酒由纯黑皮诺葡萄酿造。罗曼尼－康帝酒庄所酿造的罗曼尼－圣－维凡酒被英国伦敦葡萄酒搜寻网站Wine Searcher列为2016年全球最昂贵的50款葡萄酒之一。

2015年8月25日，笔者品尝了1966年的罗曼尼－圣－维凡酒（Romanée St- Vivant，Domaine Marey-Monge，made by La Romanée Conti），酒瓶的容量是730毫升。1966年是DRC第一年用马利－芒奇（Marey-Monge）家族的罗曼尼－圣－维凡园的葡萄酿酒。这款葡萄酒呈略淡的红宝石色泽（甚至有点像淡淡普洱茶的颜色），开瓶90分钟后，李子、酸红樱桃、豆浆、橘皮、矿物质的复合气息缓缓溢出。单宁充足，丰富浓郁，天鹅绒般的质地柔顺幼滑，层次丰富复杂，完美平衡的酸度，是一款非常经典的勃艮第酿酒，且带着微妙、朴素的风格。虽然已过了49年，仍然新鲜而且充满着活力，回味持久绵长，有更长窖藏期。

024

大艾瑟索，DRC

GRANDS ÉCHÉZEAUX, DRC

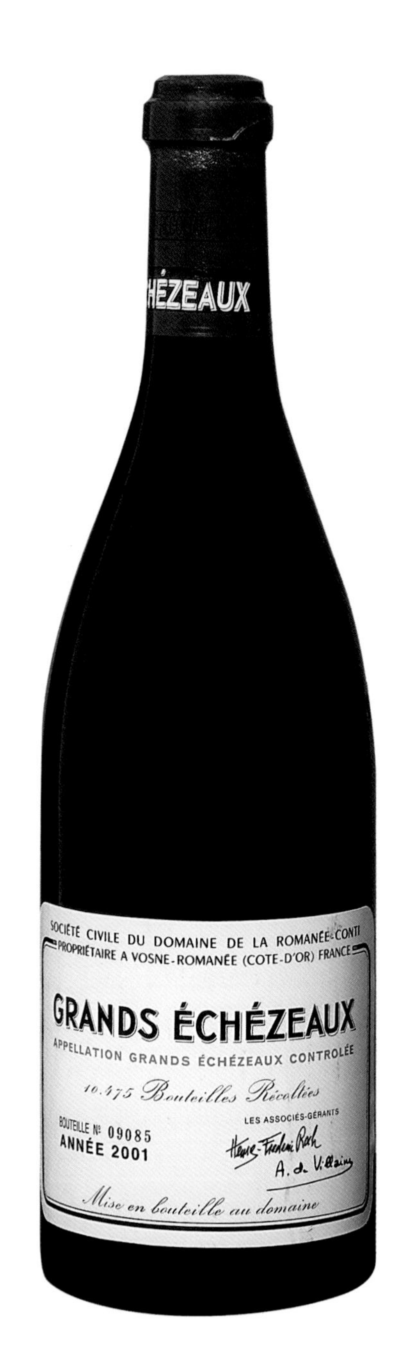

等级 勃艮第地区特级

产地 法国，勃艮第地区，夜坡

创立时间 公元 12 世纪

主要葡萄品种 黑皮诺

年产量 10000 瓶

上佳年份 2013、2012、2011、2010、2009、2008、2005、2003、2002、1999、1990、1985、1978、1969、1964、1962

在勃艮第佛拉吉镇（Flagey），有一片名叫佛拉吉－艾瑟索（Flagey-Échézeaux）的葡萄园，面积约80公顷。这片葡萄园位于梧久镇（Vougeot）西面，自公元12世纪后，一直属于教会财产。为了获得更好的收成，教会就将这些葡萄园包给了当地有经验的农夫种植。或许是由于这个原因，佛拉吉－艾瑟索葡萄园在法国大革命时期逃过了一劫，未被革命政府没收充公。在公元19世纪，佛拉吉－艾瑟索园被分成了东面的大艾瑟索园（Grands Échézeaux）和西面的艾瑟索园（Échézeaux）两部分。大艾瑟索园位于地势较平坦之处，而艾瑟索园则位处地势较陡的斜坡。大艾瑟索园虽称之为“大”，但面积只有9.13公顷，只相当于艾瑟索园的1/4。大艾瑟索园海拔高度约260米，土壤颜色为棕色，表层覆盖大量白垩纪石灰石以及黏土，下部主要由泥质土构成，这种土壤具有良好的透气和保温功能，有利于生长出优质的葡萄。1937年7月31日，大艾瑟索园和艾瑟索园，都被官方评为特级葡萄园。与勃艮第其他酒园一样，大艾瑟索园也被分割成20个小酒园，分别由不同的主人所有，葡萄酒的品质差别也比较大。

罗曼尼－康帝酒庄拥有的大艾瑟索园，占地面积为3.53公顷，园中种植的葡萄品种为黑皮诺，树龄平均60年以上。本园的葡萄收获量是DRC所有葡萄园中最低的，每公顷产量不到2600公升，年总产量为10000瓶。大艾瑟索（DRC）酒的酿造过程和酿造工艺与DRC其他的佳酿几乎雷同，也由纯黑皮诺葡萄酿造，酒标也与DRC相同，白底黑字清晰易辨。这种酒是DRC系列佳酿中性价比最高的，酒中同样含有不少罗曼尼－康帝酒和拉·塔希酒的元素，但由于产量不多，市面上较少见到。罗曼尼－康帝酒庄所酿造的大艾瑟索酒被英国伦敦葡萄酒搜寻网站Wine Searcher列为2015年全球最昂贵的50款葡萄酒之一。大名鼎鼎的勒鲁瓦酒庄（Domaine Leroy）在大艾瑟索园区虽然没有葡萄园，但他们用从其他农户手中收购来的大艾瑟索园的葡萄酿造的大艾瑟索酒，也被英国伦敦葡萄酒搜寻网站Wine Searcher列为2015年全球最昂贵的50款葡萄酒之一。

大艾瑟索（DRC）酒呈红宝石色泽，充满了蓝莓、紫罗兰的果香味，还含有太妃糖和奶油糖的味道，口感顺滑柔软，层次丰富，单宁饱满，酒体结构密实厚重，韵味优雅，极易赢得酒迷们的喜爱。

025

艾瑟索，DRC

ÉCHÉZEAUX, DRC

*

等级 勃艮第地区特级

产地 法国，勃艮第地区，夜坡

创立时间 公元 12 世纪

主要葡萄品种 黑皮诺

年产量 16000 瓶

上佳年份 2013、2012、2011、2010、2009、2008、2003、2002、1999、1990、1985、1978、1971、1969

艾瑟索葡萄园区（Échézeaux）是勃艮第最大的特级园区之一，也是最不容易弄明白的一片葡萄园。在1937年以前，艾瑟索葡萄园区的面积只有3.5公顷，后来扩张到现在的37.7公顷，比大艾瑟索园区大4倍，现归80个不同的业主所有，年产红葡萄酒18万瓶。

艾瑟索园区由11块不同的小田组成，分别是：

1. 恩·欧尔维奥斯园（En Orveaux，位于最北边、最寒冷处），面积5.04公顷；

2. 香皮斯－恰维尔西斯园（Les Champs-Traversins，也叫“Petits Citeaux”，位于山坡侧面，土壤层较浅），面积3.58公顷；

3. 普莱里莱斯园（Les Poulaillères，位于艾瑟索葡萄园区中心位置，DRC占有大部分），面积5.21公顷；

4. 罗格斯园（Les Rouges du Bas，位于艾瑟索葡萄园区最高处），面积3.99公顷；

5. 德斯苏斯园（Échézeaux du dessus，是艾瑟索葡萄园扩张前的原始部分，土壤很深，多为白垩土），面积3.55公顷；

6. 秀山园（Les Beaux Monts bas，其中只有一小部分为特级园），面积1.25公顷；

7. 洛茶斯塞园（Les Loächausses，由Gros家族独占），面积2.48公顷；

8. 特勒园（Les Treux，紧邻大艾瑟索园区），面积4.89公顷；

9. 夜眠园（Les Quartiers de Nuit，面积是艾瑟索葡萄园区最小的，紧邻Clos de Vougeo园区，其中的一部分是村级园），面积1.12公顷；

10. 克劳特·奥·维金·邦奇斯（Les Cruots ou Vignes Blanches）园，面积3.28公顷；

11. 圣·丹尼斯园（Le Clos Saint Denis），面积1.8公顷。

艾瑟索虽然是特级园，但上述11块小田的地理位置、微气候、土壤差异都比较大，并非家家都能酿出名副其实的艾瑟索酒。这其中只有几家大名鼎鼎的酒庄能出类拔萃，如罗曼尼－康帝酒庄、亨利·贾伊尔酒庄（Domaine Henri Jayar）、奇梦酒庄（Domaine Mongeard-Mugneret）的艾瑟索酒。

提到艾瑟索特级园，有必要介绍一下勃艮第传奇的家族酒庄——奇梦酒庄。这个家族大约从1620年起开始种植葡萄，是沃恩－罗曼尼镇种植葡萄园面积最大的酒庄，年产酒达15万瓶。奇梦先生（Vincent Mongeard）是家族的第八代掌门人，也是庄主兼酿酒师，他酿造的艾瑟索酒非常有名。2014年10月24日，笔者参观了这个酒庄，受到奇梦先生夫妇的热情接待。奇梦酒庄的艾瑟索园占地6.76公顷，年产艾瑟索特级酒约3500瓶。他们的艾瑟索特级酒有两款，分别是："超级复杂"艾瑟索特级酒（Échézeaux Grand Cru "La Grande Complication"，以前叫"Échézeaux Vieilles Vignes Grand Cru"，2012年使用现名），以及艾瑟索特级酒（Échézeaux Grand Cru）。奇梦酒庄的艾瑟索特级酒分别用来自恩·欧尔维奥斯园（En Orveaux）、普莱里莱斯园（Les Poulaillères VV，2011年之前租用的葡萄园）、德斯苏斯园（Échézeaux du dessus）、特勒园（Les Treux）的葡萄混合酿造。而酿造"超级复杂"艾瑟索特级酒，是奇梦先生梦寐以求的愿望。他运用瑞士钟表精密复杂的理念来酿造"超级复杂"艾瑟索特级酒，以求达到酿造出勃艮第最好葡萄酒的目标。酿造这款酒使用的葡萄种植于1945年（树龄近70年），以人工采摘和分拣葡萄，用100%新木桶酿造，年产量4~5桶（约1200~1500瓶）。我试过尚在橡木桶的第一个年份（2012年），表现非常出色。

罗曼尼－康帝酒庄的艾瑟索特级酒用来自普莱里莱斯园（Les Poulaillères，占90%）和来自圣·丹尼斯园（Le Clos Saint Denis，占10%）的黑皮诺葡萄混合酿造。普莱里莱斯园位于艾瑟索葡萄园区核心区域，占地面积为5.21公顷，而罗曼尼－康帝酒庄就占了4.67公顷。园种植的是黑皮诺葡萄树，树龄平均45年。每年的六、七月份葡萄在开花时，园主会将每一株葡萄藤上的花蕾除去一部分，使得每株葡萄藤只保留七、八串花蕾，这些剩下来的少量葡萄就能够吸收到充分的阳光和养分，这种方法可以有效地保证葡萄的健康成长并控制产量，使得本园每公顷产量保持在2700公升左右，年总产葡萄酒16000瓶。

本园出产的艾瑟索酒的酿造方法与DRC其他佳酿大致相同，用于发酵和醇化的橡木桶的橡木板也要自然风干三年后。葡萄酒在醇化成熟后，要分每五桶一次，倒入一个不锈钢桶里进行混合，待充分匀和后才装瓶。这种由DRC于1982年创造的"混桶法"，可以最大程度地拉近每一瓶葡萄酒之间的品质。

艾瑟索（DRC）酒是艾瑟索园区中品质最高的佳酿。与DRC顶级葡萄酒相比，它的价格虽然是最低的，但价格依然不菲，每瓶售价在5000元以上。这款酒呈红宝石色泽，含有诱人的黑梅子、紫罗兰果香味和焦糖味，单宁丰富，浓厚饱满，甘醇细腻，柔顺优雅。

干白葡萄酒
Dry-White Wine

026

蒙哈榭，DRC

LE MONTRACHET, DRC

等级 勃艮第地区特级

产地 法国，勃艮第地区，伯恩坡（Côte de Beaune，Burgundy，France）

创立时间 1760 年

主要葡萄品种 霞多丽（Chardonnay）

年产量 约 3000 瓶

上佳年份 2011、2010、2009、2008、2006、2005、2004、2003、2002、1999、1990、1986、1985、1982、1979、1973、1966

干白葡萄酒在欧美等西方国家非常受欢迎。就价格而言，有些干白葡萄酒的价格还高于红葡萄酒，比如，罗曼尼－康帝酒庄的蒙哈榭干白葡萄酒（Le Montrachet，DRC）的价格就让许多顶级红葡萄酒“汗颜”。

白葡萄酒分为干白葡萄酒和甜白葡萄酒，其酿造方法是有所区别的。干白葡萄酒中的糖分在酿酒过程中要被发酵掉，最后每公升葡萄酒中的含糖量只能保留1~2克（在这样低的浓度下不可能再发酵）。如果干白葡萄酒中含有的糖分高过上述标准，则被认为是比较差的酒。干白葡萄酒在发酵过程中，完全的清洁最重要，因为干白葡萄酒的酸性更高，更怕细菌侵扰腐蚀。通常情况下，白葡萄酒的贮藏温度要比红葡萄酒低一些。勃艮第的顶级干白酒主要由霞多丽（Chardonnay）葡萄酿造，也有一些干白酒用产自勃艮第平原地区的阿里哥特（Aligoté）葡萄酿造。

在勃艮第伯恩坡南部的普里尼－蒙哈榭（Puligny-Montrachet）镇和夏莎妮－蒙哈榭（Chassagne-Montrachet）镇之间，有一片面积达500公顷孤寂且荒凉的丘陵，就是这样一个被人们称之为“不毛之地”的地方，竟然长出被公认为世界上最优秀的白葡萄品种——霞多丽葡萄！霞多丽葡萄天生娇气，对气候、土壤和种植方法都有极高的要求。用霞多丽葡萄酿造的干白葡萄酒，味道浓郁而醇厚，酒体结构非常均匀，芬芳四溢，常常会使酒友们为之倾倒！这倒让我想起了中国的一句俗话——“破窑出好瓦”。

普里尼－蒙哈榭和夏莎妮－蒙哈榭是伯恩坡两个非常著名的白葡萄酒产区。夏莎妮－蒙哈榭的历史可以上溯到罗马时代，最初的定居者是凯勒瑞茨（Les Caillerets）。这个地方于公元886年更名为噶莎妮斯（Cassaneas）。在经过诸多历史变迁后，这个地方最终才被冠以夏莎妮（Chassagne）的名字。1879年，在邻里普里尼（Puligny）更名为“普里尼－蒙哈榭”（Puligny-Montrachet）的同时，夏莎妮（Chassagne）也将自己的名字更名为“夏莎妮－蒙哈榭”（Chassagne-Montrachet）。

蒙哈榭特级葡萄园（Montrachet）横跨于普里尼－蒙哈榭和夏莎妮－蒙哈榭这两个产区，总面积为7.99公顷。当地人将位于普里尼－蒙哈榭片区称为“蒙哈榭”（Montrachet），面积为4公顷；而位于夏莎妮－蒙哈榭片区的则称为“拉·蒙哈榭”（Le Montrachet），面积为3.99公顷。通常情况下，人们一般将蒙哈榭园与拉·蒙哈榭园的名字统称之为“蒙哈榭”（Montrachet）园。由于夏莎妮－蒙哈榭片区的土壤略优于普里尼－蒙哈榭片区，因此夏莎妮－蒙哈榭片区的蒙哈榭（Le Montrachet）酒品质略优于普里尼－蒙哈榭片区的蒙哈榭（Montrachet）酒。截至2010年10月，这两个蒙哈榭片区的葡萄园被18个家族所瓜分。其中：拥有面积最大的是拉奎斯（Marquis de Laguiche ET Ses Fils）家族，其在夏莎妮－蒙哈榭拥有2公顷面积的蒙哈榭园，他们将这个葡萄园租给了琼菲斯·德诺亨（Joseph Drouhin）酒庄；最小一块蒙哈榭园的面积只有428平方米，是普里尼（Château de Puligny）酒庄老板于1993年以50万欧元购得的，每年产酒量最多不超过200瓶。目前，勃艮第有26家酒厂生产蒙哈榭干白酒（其中有的业主除自己生产蒙哈榭干白酒外，还将自家出产的部分葡萄卖给其他酒厂生产蒙哈榭干白酒）。2010年，这26家酒厂共生产蒙哈榭干白酒约47000瓶，每家平均的产量不足2000瓶。

除蒙哈榭特级园区外，在普里尼－蒙哈榭和夏莎妮－蒙哈榭产酒区，还有四个白酒葡萄园被列为特级园，分别是：骑士－蒙哈榭（Chevalier-Montrachet）园、巴塔－蒙哈榭（Bâtard-Montrachet）园、比文尼－巴塔－蒙哈榭（Bienvenes-Bâtard-Montrachet）园、克里尤－巴塔－蒙哈榭（Criots-Bâtard-Montrachet）园，这四个特级园的总面积约30公顷，葡萄品种均为霞多丽。另外，在普里尼－蒙哈榭和夏莎妮－蒙哈榭还有许多不容忽视的一级（Premier CRU）白酒葡萄园，包括凯里莱特（Caillerets）园、普斯莱斯（Pucelles）园、富拉迪里（Folatieres）园等，它们的价格比特级酒低得多，但这些白葡萄酒的口感均衡，香味丰富，品质上乘，这些一级白葡萄酒每年的总产量超过13万瓶。

闻名于世的罗曼尼－康帝酒庄在夏莎妮－蒙哈榭镇拥有0.67公顷面积的蒙哈榭（Le Montrachet）园，土壤主要为棕色石灰岩，间或分布着泥灰土和石灰质黏土，有些地方土层深厚，有些地区表面则有岩石暴露出来。这个葡萄园种植的霞多丽葡萄树龄已过70年，每公顷产酒4000公升，年总产量约3000瓶。葡萄要在十分成熟后才采收，采摘时间是DRC所有葡萄园中最晚的。另外，罗曼尼－康帝酒庄还拥有0.17公顷的巴塔－蒙哈榭（Bâtard-Montrachet）特级园，这款酒只供给酒庄的股东和客人享用，是非卖品。近十多年来，DRC还会从别的葡萄农那里买来一些阿里哥特葡萄，每年生产约600瓶布岗干白酒（Bourgogne Hautes-Côtes de Nuits），专门供给一些法国当地的著名餐厅使用，所得款项捐给圣－维凡修道院。

蒙哈榭（DRC）干白葡萄酒由纯霞多丽葡萄酿造，葡萄采摘后要进行分选，发酵和醇化均在全新的橡木桶里进行。如遇上葡萄不好的年份，罗曼尼－康帝酒庄宁愿放弃生

产蒙哈榭酒。本园出产的蒙哈榭酒是DRC系列佳酿中唯一的一支特级干白葡萄酒。这款酒是勃艮第最经典、也是世界上最顶级、最昂贵的干白葡萄酒之一，被英国伦敦葡萄酒搜寻网站Wine Searcher列入2016年全球最昂贵的50款葡萄酒榜单。但不幸的是，由于这款酒的产量太少，价格太贵，以致于市面上经常出现假货。

2014年7月4日晚，笔者在澳门与朋友分享了1973年DRC的蒙哈榭酒。这是一瓶十分奇特的蒙哈榭干白酒，它在DRC生产，由勒鲁瓦酒庄（Domaine Leroy）灌装入瓶，酒瓶也不像DRC那样厚实粗大，头颈处的封盖是白色而不是红色，而且编号为0000（当年产量3240瓶）。这瓶酒经过了41个年头，显出晶莹透亮的金黄色，开瓶近3小时，仍然含蓄，未完全开放。刚入口时，一股强烈的白胡椒似的辣味充斥着整个味蕾，中间还夹带着生姜和花椒味。再过了1小时，白胡椒似的辣味开始隐去，露出了它的真容和风采。柠檬、菠萝、梨、木瓜和焦糖、黑巧克力、花香的韵味郁郁葱葱，持久不散。单宁饱满雄浑，细腻纯净，层次丰富多彩，富有深度和广度。口感圆润雅致，馥郁醇厚，风味萦绕，富有卓尔不群的魅力。这是我喝过最特别、也是最好的蒙哈榭酒，实乃当之无愧的世界干白葡萄酒之王！

红葡萄酒
Red Wine

027

拉·罗曼尼，里杰–贝奈

LA ROMANÉE, COMTE LIGER-BELAIR

*

等级 勃艮第地区特级

产地 法国，勃艮第地区，夜坡

创立时间 1833 年

主要葡萄品种 黑皮诺

年产量 约 4000 瓶

上佳年份 2013、2012、2011、2010、2009、2008、2005、2003、2002、1999、1995、1990、1985、1978

在勃艮第地区，说起大名鼎鼎的特级独占园（Monopole），全产区只有五处，分别是：罗曼尼－康帝园、拉·塔希园（此两处均由 DRC 占有），拉·罗曼尼园【La Romanée，由路易斯－米契尔·里杰－贝奈（Louis-Michel Liger-Belair）家族占有】，大德园【Clos de Tart，由大酒商莫门森（Mommensin）占有】，大街园【La Grande Rue，由拉马尔希（François Lamarche）家族占有。非常不幸的是，拉马尔希先生于 2013 年 6 月 18 日在耕作完葡萄田回家时遇车祸去世】。

这五个特级独占园中，大德园面积最大，达到 7.5 公顷，位于莫内－圣－丹尼斯（Morey-Saint-Denis）一个面朝东南向的山坡上。根据地块的微气候和土壤情况，庄主将大德园分成了数块小田，每个年份的大德酒就是用来自不同小田的葡萄混合酿成。2014 年 10 月 23 日，在大德酒庄，酒庄技术总监毕第欧（Sylvain Pitiot）先生接待了笔者。他是一位风度翩翩的测量技师兼地质学教授，他花了多年时间认真研究勃艮第的土壤，出具了许多不同地块的土壤分析报告供葡萄农使用，出版了多部葡萄酒专著，是大家公认的葡萄树种植专家，颇受勃艮第葡萄农的尊重。

五个特级独占园中最小的是拉·罗曼尼园，面积只有 0.845 公顷，是勃艮第面积最小的“袖珍”特级葡萄园之一。250 多年前，罗曼尼－康帝园原本属于拉·罗曼尼园的一部分，1760 年康帝伯爵将罗曼尼－康帝园与拉·罗曼尼园拆分后，位于上面的部分只剩下很小一块面积，就是拉·罗曼尼园。

1815 年，拿破仑（Napoleonic）时代的将军路易斯·里杰－贝奈（Louis Liger-Belair）在沃恩－罗曼尼镇定居，并收购了沃恩酒庄（Château of Vosne）。其后，路易斯·里杰－贝奈将军的葡萄园发展到 60 公顷，遍及夜坡地区，其中包括现在的拉·罗曼尼园，并由其家族持续持有。对里杰－贝奈家族来说，1933 年 8 月 31 日是一个黑暗的日子。当日，由于家族继承权问题，拉·罗曼尼园等家族财产被拍卖。后来，家族成员朱斯特（Just）和米契尔伯爵（Comte Michel）兄弟俩联手购回了拉·罗曼尼园，以及一级园沃恩－罗曼尼·诺格侬特斯园（Vosne-Romanée “Aux Reignots”）和沃恩－罗曼尼·夏米斯园（Vosne-Romanée “Chaumes”）。第二次世界大战结束后，朱斯特和米契尔伯爵兄弟俩将拉·罗曼尼园等租给了包括亨利·勒鲁瓦（Henri Leroy）和布歇（Bouchard Père & Fils）在内的勃艮第一些著名的葡萄酒大家族。

布歇父子公司是勃艮第著名的酒商，拥有超过 130 公顷的葡萄园。1995 年，琼塞菲（Joseph Henriot）家族接管了这个公司。现在，布歇父子公司的主人是让－克劳迪·保塞重（Jean-Charles Boisset）家族。1976 年，布歇父子公司在取得拉·罗曼尼酒的独家经销权后，将拉·罗曼尼酒运到邦内镇（Beaune）的该公司总部装瓶，并以布歇父子酒庄（Domaine Bouchard Père & Fils）的名义销售。布歇父子公司与路易斯·里杰－贝奈家族合作了 20 多年，为拉·罗曼尼园的经营管理提供了许多有益的经验，如采用低产量，推行酿造技术的现代化等策略，为拉·罗曼尼酒的复苏和成功做出了非常大的贡献。

2000 年，路易斯－米契尔·里杰－贝奈（Louis-Michel Liger-Belair）于工程系毕业后，父亲坚决要求他继承祖业，接管家族的葡萄酒事业。他师从在勃艮第享有葡萄酒“教父”（Papa）之称的亨利·贾伊尔（Henri Jayer），独自开始酿造家族的一级酒，获得了成功。从 2002 年起，他开始逐步收回家族外租的葡萄园。2006 年，他与布歇父子公司签订协议，收回拉·罗曼尼酒的销售权。协议约定，在 2002—2005 年这段时间，拉·罗曼尼酒仍由布歇父子酒庄酿造和销售，但在酒标上要同时印上“Bouchard Père & Fils”和“Vicomte Liger-Belair”的名称。从 2006 年开始，拉·罗曼尼酒由路易斯·里杰－贝奈家族单独酿造、装瓶和销售，新酒标上只有里杰－贝奈伯爵酒庄（Domaine du Comte Liger-Belair）的名称。

拉·罗曼尼园坐落在一个山坡上，土壤的表面以黑石灰土为主，深层有碎石和大石块，拥有几乎与拉·塔希园相同的土壤，但由于地处 16° 的斜坡上，耕作难度比较大。里杰－贝奈家族收回此园后，在与罗曼尼－康帝园的边界处树立了一块高高的砂岩石界碑，上面刻着“La Romanée”字样。

里杰－贝奈家族采用马拉犁这种非常传统的方式耕种葡萄园。拉·罗曼尼园黑皮诺葡萄树的平均树龄为 50 年。在葡萄采收时，园主会严格控制葡萄的收获量，每公顷产酒 2700 公升。拉·罗曼尼酒由纯黑皮诺葡萄酿造，酿造采用现代化设施和技术，葡萄酒的酿造过程全部采用电脑监控和管理。发酵在带有螺旋壁的不锈钢大桶里进行，发酵完成后，用全新的橡木桶醇化两年。

拉·罗曼尼酒的产量比较少，年产量 4000 瓶，每瓶的价格也在 10000 元人民币以上。尽管如此，拉·罗曼尼酒还是受到葡萄酒爱好者的欢迎，在葡萄酒市场上难得寻到它的“芳影”，可以说是踏破铁鞋无觅处。2013 年 6 月 2 日，美国一家拍卖行在香港拍卖了里杰－贝奈伯爵酒庄生产的 6 瓶（750 毫升）2005 年拉·罗曼尼酒，每瓶价格高达 18000 港元。由里杰－贝奈伯爵酒庄生产的拉·罗曼尼酒被英国伦敦葡萄酒搜寻网站 Wine Searcher 列为 2016 年全球最昂贵的 50 款葡萄酒之一。

2013 年 5 月 30 日，笔者应邀参加了在香港举办的“里杰－贝奈伯爵酒庄系列酒晚宴”，分别品尝了 2004 年、2007 年、2010 年的拉·罗曼尼酒，以及酒庄其他系列的 8 款酒，并与路易斯－米契尔·里杰－贝奈先生进行了交谈，他介绍了酒庄的发展计划。当晚给人印象最深的是 2010 年拉·罗曼尼酒和沃恩－罗曼尼·诺格依特斯园（Vosne-Romanée Aux Reignots）一级酒。2010 年拉·罗曼尼酒酒身饱满浑厚，经典的红宝石色泽，不断变化的紫罗兰、玫瑰、樱桃的果香味和新橡木、矿物质的气味层层叠叠。单宁充足，丰浓醇厚，入口爽滑柔顺，有惊人的浓郁感和超长的余韵，架构复杂深邃，充分体现了拿破仑形容极品葡萄酒是“带着天鹅绒（Velvety）手套之铁拳”的名言。

*

红葡萄酒
Red Wine

028

李其堡，亨利·贾伊尔

RICHEBOURG, HENRI JAYER

等级 勃艮第地区特级

产地 法国，勃艮第地区，夜坡

创立时间 1951 年

主要葡萄品种 黑皮诺

年产量 约 1500 瓶

上佳年份 1987、1985、1984、1983、1982、1980、1979、1978、1971、1966、1964、1962、1959

在勃艮第享有葡萄酒“教父”之称的亨利·贾伊尔是一位传奇式人物。在第一次世界大战之前，亨利·贾伊尔的父亲欧格尼·贾伊尔（Eugène Jayer）移居到沃恩－罗曼尼镇，在那里拥有7英亩土地。亨利·贾伊尔生于1922年，与他两个哥哥卢奇安·贾伊尔（Lucien Jayer）、乔治·贾伊尔（Georges Jayer）一起生活，长大后在家族的葡萄园工作。

第二次世界大战期间，他的两个哥哥分别应征入伍。1939年，时年17岁的亨利·贾伊尔听从了新婚妻子（其父亲在一家大酒庄工作）的建议，在第戎市的酿酒学校深造，师从第戎大学教授恩格尔（René Engel），他也由此与葡萄酒结上了长达60多年的不解之缘。1945年他创建了亨利·贾伊尔酒庄（Domaine Henri Jayer），并酿造了他人生的第一桶葡萄酒。在1976年之前，亨利·贾伊尔将自己酿造的大部分葡萄酒卖给当地的大酒商，到1976年亨利·贾伊尔才开始将自己酿造的葡萄酒装瓶。

1951年，亨利·贾伊尔与诺尔洛－凯木泽（Noirot-Camuzet）家族签订了土地租用合同，租用后者在沃恩－罗曼尼镇的几个著名葡萄园，其中包括0.35公顷的李其堡园、0.3公顷的沃恩－罗曼尼·燃烧园（Vosne-Romanée Les Brûlées，有时也被称作“Vosne-Romanée Aux Brûlées”）园等。亨利·贾伊尔负责这些葡萄园的管理和酿酒，换来的是当年葡萄酒一半产量由亨利·贾伊尔拥有并用自己的名字命名装瓶。这项契约一直延续到1987年。因此，亨利·贾伊尔酒庄只在1951—1987年间酿造了李其堡酒。这个袖珍般的李其堡葡萄园位于略微偏北的山坡中段，大部分土地被冠以“威罗勒斯”（Les Verouilles）名字，在16世纪时这些土地是一级葡萄园，当时经法院许可，挂上了李其堡园的牌子。这里的土壤结构类似罗曼尼－康帝园，以鹅卵石、沙砾和贫瘠黏土组成，葡萄树龄平均超过50年，产量比较低，正常年份每公顷产量不超过3000公升。这个李其堡园于1988年被美奥－凯木泽酒庄（Domaine Méo-Camuzet）收回。在1988—2000年期间，亨利·贾伊尔继续作为顾问，为美奥－凯木泽酒庄出谋划策。

1985年亨利·贾伊尔曾说过一名言：“勃艮第的葡萄酒在葡萄采收后有80%是好酒，但在最后装瓶时，只剩下20%的好酒。”这如同孔子在2000多年前所说“绘事后素”一样，比喻有良好的质地，才能进行锦上添花的加工。因此，要酿造优质葡萄酒，好葡萄是前提，酿造技术是关键。他利用多年积累的经验，创造了“亨利·贾伊尔流派的葡萄酒酿造法”：遵循自然法则，在葡萄园不施钾肥和除草剂，坚持低产量，葡萄100%去梗，并采用人工分选（为了避免相互挤压，将葡萄装入25~30公升的小容器中，剔除不成熟和发霉的葡萄），在发酵前要用低温（15℃）浸渍一周时间，然后将温度升至34℃，发酵时不使用发酵粉，发酵后用全新的特隆凯斯（Troncais）橡木桶醇化一年以上，用蛋清澄清，装瓶前不过滤。此外，亨利·贾伊尔最犀利之处就是他对葡萄采摘时间的把握，因为黑皮诺葡萄非常独特，不像其他品种的葡萄，越晚采摘越成熟甜美，黑皮诺葡萄太早采摘会让酿成的葡萄酒不够成熟和厚重，而太晚采摘又会让它失去复杂而细腻的风味。

在传授酿造技术方面亨利·贾伊尔对后辈毫不保留。1982年，他的外甥艾曼纽·胡格（Emmanuel Rouget）开始在自己门下学习酿酒技术。1995年亨利·贾伊尔退休，但他仍然保留了自己的40%葡萄园，用于酿造包括沃恩－罗曼尼·克洛斯－帕兰图葡萄（Vosne-Romanée Cros-Parantoux）酒、艾瑟索酒等在内的珍酿，其余部分则租给艾曼纽·胡格。1997年艾曼纽·胡格生病，亨利·贾伊尔复出主持酿酒工作。2006年9月22日，葡萄酒行业的泰斗亨利·贾伊尔先生去世，享年84岁。由于亨利·贾伊尔的两个女儿对葡萄酒事业不感兴趣，亨利·贾伊尔的葡萄酒产业全部交由艾曼纽·胡格负责。现在，艾曼纽·胡格的儿子吉拉姆·胡格（Guillaume Rouget）已加入到酒庄，帮助父亲工作。另外，亨利·贾伊尔的侄孙女、女酿酒师的后起之秀——塞西尔·蓓蕾（Cecile Tremblay）在勃艮第也已名声鹊起。

目前，亨利·贾伊尔酒庄生产的葡萄酒包括沃恩－罗曼尼·克罗斯－帕兰图酒、艾瑟索酒、沃恩－罗曼尼·秀山园（Vosne-Romanée Les Beaux monts）酒、沃恩－罗曼尼·燃烧园酒、夜－圣－乔治·默尔格里斯（Nuits-St.-Georges "Les Meurgers"）酒、沃恩－罗曼尼（Vosne-Romanée）酒等，全部加起来也不过600箱，庄主每年还要留下三分之一自用或招待亲朋好友。由亨利·贾伊尔亲手酿造的佳酿，现存的数量非常少，尤其是李其堡酒，就算你出比罗曼尼－康帝酒还要高的价格，也未必能得到一瓶。

亨利·贾伊尔葡萄酒的名声和价位能有今天的颠覆之态，得感谢美国旧金山市的一位葡萄酒经销商老太太——马丁·珊尼尔（Martine Saunier）。在亨利·贾伊尔葡萄酒未成名之前，她于1974年起就开始大批进口亨利·贾伊尔的葡萄酒，并卖力地向美国市场推广，经过20多年的努力，亨利·贾伊尔的葡萄酒风靡世界。与此同时，她还极力推广勒鲁瓦酒庄（Domaine Leroy）的葡萄酒。当然，马丁·珊尼尔老太太自己也受益颇丰。

需要提醒读者注意的是，自1995年以后，亨利·贾伊尔酒庄葡萄酒的酒标"内有乾坤”。为了纪念亨利·贾伊尔在勃艮第酿酒业的英名，1995年的克洛斯－帕兰图酒、艾瑟索等酒，约1/3产量的酒标上特别印有一行小字：“由亨利·贾伊尔最后酿造的年份葡萄酒”（Dernier Millesim Vinife Par Henri Jayer）。

2012年2月10日，佳士得（Christie's）拍卖行在香港举行了亨利·贾伊尔葡萄酒专场拍卖会（From The Private Cellar of Henri Jayer），所拍葡萄酒均直接来自于亨利·贾伊尔酒庄的酒窖。其中：6瓶1985年艾瑟索酒拍到786500元港币，每瓶约合人民币108000元；12瓶1985年沃恩－罗曼尼·克洛斯－帕兰图酒拍到2057000元港币，每瓶约合人民币140500元；6瓶1993年沃恩－罗曼尼·秀山园酒拍到387200元港币，每瓶约合人民币52900元；3瓶1978年李其堡酒卖到1573000元港币，每瓶约合人民币430000元，价格远远高过同年份的罗曼尼－康帝酒庄的罗曼尼－康帝酒！2015年8月初，英国伦敦葡萄酒搜寻网站Wine Searcher列出2015年全球最昂贵的50款葡萄酒榜单，亨利·贾伊尔酒庄有4款佳酿入选，包括李其堡、沃恩－罗曼尼·克洛斯－帕兰图（Vosne-Romanée Cros-Parantoux，Henri Jayer）、艾瑟索（Échézeaux，Henri Jayer）、沃恩－罗曼尼（Vosne-Romanée，Henri Jayer），其中李其堡酒名列榜单第一名！

2015年9月1日，笔者品尝了由亨利·贾伊尔亲手酿造的1985年李其堡酒。这瓶酒呈现出深红宝石色泽，散发出令人陶醉而且奇妙的黑色水果香气，有时还会带点辛辣味，含蓄的风味中又带着慷慨热情的力度，单宁饱满密集，新鲜纯净，层次丰富复杂，风格独特，和谐平衡，天鹅绒般的圆润柔顺，难以置信的回味长度完美无瑕，其他的李其堡酒难以望其项背，是名副其实的酒王！

029

沃恩－罗曼尼·克洛斯－帕兰图，亨利·贾伊尔

VOSNE-ROMANÉE CROS-PARANTOUX, HENRI JAYER

*

等级 勃艮第地区一级（Burgundy，Premier CRU）

产地 法国，勃艮第地区，夜坡

创立时间 1951 年

主要葡萄品种 黑皮诺

年产量 约 1500 瓶

上佳年份 2010、2009、2008、2005、2003、2002、1999、1998、1990、1985、1978

沃恩－罗曼尼·克罗斯－帕兰图园（Vosne-Romanée Cros-Parantoux）面积只有1.01公顷，是沃恩－罗曼尼村的一个很小的产酒区，地处海拔350米高的山坡上，东面紧挨着李其堡园，土硬坡陡，难以耕作。

1951年，亨利·贾伊尔购买了自己的第一块葡萄田——沃恩－罗曼尼·克罗斯－帕兰图园，这个葡萄园占地0.71公顷，种植的全部是黑皮诺葡萄，葡萄产量较低，每公顷产量只有2100公升，每年葡萄酒的产量只有1500瓶。现在，沃恩－罗曼尼·克罗斯－帕兰图园由两个业主拥有，除亨利·贾伊尔酒庄外，美奥－凯木泽酒庄也占有0.3公顷。这个小型葡萄园原本只是一个村级酒园，但从1978年开始，在亨利·贾伊尔的巧手之下，很快就被晋升为勃艮第的一级酒园（Premier CRU）。

目前，勃艮第只有三家酒厂生产沃恩－罗曼尼·克罗斯－帕兰图酒，亨利·贾伊尔酒庄的沃恩－罗曼尼·克罗斯－帕兰图酒品质最为突出，价格也数倍于其他两家。美奥－凯木泽酒庄从1985年起开始生产沃恩－罗曼尼·克罗斯－帕兰图酒；1989年，亨利·贾伊尔的侄子曼纽·胡格也开始生产沃恩－罗曼尼·克罗斯－帕兰图酒。另外，曼纽·胡格继承了亨利·贾伊尔酒庄的葡萄园后，继续生产沃恩－罗曼尼·克罗斯－帕兰图酒并以亨利·贾伊尔酒庄的品牌装瓶出售。在1996—2001年之间，亨利·贾伊尔酒庄的沃恩－罗曼尼·克罗斯－帕兰图酒均被标上了“珍酿”（Réserve）字样。亨利·贾伊尔酒庄、曼纽·胡格酒庄（Emmanuel Rouget）和美奥－凯木泽酒庄（Domaine Méo-Camuzet）生产的沃恩－罗曼尼·克罗斯－帕兰图三款一级酒，全部列入了英国伦敦葡萄酒搜寻网站Wine Searcher 2015年全球最昂贵的50款葡萄酒的名单之中，这在勃艮第是前所未有的！

在这里，我要特别介绍一下勃艮第的安珀酒庄（Domaine Potinet-Ampeau），这个酒庄并不出名，但它的历史悠久，葡萄酒的酿造方法也很特别，深受酒痴们的追捧。这个酒庄的一级红葡萄酒奇尼斯·沃纳园（Clos des Chénes，Volnay 1er Cru）和一级白葡萄酒默尔索－培里勒斯（Meursault- Perrieres，Premier Cru）双双被英国伦敦葡萄酒搜寻网站Wine Searcher列入2015年全球最昂贵的50款葡萄酒名单，一家酒庄有两款一级酒同时进入榜单，是非常少见的！

在此，我要向读者特别推荐勃艮第的14款一级红葡萄酒和两款一级白葡萄酒，它们的特点是品质高超，产量少，当然价格也比较贵。

14款一级红葡萄酒是：

1. 沃恩－罗曼尼·克罗斯－帕兰图（Vosne-Romanée Cros-Parantoux 1er）一级酒，亨利·贾伊尔酒庄生产；

2. 沃恩－罗曼尼·克罗斯－帕兰图（Vosne-Romanée Cros-Parantoux 1er）一级酒，曼纽·胡格酒庄（Emmanuel Rouget）生产；

3. 沃恩－罗曼尼·克罗斯－帕兰图（Vosne-Romanée Cros-Parantoux 1er）一级酒，美奥－

凯木泽酒庄（Domaine Méo-Camuzet）生产；

4. 沃恩－罗曼尼（Vosne Romanee 1er Cru Cuvée Duvault Blochot）一级酒，罗曼尼－康帝酒庄生产；

5. 沃恩－罗曼尼·玛康索（Vosne-Romanée“Les Malconsorts”1er）一级酒，西尔·卡地亚酒庄（Domaine Sylvain Cathiard & Fils）生产；

6. 沃恩－罗曼尼·玛康索－克里斯蒂安（Vosne-Romanée “Les Malconsorts - Christiane” 1er）一级酒，胡伯特·德·芒迪尔莱酒庄（Domaine Hubert de Montille）生产；

7. 香波－木西尼·爱侣（Chambolle Musigny Les Amoureuses 1er）一级酒，勒鲁瓦酒庄（Domaine Leroy）生产；

8. 香波－木西尼·爱侣（Chambolle Musigny Les Amoureuses 1er）一级酒，乔治·卢米尔酒庄（Domaine Georges Roumier）生产；

9. 香波－木西尼·爱侣（Chambolle Musigny Les Amoureuses 1er）一级酒，乔治·沃格伯爵酒庄（Domaine Comte Georges de Vogüé）生产；

10. 香波－木西尼·爱侣（Chambolle Musigny Les Amoureuses 1er）一级酒，木尼艾酒庄（Domaine Jacques-Frédéric Mugnier）生产；

11. 格夫热－香贝丹·雅克（Gevrey-Chambertin“Clos St. Jacques”1er）一级酒，阿芒·卢梭父子酒庄（Domaine Armand Rousseau Père & Fils）生产；

12. 沃恩－罗曼尼·秀山园（Vosne-Romanée Les Beaux monts 1er）一级酒，亨利·贾伊尔酒庄生产；

13. 沃恩－罗曼尼·秀山园（Vosne-Romanée Les Beaux monts 1er）一级酒，勒鲁瓦酒庄生产；

14. 奇尼斯·沃纳园（Clos des Chénes，Volnay 1er Cru）一级酒，安珀酒庄（Domaine Potinet-Ampeau）生产。

两款一级白葡萄酒是：

1. 默尔索－培里勒斯（Meursault-Perrières，Premier Cru），科奇－杜尔酒庄（Coche-Dury）生产；

2. 默尔索－培里勒斯（Meursault-Perrières，Premier Cru），安珀酒庄生产。

2015年6月7日，笔者品尝了1978年亨利·贾伊尔酒庄的沃恩－罗曼尼·克罗斯－帕兰图酒，这是勃艮第一个非常经典的年份。这瓶酒来自法国一个收藏家的酒窖，水位高，呈红宝石色泽。开瓶一个半小时后，开始散发出紫罗兰、香草、黑醋栗、李子的香味，十分诱人。单宁新鲜纯净，层次复杂，中等浓郁度，柔和醇厚，细腻幼滑。整体表现就像个贵妇人般雍容华贵，风韵优雅。

030

艾瑟索，亨利·贾伊尔

ÉCHÉZEAUX, HENRI JAYER

*

等级 勃艮第地区特级

产地 法国，勃艮第地区，夜坡

创立时间 1945 年

主要葡萄品种 黑皮诺

年产量 约 1000 瓶

上佳年份 2010、2009、2008、2005、2006、2003、2002、1999、1998、1990、1985、1978、1971

20世纪80年代初，亨利·贾伊尔和他的家族成员卢奇安·贾伊尔、乔治·贾伊尔以及他们的侄子曼纽·胡格一共持有1.5公顷的艾瑟索特级园，这几块艾瑟索特级园的葡萄酒在亨利·贾伊尔去世前，均由亨利·贾伊尔亲手酿造，酒的品质完全一样，而且酒标也几乎一样，表现同样精彩。

艾瑟索特级园区被分成了11个地块，由11个不同的业主持有，因此葡萄酒的品质差异性很大。亨利·贾伊尔家族拥有的艾瑟索特级园位于克劳特·奥·维金·邦奇斯（Les Cruots ou Vignes Blanches）地块和特勒园（Les Treux）地块，是艾瑟索特级园黑皮诺葡萄老藤栽培的地方。这里坡向朝东，有较充足的阳光，土壤中表层混杂着许多鹅卵石，下面以大理石和石灰石为主，同时含有一定的黏土，这为老藤提供了稳固作用。亨利·贾伊尔酒庄酿造艾瑟索酒的葡萄来自克劳特·奥·维金·邦奇斯园，家族其他成员酿造艾瑟索酒的葡萄均来自特列尤斯园。

在亨利·贾伊尔完全退休后，亨利·贾伊尔酒庄的艾瑟索酒交由曼纽·胡格酿造，仍以亨利·贾伊尔酒庄的品牌装瓶出售，每年的产量只有1000瓶左右。在亨利·贾伊尔的精心调教下，曼纽·胡格的酿酒水平有了很大的提高，虽然与亨利·贾伊尔娴熟的酿酒技术相比还有一点点差距，但由他酿造的葡萄酒越来越有亨利·贾伊尔的味道，也博得了许多葡萄酒爱好者和酒评家们的好评。曼纽·胡格除了继承亨利·贾伊尔的葡萄园外，还有自己的葡萄园，都是用曼纽·胡格自己的品牌装瓶售酒。亨利·贾伊尔酒庄的艾瑟索酒被英国伦敦葡萄酒搜寻网站Wine Searcher列为2015年全球最昂贵的50款葡萄酒之一。

笔者于2012年2月9日，在香港的亨利·贾伊尔葡萄酒专题晚宴上，品尝了1985年亨利·贾伊尔酒庄的艾瑟索酒。这款酒的酒精含量为13.5%，深红宝石色泽，单宁饱满丰盈，新鲜纯净，层次感强，樱桃、黑醋栗、李子、肉桂、茴香、桂皮、八角的香味郁郁葱葱，酒醉健硕强劲，澎湃有力而又细腻柔顺，回味超过50秒钟。

031

沃恩-罗曼尼·秀山园，亨利·贾伊尔

VOSNE-ROMANÉE LES BEAUXMONTS, HENRI JAYER

等级 勃艮第地区一级

产地 法国，勃艮第地区，夜坡

创立时间 1951 年

主要葡萄品种 黑皮诺

年产量 约 800 瓶

上佳年份 2010、2009、2008、2005、2002、1999、1988、1987、1985、1983、1982、1980、1979、1978、1971

法语中“Les Beaux monts”是秀美山川意思，亦为“秀山”。沃恩－罗曼尼·秀山园（Vosne-Romanée Les Beaux monts，也称“Vosne-Romanée Les Beauxmonts”）的葡萄园区位于沃恩－罗曼尼镇北部，是勃艮第的一级酒园，面积为11.39公顷，分别由10多家酒庄拥有。这片葡萄田位于沃恩－罗曼尼村中心地带偏北的山坡上，土壤为贫瘠的石灰石，表层是混合大理石的碎石，微气候和土壤成分与罗曼尼－康帝园差不多。

亨利·贾伊尔酒庄拥有的沃恩－罗曼尼·秀山园面积不到沃恩－罗曼尼·秀山园葡萄园区总面积的2%，面积只有0.23公顷，也是亨利·贾伊尔酒庄在沃恩－罗曼尼三块葡萄田中最小的，年产沃恩－罗曼尼·秀山园酒不足3桶，约800瓶左右。

沃恩－罗曼尼·秀山园酒是亨利·贾伊尔酒庄产量最少的一款佳酿，它的品质几乎与沃恩－罗曼尼·克洛斯－帕兰图酒相当，但却是亨利·贾伊尔酒庄最难找到的佳酿。这款酒的价格也非常高。2012年2月10日，在佳士得拍卖行于香港举行的亨利·贾伊尔葡萄酒专场拍卖会上，6瓶（750毫升）1993年沃恩－罗曼尼·秀山园酒拍到了387200元港币，每瓶合人民币52900元，价格远远高过同年份的拉·塔希酒。

在2012年2月9日香港的亨利·贾伊尔葡萄酒专题晚宴上，笔者品尝了亨利·贾伊尔酒庄1993年沃恩－罗曼尼·秀山园酒（大瓶装）。深红宝石色泽，黑醋栗、李子的果香味隐约其中，巧克力、焦糖、烟熏肉的香味一层一层地溢出，单宁饱满丰厚，新鲜活泼，层次丰富复杂，和谐平衡，回味持久绵长。

032

李其堡，美奥－凯木泽

RICHEBOURG，MÉO-CAMUZET

*

等级 勃艮第地区特级

产地 法国，勃艮第地区，夜坡

创立时间 1900 年

主要葡萄品种 黑皮诺

年产量 约 1200 瓶

上佳年份 2013、2012、2011、2010、2009、2008、2005、2003、2002、1999、1997、1996、1993、1990

美奥－凯木泽酒庄（Domaine Méo-Camuzet）坐落在沃恩－罗曼尼镇，它由艾铁尼·凯木泽（Etienne Camuzet）家族创建于1900年。在1902—1932年间，艾铁尼·凯木泽担任了金丘（Côte d'Or）地区的议员。1951年，他将家族的大部分葡萄园租给了勃艮第酒神亨利·贾伊尔以及其他人耕种和酿酒。1959年，艾铁尼·凯木泽退休后，他的孙子让·美奥（Jean Méo）继承了家族的葡萄酒事业，他同时还是一家石油公司的总经理，没有太多时间来管理这个庞大的家族葡萄酒事业。1989年，让·美奥的儿子让－尼古拉·美奥（Jean-Nicholas Méo）继承了这个家族的酒庄。

亨利·贾伊尔对美奥－凯木泽酒庄的成功起到了决定性作用。从1945年开始，他连续半个世纪担任这个酒庄的酿酒顾问，1995年退休后他仍然继续担任了5年的酿酒顾问直至2000年为止，使这个酒庄的葡萄栽培技术和酿酒技术得以大幅提升，酒的品质在勃艮第也名列前茅。著名酒评家罗伯特·帕克对这个酒庄酿造的李其堡酒给予了高度评价，《美国葡萄酒观察》杂志对美奥－凯木泽酒庄1985—1996年份的李其堡酒逐年做了评分，每个年份的酒均达到90分以上，其中还有两个年份获得接近完美的99分，风头甚至盖过了DRC的李其堡酒，可谓是“李其堡之酒王”。美奥－凯木泽酒庄的李其堡酒和沃恩－罗曼尼·克洛斯－帕兰图酒双双入选英国伦敦葡萄酒搜寻网站Wine Searcher 2016年全球最昂贵的50款葡萄酒榜单之中。

美奥－凯木泽酒庄的李其堡特级园，占地0.35公顷，葡萄产量非常低，每年只生产1200瓶。在1978—1987年间，让·美奥将这个李其堡小园租给了亨利·贾伊尔耕种及酿酒。让－尼古拉·美奥在接管家族产业后，逐步收回了大部分被租出去的地块，包括被租给亨利·贾伊尔的李其堡园。让－尼古拉·美奥他很早就跟随亨利·贾伊尔学习葡萄栽培和酿酒技术。在他自己担任酒庄的酿酒师后，继续沿袭亨利·贾伊尔的葡萄栽培和酿酒风格，注重有机耕作，除去葡萄树多余的果实串，控制葡萄产量。美奥－凯木泽酒庄的李其堡酒由纯黑皮诺葡萄酿造，葡萄在采收后要除梗，压榨后要在橡木桶或不锈钢桶里进行5~6天温度为15~18℃的冷却过程，使用天然酵母发酵，发酵后用全新的橡木桶醇化18~24个月。从1988年起，装瓶前用蛋清澄清，但不过滤。

美奥－凯木泽酒庄的李其堡酒呈深暗的红宝石色泽，具有黑醋栗、黑莓、李子和香料、烤面包、矿物质的丰盈芬芳，酒体细腻醇厚，具有绵长、纯粹的出色尾韵，是一款不可多得的珍稀佳酿。

033

沃恩－罗曼尼·克洛斯－帕兰图，美奥－凯木泽

VOSNE-ROMANÉE CROS-PARANTOUX，MÉO-CAMUZET

等级 勃艮第地区一级

产地 法国，勃艮第地区，夜坡

创立时间 1900年

主要葡萄品种 黑皮诺

年产量 约1000瓶

上佳年份 2013、2012、2011、2010、2009、2008、2005、2003、2002、1999、1997、1996、1993、1991、1990、1989、1988、1985

美奥－凯木泽酒庄的沃恩－罗曼尼·克洛斯－帕兰图园（Vosne-Romanée Cros-Parantoux）紧挨着亨利·贾伊尔酒庄的沃恩－罗曼尼·克洛斯－帕兰图园，但面积不到后者的一半，只有0.3公顷，每年的产酒量不足1000瓶左右。在1985年以前，这个酒园收获的葡萄只卖给当地的酒商酿酒。

1985年，美奥－凯木泽家族开始自己酿造沃恩－罗曼尼·克洛斯－帕兰图酒。由于庄主让－尼古拉·美奥（Jean-Nicholas Méo）曾师从酒神亨利·贾伊尔，加之葡萄园的管理和酿酒方法与亨利·贾伊尔酒庄相近，这两个酒庄生产的沃恩－罗曼尼·克洛斯－帕兰图酒的品质相差无几。这款酒的价格也非常贵，有的年份甚至与拉·塔希酒相当，因此也入选了英国伦敦葡萄酒搜寻网站 Wine Searcher 2016年全球最昂贵的50款葡萄酒榜单之中。

笔者品尝过1990年美奥－凯木泽酒庄生产沃恩－罗曼尼·克洛斯－帕兰图酒，这是第五个年份，当年产量约1000瓶。深紫的红宝石色泽，在开瓶2小时后，散发出令人惊讶且成熟的黑樱桃、黑醋栗、覆盆子（Rubus Chingii Hu）和肉桂、八角、咖啡、黑胡椒粉等香料的丰富香气，还有烤橡木的气息以及一丝辛辣味，层次复杂而优雅。单宁纯净馥郁，酒体浓缩，结构平衡，具有充足的澎湃活力，口感细腻浑厚，幼滑柔顺，深邃的余韵萦绕延绵。

034

木西尼，勒鲁瓦

MUSIGNY, LEROY

*

等级 勃艮第地区特级

产地 法国，勃艮第地区，夜坡

创立时间 1988 年

主要葡萄品种 黑皮诺

年产量 600 ~ 875 瓶

上佳年份 2011、2010、2009、2008、2006、2005、2003、2002、1999、1996、1995、1993、1990

2011年4月8日，勒鲁瓦酒庄（Domaine Leroy）总经理罗米尔（Frédéric Roemer）先生在勃艮第夜坡的酒庄总部接待了笔者一行。他介绍了酒庄的历史和未来的发展，并带领笔者一行参观酒庄和酒窖，品尝了勒鲁瓦酒庄近几个年份的特级葡萄酒。

1868年，弗朗索瓦·勒鲁瓦（François Leroy）在勃艮第一个名叫奥塞（Auxey Duresses）的偏僻乡村，成立了勒鲁瓦商社（Maison Leroy），后来又建立了勒鲁瓦酒庄（Domaine Leroy）。1919年，弗朗索瓦·勒鲁瓦的孙子亨利·勒鲁瓦（Henri Leroy）加入到了这个家族企业中。1942年，亨利·勒鲁瓦从布洛希家族手中收购了勃艮第的第一名园——罗曼尼－康帝酒庄一半的股份。1955年，亨利·勒鲁瓦的大女儿拉茹·贝茨－勒鲁瓦（Lalou Bize-Leroy）夫人加入了家族的葡萄酒事业中，并出任罗曼尼－康帝酒庄的董事兼酿酒师。勒鲁瓦酒庄现由拉茹·贝茨－勒鲁瓦夫人和她妹妹、以及几个日本股东共同拥有。另外，拉茹·贝茨－勒鲁瓦夫人还独自拥有和经营着勃艮第另一个名庄——奥维娜酒庄（Domaine D'Auvenay）。

1988年前，勒鲁瓦酒庄大多数年份的葡萄酒是用从别人那里采购来的葡萄酿造，因此葡萄酒瓶使用白色封盖。自20世纪90年代起，酒庄的特级酒和部分一级酒采用自家葡萄园的葡萄酿造，葡萄酒瓶用红色封盖。当时，酒庄只有几个特级葡萄田：木西尼园（Musigny）、香贝丹园（Chambertin）、梧玖园（Clos de Vougeot）等。为了扩大规模，勒鲁瓦家族于1988年4月收购了位于沃恩－罗曼尼村濒临破产的查理斯·诺尔拉特酒庄（Domaine Charles Noellat），将这个酒庄非常著名的特级田李其堡园（Richebourg）、罗曼尼－圣－维凡园（Romanée-Saint-Vivant），以及一级田秀山园（Vosne-Romanée Les Beaux monts）等揽入囊中。现在，勒鲁瓦酒庄拥有的葡萄园总面积为22.7公顷，其中特级园9个，生产数十种顶级的红、白葡萄酒。

现年八旬有余的拉茹·贝茨－勒鲁瓦夫人，有着“勃艮第贵夫人”（the grade of Burgundy）的称号，她是将“生物动态法”（Biodynamic）运用于葡萄栽培的始作俑者，现在仍然是勒鲁瓦酒庄和她私人拥有的顶级酒庄——奥维娜酒庄的掌门人。她原本是罗曼尼－康帝酒庄的董事，1991年，因其家族的葡萄酒业务与罗曼尼－康帝酒庄发生了冲突，她被逐出了罗曼尼－康帝酒庄的董事会。离开罗曼尼－康帝酒庄，反倒成就了拉茹·贝茨－勒鲁瓦夫人日后辉煌的葡萄酒事业。从此后，她开始专心致志地发展勒鲁瓦家族的葡萄酒事业，并发誓要将葡萄酒品质超过罗曼尼－康帝酒庄。

拉茹·贝茨－勒鲁瓦夫人在勃艮第叱咤风云50多年，在葡萄栽培和酿酒方面都有着非常丰富的经验，由她酿造或曾经酿造过的顶级葡萄酒已有十几种。她对葡萄园的热爱近乎“疯狂”：经常会“倾听葡萄生长，与葡萄交流”。她相信天体运行的力量会牵引葡萄的生长，依据鲁道夫·斯坦纳（Rudolf Steiner）的理论，加上她自己的认识和灵感，她能想出千奇百怪的方法来“照料”葡萄园，这就是她首创的——“生物动态法”：把蓍草、春日菊、荨麻、橡木皮、蒲公英、缬草、牛粪及硅石等混合在一起发酵，然后再撒到葡萄园里。她强调土壤的循环韵律。以不计成本的方式，每年都要剪掉多余的葡萄藤枝，使保留下来的少量藤枝，能充分吸收到阳光、雨露和土壤中的养分，使葡萄能健康成长。她常用母亲哺育小孩的心情来对待她的葡萄树，例如当春季剪枝之后，她说她可以听到葡萄树哭泣的声音，她就特别调制了一种具有止痛效果的药草涂抹在刚剪枝过的葡萄树上。这样下来，葡萄的产量异常的低，只及当地葡萄园的一半。拉茹夫人的这种“生物动态法”也许在旁人的眼里显得迷信，好笑甚至疯狂。但是，她投下巨资与心血照料的葡萄园确实能生产出高品质的葡萄酒来。现在，“生物动态法”在葡萄酒业界得到广泛认同，勃艮第的大多数酒庄也开始仿效拉茹夫人的“生物动态法”种植葡萄园。经过20多年孜孜不倦、追求一流的不懈努力，勒鲁瓦酒庄的顶级葡萄酒终于品质超群，赢得了世界绝大多数酒评家和葡萄酒收藏者的高度赞许，这一点在葡萄酒的价格上就能得到充分印证。《法国葡萄酒评论》杂志曾这样评价拉茹·贝茨－勒鲁瓦夫人：“勒鲁瓦为我们诠释了葡萄酒在‘很好’和‘伟大’之间这个小小的区别。”

2015年7月，法国《挑战者》杂志公布了2015年“法国500强富豪名单”排行榜，庄主拉茹·贝茨－勒鲁瓦夫人以1.35亿欧元列第392位。

在2015年8月初由英国伦敦葡萄酒搜寻网站Wine Searcher发布的2015年全球最昂贵的50款葡萄酒榜单中，拉茹·贝茨－勒鲁瓦夫人成为了大赢家，她的家族有14款顶级葡萄酒位列其中，占榜单数量的近1/3！入榜佳酿是：木西尼－勒鲁瓦酒庄（Musigny，Leroy）、香贝丹－勒鲁瓦酒庄（Chambertin，Leroy）、骑士－蒙哈榭－奥维娜酒庄（Chevalier-Montrachet，D'auvenay）、李其堡－勒鲁瓦酒庄（Richebourg，Leroy）、克里尤－巴塔－蒙哈榭－奥维娜酒庄（Criots-Bâtard-Montrachet，D'auvenay）、大艾瑟索－勒鲁瓦酒庄（Grands Échézeaux，Leroy）、罗曼尼－圣－维凡－勒鲁瓦酒庄（Romanée-Saint-Vivant，Leroy）、石围园－勒鲁瓦酒庄（Clos de la Roche，Leroy）、邦尼－玛尔－奥维娜酒庄

（Bonnes-Mares，D'auvenay）、玛兹－香贝丹－奥维娜酒庄（Mazis-Chambertin，D'auvenay）、拉瑞西耶－香贝丹－勒鲁瓦酒庄（Latricières-Chambertin，Leroy）、高登－查理曼－勒鲁瓦酒庄（Corton-Charlemagne，Leroy）、艾瑟索－勒鲁瓦酒庄（Échézeaux，Leroy）、梧久－勒鲁瓦酒庄（Clos de Vougeot，Leroy）。

香波－木西尼镇（Chambolle-Musigny）位于夜坡地区的中心地段，南临夜－圣－乔治镇（Nuits-St-Georges），北靠格夫热－香贝丹镇（Gevrey-Chambertin），是夜坡地区 12 个村庄级法定产区之一，成立于 1936 年，人口不足 400。香波－木西尼镇历史悠久，其名字来自于当地的一条河流——格罗尼（Grone）河。每当下大雨的时候，这条小河就会变成激流，从而当地有了香波·堡玉兰特（Champ Bouilant）这个名字，法语字面上的意思就是“沸腾的土地”。这个名字后来演变为香波（Chambolle），1882 年，改成了现名——香波－木西尼（Chambolle-Musigny）。

在夜坡，若论名气，香波－木西尼可能比不上沃恩－罗曼尼和格夫热－香贝丹，但论葡萄酒品质，并不比后者差。香波－木西尼镇葡萄园面积达 180 公顷，是勃艮第葡萄酒的生产重镇，这里有两个非常出名的特级酒园，分别是南边的木西尼园区（Musigny）、北边的邦尼－玛尔园区（Bonnes-Mares）；还有 24 个一级葡萄园，其中最受人追捧的“超级”一级田“香波－木西尼·爱侣”（Chambolle Musigny Les Amoureuses），因为其在木西尼特级园隔壁，因而在风格和品质上均十分接近木西尼，风格优雅柔美。香波－木西尼镇的土壤大多数含有极高的石灰质，因此生产出来的葡萄酒，颜色较浅，芳香而优雅。

木西尼园区由当地的神父和修士始建于公元 11 世纪，到公元 14 世纪，因被木西尼家族拥有而得名。公元 17 世纪，木西尼家族后继无人，木西尼园被分割成几十个小酒园，现由 17 位园主拥有。

木西尼园区坐落在香波－木西尼镇海拔 250~300 米的高石头坡上，土壤上层为红黏土，下层多为石灰岩，中间夹杂着约两成的砾石，排水及保温条件良好。木西尼园区中间被一条东西走向的小路分成为了两部分，即面积为 5.89 公顷的木西尼园（Les Grand Musigny）和面积为 4.19 公顷的小木西尼园（Les Petits Musigny）。1936 年 9 月 11 日，当地政府将这两个园区合并，统称为木西尼园。1989 年经当局重新丈量后，木西尼园区的面积为 11 公顷。

在拥有木西尼园的庄主中，有一个不得不提到的家族——让－克劳迪·保塞重

（Jean-Charles Boisset），他们是布歇父子酒庄（Domaine Bouchard Père & Fils）和伍杰雷酒庄（Domaine de la Vougeraie）的主人。2014年10月22日，女庄主吉娜·佳罗（Gina Gallo）在伍杰雷酒庄热情接待了笔者。吉娜·佳罗女士自豪地向笔者介绍说，他们家族经营葡萄酒生意始于1865年，现在是世界上最有影响力的酿酒世家之一，是法国薄若莱（Beaujolais）酒第二大销售商，除拥有勃艮第的两家名庄外，还拥有美国知名酒庄嘉露酒庄（Gallo Winery），2012年他们家族的总营业额多达150亿美元。尽管伍杰雷酒庄创建于1999年，但是其历史可追溯至1964年酒庄的第一块葡萄园"Les Evocelles"。目前他们家族在勃艮第已有占地91公顷的葡萄园，其中，木西尼园只有0.17公顷，年产量不足两桶，不到600瓶，因此这款酒非常难找，价格昂贵，被誉为"木西尼酒中珍品"。

勒鲁瓦家族拥有的木西尼园是在1988年收购的，是一个面积仅为0.27公顷的特级园，这是勃艮第面积最小和最古老经典的酒园之一。园主拉茹·贝茨－勒鲁瓦夫人对该园投入了大量财力进行整修，这个酒园现已成为勒鲁瓦酒庄中珍珠般的明星园。拉茹·贝茨－勒鲁瓦夫人对本园葡萄收获量的控制可能是勃艮第最为严格的，每公顷产量仅有1700~2000公升，不及法定产量的一半。为了使葡萄充分熟透，采摘期也可能是勃艮第最晚的。本园的木西尼酒由纯黑皮诺葡萄酿造，采摘后的葡萄不去梗榨汁，在全新开盖的橡木桶中进行长时间发酵，发酵后使用全新的橡木桶醇化，不经澄清或过滤装瓶。为了减轻葡萄酒中的橡木味道，拉茹·贝茨－勒鲁瓦夫人仿效DRC的做法，将橡木板自然风干三年后再制成桶。这个小酒园种植的黑皮诺葡萄树平均超过60年，本园采用这些老株所结葡萄酿成的木西尼酒，酒标上会印上"老株精酿"（Vieilles Vignes）的字样。按法国的相关规定，只有用50年以上树龄所产葡萄酿成的酒才能称之为"老株精酿"。

勒鲁瓦酒庄的木西尼酒的产量非常少，最少的年份只有600瓶，最多的年份（如1996年）也不到900瓶，酒的品质超凡脱俗，弥足珍贵。木西尼酒是勒鲁瓦酒庄最贵的葡萄酒，有的年份的价格甚至贵过DRC同年份的拉·塔希酒。

2015年4月5日，笔者品尝了1993年的勒鲁瓦酒庄木西尼酒，当年产量只有870瓶，不足3桶。这瓶酒仍然是相当年轻，有着深不见底的红宝石的光芒，带着万花筒般樱桃、黑莓的果香以及香料、鲜花、红茶和烤橡木的韵味，甚至有一点奶酪味。单宁集中饱满，层次复杂，口感柔滑细腻，浓郁馥郁，还有相当长的生命力，是一款非常难得、璞玉琢成的珍品。

*

035 李其堡，勒鲁瓦

RICHEBOURG, LEROY

等级 勃艮第地区特级

产地 法国，勃艮第地区，夜坡

创立时间 1450 年

主要葡萄品种 黑皮诺

年产量 约 3000 瓶

上佳年份 2011、2010、2009、2008、2006、2005、2003、2002、1995、1990、1993、1989

为了进一步扩大规模，增加顶级葡萄酒的品种，勒鲁瓦家族于1988年4月在沃恩－罗曼尼镇收购了濒临破产的查理斯·诺尔拉特酒庄（Domaine Charles Noöellat），这个酒庄有两个著名的特级园——李其堡园和罗曼尼－圣－维凡园。第二年，他们又在格夫热－香贝丹镇（Givrey-Chambertin）收购了菲利普－雷姆园（Philippe-Remy）。之后，他们又花费巨资重建这些被收购过来的葡萄园。

被勒鲁瓦家族收购的李其堡园，面积只有0.78公顷，园中种植的葡萄品种为黑皮诺，树龄平均超过70年。拉茹·贝茨－勒鲁瓦夫人于1991年开始酿造李其堡酒。她采用与木西尼酒几乎相同的酿造方法，葡萄不去梗，发酵在开顶的、底部带有温控器的大不锈钢桶里进行，发酵后要转到全新的橡木桶里醇化24个月以上，装瓶前不过滤、不澄清。在拉茹·贝茨－勒鲁瓦夫人的巧手之下，这款年产量不足3000瓶的李其堡酒，其品质已达到无可挑剔的地步。勒鲁瓦酒庄的李其堡酒被英国伦敦葡萄酒搜寻网站Wine Searcher列为2015年全球最昂贵的50款葡萄酒之一。

勒鲁瓦酒庄的李其堡酒，开瓶后奇妙复杂的黑醋栗、樱桃、柑橘、紫罗兰、香草、梅花、咖啡、巧克力、茴香、胡椒粉、烟熏肉的浓郁香气缓缓地释放出来，并无穷无尽的延续下去。密不透明的深红宝石色泽，单宁密集悠长，饱满精细，酒质雄浑精湛，发达的“肌肉”中充满着澎湃力。棱角清晰分明，口感馥郁纯粹，犹如天鹅绒般细腻幼滑。天生丽质，几近完美。

*

036

香贝丹，勒鲁瓦

CHAMBERTIN, LEROY

等级 勃艮第地区特级

产地 法国，勃艮第地区，夜坡

创立时间 1450 年

主要葡萄品种 黑皮诺

年产量 约 1500 瓶

上佳年份 2011、2010、2009、2008、2006、2005、2003、2002、1995、1993、1991、1990、1988、1985、1978

格夫热－香贝丹镇（Gevrey-Chambertin）位于菲尚镇（Fixin）与莫里－圣－丹尼斯镇（Morey-St-Denis）之间，它是勃艮第的第一个乡镇，也是夜坡（Côte de Nuits）地区最大的乡镇，这个镇的原名为格夫热－恩－蒙塔格尼（Gevrey-en-Montagne）。闻名于世的香贝丹（Chambertin）葡萄园就坐落在这里。

法语中的"Cham"是指"田地"的意思。在格夫热－香贝丹镇，园名中带有"香"（Chams）的葡萄园有好几处。香贝丹名称的传说由来已久。在贝兹园（Clos De Bèze）如日中天的时期，有一位叫贝丹（Bertin）的农夫在毗邻贝兹园的南端开垦了一块田地，在这里种植了与贝兹园相同的葡萄树，并模仿贝兹园的酿酒方法，酿出了完美无瑕的葡萄酒。1847年，法国国王路易斯·菲利普（Louis Phillip）颁布法令，赐予该园使用由"田地"（Chams）加农夫的名字"贝丹"（Bertin）组成的名称——香贝丹（Chambertin）。从此后，香贝丹的名字就盛名远播。

为了增加知名度，当地政府于1847年将它最出名的葡萄田——香贝丹的名字加入到镇名之中，于是地名就成了现在的——格夫热－香贝丹（Gevrey-Chambertin）。这个镇总面积超过500公顷，是与沃恩－罗曼尼镇和梧玖镇（Vougeot）齐名的勃艮第三大产酒区之一，很早以前就为法国皇室和拿破仑一世提供御用葡萄酒。这里拥有9片特级园（Grand Crus），包括：面积12.4公顷的香贝丹园，面积15.4公顷的香贝丹－贝兹园（Chambertin-Clos De Bèze），面积7.05公顷的拉瑞西耶－香贝丹园（Latricières-Chambertin），面积9.1公顷的玛兹－香贝丹园（Mazis-Chambertin）、面积18.59公顷的玛朱叶利斯－香贝丹园（Mazoyères-Chambertin），面积2.73公顷的格奥斯－香贝丹园（Griottes-Chambertin），面积5.49公顷的查佩里－香贝丹园（Chapelle-Chambertin），面积12.24公顷的夏尔姆－香贝丹园园（Charmes-Chambertin），面积3.3公顷的小石－香贝丹园（Ruchottes-Chambertin）等。另外，这里还有26片一级园（Premier Crus）。可惜，这当中的一些特级园，由于葡萄酒品质参差不齐，如查佩里－香贝丹园和玛朱叶利斯－香贝丹园的特级园地位，就常常受到人们的质疑。当然，香贝丹园和香贝丹－贝兹园是勃艮第最佳的葡萄田之一。

勒鲁瓦酒庄香贝丹园面积只有0.5公顷，不到香贝丹园区总面积12.64公顷的4%。拉茹·贝茨－勒鲁瓦夫人仍采用她的"生物动态法"种植葡萄园，用最严格的酿造技术来酿造香贝丹酒，年产量约1500瓶。这款酒非常稀罕，也非常贵，被英国伦敦葡萄酒搜寻网站Wine Searcher列为2015年全球最昂贵的50款葡萄酒之一。

笔者品尝过2003年勒鲁瓦酒庄香贝丹酒，这款酒产量较往年要少一些，大约1200公升/公顷。极为深沉的红宝石色泽，由黑樱桃、黑莓、玫瑰花、紫罗兰、露松、八角、茴香、胡椒粉、橡木、矿物质等元素组成的混合香气洋洋洒洒，令人愉悦而又陶醉。单宁饱满馥郁，细腻悠长，酒质魁梧圆润，浓郁精湛，浑厚澎湃，显示出旺盛的生命力。层次丰富，酸度均衡，口感柔和幼滑，回味持久。需要漫长的时间它才能成熟。

037

拉瑞西耶－香贝丹，勒鲁瓦

LATRICIÈRES-CHAMBERTIN, LEROY

等级 勃艮第地区特级

产地 法国，勃艮第地区，夜坡

创立时间 1988 年

主要葡萄品种 黑皮诺

年产量 约 2000 瓶

上佳年份 2011、2010、2009、2008、2006、2005、2003、2002、1996、1995、1993、1991、1990

拉瑞西耶－香贝丹园区（Latricières-Chambertin）东面紧邻香贝丹园区，西边挨着莫里－圣－丹尼斯，南面是玛朱叶利斯－香贝丹园，海拔高度在270~295米之间，葡萄园总面积7.05公顷，每公顷种植黑皮诺9000株葡萄树，按法国AOC规定，这个特级园出产的葡萄酒的酒精度数不得低于11.5%。2008年，这个园区葡萄酒总产量达到37000公升。

勒鲁瓦酒庄的拉瑞西耶－香贝丹园占地面积0.57公顷，是拉茹·贝茨－勒鲁瓦夫人于1988年4月收购的濒临破产的查理斯·诺尔拉特酒庄中的一部分产业，这个葡萄园已成为拉瑞西耶－香贝丹园区无可争议的标志性象征。如同勒鲁瓦酒庄其他顶级佳酿，拉瑞西耶－香贝丹园的葡萄种植、耕作、采收和葡萄酒的酿造方法等完全一样。

这是一款令人难以置信的具有非凡密度、力量和强度的葡萄酒。这款酒每年的产量约2000瓶，在拍卖会上都是稀客，市场上非常难找，价格通常高得惊人，每瓶的价格在1500美元以上，被英国伦敦葡萄酒搜寻网站Wine Searcher列为2015年全球最昂贵的50款葡萄酒之一。

笔者品尝过2002年勒鲁瓦酒庄的拉瑞西耶－香贝丹酒。这一年的收获量很低，每公顷只有1560公升，用100%新橡木桶酿造。这款酒为几乎不透明的紫红色，丰富和成熟的果味道体现了它朴实无华的性格。单宁饱满细致，结构浑厚魁梧，层次丰富复杂，口感丰盈细腻，回味足有50秒钟，绝对是上品中之上品！

038

罗曼尼－圣－维凡，勒鲁瓦

ROMANÉE-SAINT-VIVANT, LEROY

*

等级 勃艮第地区特级

产地 法国，勃艮第地区，夜坡

创立时间 1988 年

主要葡萄品种 黑皮诺

年产量 约 3000 瓶

上佳年份 2011、2010、2009、2008、2005、2003、2002、1999、1996、1995、1993、1990

勒鲁瓦酒庄的罗曼尼－圣－维凡园（Romanée-Saint-Vivant）面积为 0.99 公顷，约占罗曼尼－圣－维凡园区总面积 10.58 公顷的 9.4%，葡萄品种为黑皮诺，树龄近 60 年，年产葡萄酒约 3000 瓶左右，产量只及罗曼尼－康帝酒庄罗曼尼－圣－维凡酒的一半，但其价格要高过后者，因此被英国伦敦葡萄酒搜寻网站 Wine Searcher 列为 2015 年全球最昂贵的 50 款葡萄酒之一。

拉茹·贝茨－勒鲁瓦夫人是一位虔诚的“风土主义者”，她采用“生物动态法”等先进技术，使用合成肥料，少量使用除草剂和杀虫剂，强调土壤的循环韵律。为了使葡萄酒的水准向罗曼尼－康帝酒看齐，拉茹·贝茨－勒鲁瓦夫人不计成本，坚决控制葡萄的收获量，每公顷的葡萄产量只及当地葡萄园的一半。在葡萄酒酿造过程中，她仿效 DRC 的工艺，葡萄不去梗，发酵在开顶的、底部带有温控器的大橡木桶里进行，发酵后采用全新的橡木桶醇化 24 个月以上，装瓶前不过滤、不澄清。

勒鲁瓦酒庄从 1991 年开始酿造罗曼尼－圣－维凡酒。这款酒呈现出绚丽多彩的深红宝石色泽，洋洋洒洒的黑醋栗、樱桃、李子、紫罗兰、香草、玫瑰花、橡木、矿物质的混合香气四处飘逸，让人陶醉。单宁丰满柔顺，细腻悠长，酒质圆浑精湛，枝繁叶茂，充满着青春和活力。层次丰富复杂，酸度低而和谐平衡，纯粹优雅，回味中带着一股水果、花的馥郁香醇，俨然像个淑女，娇艳欲滴，白璧无瑕，玲珑剔透。

039

石围园，勒鲁瓦

CLOS DE LA ROCHE, LEROY

等级 勃艮第地区特级

产地 法国，勃艮第地区，夜坡

创立时间 1450 年

主要葡萄品种 黑皮诺

年产量 约 2000 瓶

上佳年份 2011、2010、2009、2008、2006、2005、2003、2002、1995、1993、1991、1990、1988、1985、1978、1971

石围园（Clos de La Roche）位于夜坡中心的莫里・圣－丹尼斯镇（Morey Saint Denis）北部，坐落在当地最高的路易斯安特山（Mont-Luisant，350米）的山脚下。1861年，石围园面积仅为4.57公顷，其后通过不断兼并相邻的夏比奥特斯园（Chabiots）、菲丽米尔斯园（Fremières）、菲洛崇特园（Froichots）、茂香皮斯园（Mauchamps）、路易斯安特园（Monts Luisants）等，从而发展成为今天的16.9公顷面积，年产酒量56500公升，是莫里・圣－丹尼斯镇5个特级园中面积最大的一个，这些土地目前由40个业主所分割。

石围园的土壤以石灰石为主并夹杂少许棕土，倾斜度适中并正朝东方，这十分有利于排水以及日照的进行，也许这是其出产的葡萄酒比相邻的科斯・圣－丹尼斯园（Clos Saint-Denis）质量更为优秀的原因之一。

勒鲁瓦酒庄石围园的面积为0.67公顷，不到石围园园区总面积的4%，年产葡萄酒约2000瓶，在市场上很难寻觅到它的踪影。勒鲁瓦酒庄的石围园酒是石围园园区唯一一款被英国伦敦葡萄酒搜寻网站Wine Searcher列为2015年全球最昂贵的50款葡萄酒榜单之中。

这款酒呈现出深紫的红宝石色泽，郁郁葱葱的樱桃、李子、黑莓、蜜饯、紫罗兰、香草、茴香、腊肉、茶叶、皮革的混合香气扑鼻而来，并且始终保持着热情洋溢的状态。单宁密实集中，圆润雅致，酒质魁梧健壮，“肌肉”丰富发达，枝繁叶茂，充满着青春和活力。层次感强，酸度适中，有着惊人的平衡性，口感柔和馥郁，纯净雅致，具有巨大的陈年潜力。

040

邦尼－玛尔，奥维娜

BONNES-MARES，DOMAINE D'AUVENAY

*

等级 勃艮第地区特级

产地 法国，勃艮第地区，夜坡

创立时间 1988 年

主要葡萄品种 黑皮诺

年产量 约 900 瓶

上佳年份 2011、2010、2009、2008、2005、2006、2003、2002、1999、1997、1996、1993

坐落在沃恩－罗曼尼村的奥维娜（Domaine D'Auvenay）是勃艮第著名的酒庄，这个酒庄不但拥有邦尼－玛尔（Bonnes-Mares）和玛兹－香贝丹（Mazis-Chambertin）这两个顶级红酒园，而且还拥有包括骑士－蒙哈榭（Chevalie-Montrachet）和克里尤－巴塔－蒙哈榭（Criots-Bâtard-Montrachet）在内的五个等级不同的白酒园，葡萄园总面积 4.86 公顷。葡萄酒产量极少，年产葡萄酒的数量由几百瓶到不超过 3000 瓶，且每瓶都有编号，顶级酒的售价每瓶超过 1000 欧元，最便宜的布岗－阿里哥特白酒（Bourgogne-Aligoté）每瓶也要 100 欧元以上。这个酒庄由勒鲁瓦酒庄的主人拉茹·贝茨－勒鲁瓦（Lalou Bize-Leroy）和她的丈夫马达米·贝廷·罗门（Madame Bettina Roemer）所有。马达米·贝廷·罗门去世后，这个神奇的酒庄由拉茹·贝茨－勒鲁瓦夫人独自经营管理。

在奥维娜酒庄的红酒园中，种植的是黑皮诺葡萄树；在白酒园中，除了种植顶级的霞多丽葡萄外，还种植了阿里哥特葡萄，这是一种容易成活且产量高的葡萄树，在勃艮第平原地区广泛种植，用这种葡萄酿成的酒酸度较高且清淡，一般作为佐餐酒。由于罗曼尼－康帝酒庄总管奥贝尔·德·维兰（Aubert de Villaîné）带头在自己的私人酒庄采用这种葡萄酿酒，并取得了很好的效应，在他的影响下，夏隆奈坡（Côte Chalonnaise）北部的宝斯龙村（Bouzeron）以阿里哥特葡萄酿成的白葡萄酒，在 1979 年晋升为村级酒的“AOC”。

与勒鲁瓦酒庄一样，拉茹·贝茨－勒鲁瓦夫人从 1988 年开始，在奥维娜酒庄的葡萄园采用“生物动态法”栽培葡萄。她认为，葡萄园必须要消除化学药品、除草剂、杀虫剂、化学合成肥料带来的有害物质，她相信“天体运行的力量”会促进葡萄的健康成长。

玛尔·拉·韦格内（marer la vigne）是勃艮第方言“耕种田地”的之意，而邦尼（bonnes）是“比较容易” 的意思。经过年长日久的演变，这两个单词便成了今天的地名——“邦尼－玛尔”（Les Bonnes-Mares）。

邦尼－玛尔园（Bonnes-Mares）跨越香波－木西尼（Chambolle-Musigny）和莫里－圣－丹尼斯（Morey-Saint-Denis）勃艮第的两个镇，其中 13.54 公顷位 于香波－木西尼镇，另外的 1.52 公顷则位 于莫里－圣－丹尼斯镇。位 于莫里－圣－丹尼斯镇内的大德园（Clos de Tart），在 19 世纪原本属于邦尼－玛尔园的一部分，但现在成为莫里－圣－丹尼斯的一片独立特级园。

邦尼－玛尔园坐落在较陡的坡地上。邦尼－玛尔酒园地处高坡上，石块较多，土质较硬，土壤主要由石灰石和黏土构成，小气候与相邻的木西尼园相差不大。现在的邦尼－玛尔园区面积为15.5公顷，年产酒量46600公升。这片葡萄园分成了35个小酒园，其中的10个园主占有大约70%的面积。

奥维娜酒庄的邦尼－玛尔园面积为0.26公顷，每公顷产量一般不高于3000公升，每年的产酒量约900瓶，市场零售价要港币10000元以上。奥维娜酒庄酿造的邦尼－玛尔酒被英国伦敦葡萄酒搜寻网站Wine Searcher列为2015年全球最昂贵的50款葡萄酒之一。

奥维娜酒庄的邦尼－玛尔酒用100%新的法国橡木桶酿造，要窖藏7~8年，不过滤装瓶。这款酒呈深红宝石色泽，隐藏着黑醋栗、李子、蓝莓、橄榄、紫罗兰的复合香味，有时还会带点辛辣味和烟味。单宁雄浑强健，肌肉结实庞大，富有良好的深度和广度，成熟后具有天鹅绒般的质感，是一款充满着男人味的“阳刚”之酒。

041

玛兹－香贝丹，奥维娜

MAZIS-CHAMBERTIN, DOMAINE D'AUVENAY

等级 勃艮第地区特级

产地 法国，勃艮第地区，夜坡

创立时间 1988 年

主要葡萄品种 黑皮诺

年产量 约 700 瓶

上佳年份 2011、2010、2009、2008、2005、2003、2002、2001、2000、1999、1997、1996、1994、1993、1991

玛兹－香贝丹特级葡萄园区（Mazis-Chambertin）处于海拔350米等高线边上，南边紧临香贝丹·贝兹园区。奥维娜酒庄在玛兹－香贝丹园区中最好的位置拥有一块葡萄田，这块田是拉茹·贝茨－勒鲁瓦夫妇从科尔林侬（Collignon）家族手中买来的。

这块袖珍般的葡萄田面积为0.26公顷，种植的黑皮诺葡萄树龄已超过70年，葡萄种植的密度为10000棵/公顷，产量极低，每公顷只有1500~1600公升，比该酒庄的邦尼－玛尔酒还要低，每年大约生产玛兹－香贝丹酒不超过3个木桶，弥足珍贵，这款酒被英国伦敦葡萄酒搜寻网站Wine Searcher列为2015年全球最昂贵的50款葡萄酒之一。

拉茹·贝茨－勒鲁瓦夫人在玛兹－香贝丹园也采用“生物动态法”栽培葡萄。这使得葡萄园消除了化学药品、除草剂、杀虫剂、化学合成肥料等带来的对人体有害的物质，有利于葡萄的健康成长。酿造方法也类似于勒鲁瓦酒庄酿造木西尼酒，十分注重各个细小的环节，以确保葡萄酒品质。

通常情况下，奥维娜酒庄的玛兹－香贝丹酒的酒精含量为13%左右，呈深红宝石色泽，充满着淡淡的果香、花香和矿物质的气息。刚开瓶时还略显内敛，但在半小时后开始发力，酒质变得缜密宏硕，浑厚精湛，展示出饱满的热情和澎湃的活力。层次丰富，酸度平衡，口感细腻幼滑，绵长的尾韵足有40秒钟。可惜，由于产量太少，酒迷们难以寻觅到它的芳影。

042

骑士－蒙哈榭，奥维娜

CHEVALIER-MONTRACHET, DOMAINE D'AUVENAY

等级 勃艮第地区特级

产地 法国，勃艮第地区，伯恩坡

创立时间 1988 年

主要葡萄品种 霞多丽

年产量 约 900 瓶

上佳年份 2011、2010、2009、2008、2005、2003、2002、2001、2000、1999、1997、1996

骑士－蒙哈榭（Chevalier-Montrachet）特级白酒葡萄园位于普里尼－蒙哈榭镇（Puligny-Montrachet），在蒙哈榭园（Montrachet）北面，面积为7.3公顷，于1937年经法国政府批准创建，其严格的法律控制包括只种植批准的葡萄品种（霞多丽葡萄）、葡萄种植密度、法定产量、收获成熟水平和酿造技术等。

骑士－蒙哈榭园区内拥有的五个海拔最高的站点，最高的高度达到了300米。这样的高度意味着它的土壤较薄，也不太肥沃，但这些贫瘠的土壤使得葡萄藤蔓可以方便地深入到地下的石灰岩基质中，根系可以锚固葡萄藤，吸收其微妙的矿物成分，使得葡萄藤能够发育壮大。同时，这样的陡坡又可以形成良好的排水系统。这种特殊的地质地貌，导致果实具有更高的质量和更复杂性，使得葡萄酒具有非常优雅和精致的风格。人们普遍认为，在伯恩坡的五个特级白葡萄酒园中，骑士－蒙哈榭园的酒质是仅次于蒙哈榭的。奥维娜酒庄的骑士－蒙哈榭干白酒被英国伦敦葡萄酒搜寻网站Wine Searcher列为2015年全球最昂贵的50款葡萄酒之一。

奥维娜酒庄的骑士－蒙哈榭园面积为0.16公顷，拉茹・贝茨－勒鲁瓦夫人采用“生物动态法”栽培葡萄。这使得葡萄园消除了化学药品、除草剂、杀虫剂、化学合成肥料等带来的对人体有害物质，有利于葡萄的健康成长。这种利用最先进的技术工艺和最严格的要求酿造的葡萄酒，品质达到了最顶级水准。

笔者品尝过奥维娜酒庄的2000年骑士－蒙哈榭干白酒（当年产量只有812瓶）。清纯的浅金黄色，慢慢地溢出香草、酸奶、杏仁、少许焦糖、矿物质的气息。酸度和谐平衡，清新雅致，质地细腻柔滑，具有丰富的穿透力。尤其是在喝完后的空杯里，散发出的香味更是让人垂涎三尺，几乎完美的余韵犹绕梁三日。

043

克里尤－巴塔－蒙哈榭，奥维娜

CRIOTS-BÂTARD-MONTRACHET, DOMAINE D'AUVENAY

等级 勃艮第地区特级

产地 法国，勃艮第地区，伯恩坡

创立时间 1988 年

主要葡萄品种 霞多丽

年产量 不足 300 瓶

上佳年份 2011、2010、2009、2005、2003、2002、2001、2000、1999、1997、1996

克里尤－巴塔－蒙哈榭（Criots-Bâtard-Montrachet）葡萄园区位于夏莎妮－蒙哈榭镇（Chassagne-Montrachet），与罗曼尼－康帝酒庄的蒙哈榭园（Le Montrachet）隔路相望。葡萄园沿路边由约一米高的石头墙围住，还有一个用石头砌成的门庭，上面刻着“Criots-Bâtard-Montrachet”字样。这个葡萄园面积只有1.57公顷（3.9英亩），于1937年被法国政府评定为AOC等级园。根据规定，这个特级葡萄园区只能种植霞多丽葡萄，而且还规定每公顷产量要小于4000公升，酒精度数要大于11.5%。克里尤－巴塔－蒙哈榭特级干白葡萄酒曾获得过法国勃艮第葡萄酒金奖。在2008年，克里尤－巴塔－蒙哈榭全园的干白酒总产量也只有73公升，约合10000瓶。

奥维娜酒庄的克里尤－巴塔－蒙哈榭葡萄园面积只有0.06公顷，每年生产的克里尤－巴塔－蒙哈榭干白葡萄酒不足一桶（300瓶），是奥维娜酒庄产量最小、也是最难买到的极品佳酿，被英国伦敦葡萄酒搜寻网站Wine Searcher列为2015年全球最昂贵的50款葡萄酒之一。

成熟时，奥维娜酒庄的克里尤－巴塔－蒙哈榭干白葡萄酒会呈现出靓丽的金黄色，充满着柠檬、橘子、蜂蜜、无花果、焦糖、烤椰子、香料、摩卡咖啡、烤面包、矿物质的丰富香味，有时也会带点油漆的韵味，散发出独特的异域风情。酒体饱满，酸度平衡，细腻纯净，层次复杂醇厚，回味悠长。

044

木西尼，乔治·卢米尔

MUSIGNY, GEORGES ROUMIER

*

等级 勃艮第地区特级

产地 法国，勃艮第地区，夜坡

创立时间 1924 年

主要葡萄品种 黑皮诺

年产量 400 瓶

上佳年份 2013、2012、2011、2010、2009、2008、2006、2005、2003、2002、1999、1996、1995、1993、1990、1988、1985、1978、1971、1964、1962、1959、1949、1945

“做得好，不如娶得好”！这是勃艮第很多酒农的真实写照，乔治·卢米尔（Georges Roumier）家族就是如此。乔治·卢米尔于20世纪20年代初定居在香波－木西尼镇，并于1924年娶了当地一个女孩为妻，他的妻子从娘家带来了一些葡萄田作为嫁妆，其中包括：邦尼－玛尔特级园（Bonnes Mares），一级园香波－木西尼·爱侣园（Chambolle Musigny Les Amoureuses）、香波－木西尼·卡拉斯园（Chambolle-Musigny “Les Cras”）、0.27公顷的香波－木西尼·康博特斯园（Chambolle-Musigny “Combottes”）等，这部分财产归也到了乔治·卢米尔名下。为此，他成立了乔治·卢米尔酒庄（Domaine Georges Roumier）。自1945年起，乔治·卢米尔酒庄开始在自家灌装瓶装酒出售，而在此前，他们只是将自家酿造的酒批发给当地的酒商。1953年，乔治·卢米尔在退休之前再度发力，收购了的特级园夏尔姆－香贝丹园（Charmes-Chambertin）和小石－香贝丹园（Ruchottes-Chambertin），以及位于莫里－圣丹尼（Morey-Saint-Denis）的布思里（Clos de la Bussière）一级园等。退休之后，他的小儿子让－玛利·卢米尔（Jean-Marie Roumier）开始全面管理酒庄；大儿子阿里尼（Allen）负责一些葡萄园的管理；二儿子则是经营中介商业务，他们并组建了一个公司，以保持家族的葡萄园事业完整。让－玛利·卢米尔后续又购入了面积为0.2公顷的高登－查理曼（Corton-Charlemagne）白酒特级园和0.1公顷极为珍贵的木西尼园（Musigny）。现在，乔治·卢米尔酒庄拥有约11.8公顷葡萄园，分布在9个不同产区。

1982年，让－玛利·卢米尔和他的儿子克里斯托菲·卢米尔（Christophe Roumier）共同管理酒庄。现在克里斯托菲·卢米尔全面接管了家族的葡萄酒生意。克里斯托菲·卢米尔生于1958年，毕业于第戎大学酿酒系，他很早就跟着父亲学习酿酒，并在许多方面做出了改革以获得更高的品质，是夜坡一带颇有名气的酿酒师，广受尊重。他的酿酒信条第一就是所有的葡萄必须保证处于最佳的状态，如果当年有冰雹及灾害，受到影响的葡萄也会被完全去梗，以免酒质产生影响；第二则是好年份会保留一部分的葡萄梗，尤其是来自老藤的葡萄，这样做的好处是能够增加酒的优雅度的同时，保留较高的浓度（concentration）。另外，克里斯托菲·卢米尔的兄弟——劳伦·卢米尔（Laurent Roumier）也拥有自己的劳伦·卢米尔酒庄（Domaine Laurent Roumier）。

从1990起，克里斯托菲·卢米尔家族的葡萄园不施化肥和化学除草剂，在春末夏初会除去葡萄藤上多余的绿叶，让葡萄充分吸取阳光，保证葡萄生长的质量，使酿好的葡

萄酒达到“天然状态”。葡萄在采摘后要小心翼翼地分选，少量去梗。发酵前要让葡萄在室温下产生天然酵母，然后转到敞口并带有浮盖的大橡木桶发酵 18~23 天，发酵温度在 28~30℃之间，发酵完成后再转入 15%~40% 新橡木桶醇化 15~18 个月，装瓶前要进行过滤。克里斯托菲·卢米尔对使用新橡木桶偏于保守，他曾说过：“我要品尝的是葡萄酒，而不是新橡木味”。

乔治·卢米尔家族的木西尼园位于木西尼园区的最佳位置，面朝东南的一个坡度较小的斜坡中段，具有较好的日照和排水条件，也是乔治·卢米尔家族中面积最小、最珍贵的葡萄园，种植的是黑皮诺葡萄，树龄最小的都在 65 年以上，每公顷产量在 2500 公升左右。在葡萄园管理和酿酒方面，他们信奉的是不干预原则，当然也不保守。与其他葡萄园一样，他们从 1990 年开始采用有机方法栽培葡萄。在 1989 年之前，乔治·卢米尔酒庄生产的葡萄酒，其酒标底部会用盲文打上葡萄酒的年份。

即使是一个丰收的年份，乔治·卢米尔酒庄的木西尼酒年产量也不会超过 400 瓶，在市场上极难找到，而且非常昂贵。如果你有幸见到这款酒，它的价格绝不会低于港币 30000 元，一定会贵过同年份的拉·塔希酒。这款酒被英国伦敦葡萄酒搜寻网站 Wine Searcher 列为 2016 年全球最昂贵的 50 款葡萄酒之一。

2015 年 4 月 5 日，笔者品尝了 1991 年乔治·卢米尔酒庄的木西尼酒，它呈深红宝石色泽，酒精含量在 13.5% 左右。经过“醒酒”后，交织在一起的黑醋栗、樱桃、蓝莓、李子、柑橘皮、香草、紫罗兰、八角、茴香、胡椒粉、中草药、石墨的混合香气洋洋洒洒地释放出来，好不热闹。单宁集中饱满，圆浑悠长，酒质魁梧健硕，根深叶茂，充满强劲的力量，超过 60 年老藤的果实还能如此刚劲浑厚，让人十分钦佩。层次错综复杂，酸度和谐均衡，纯粹精湛，强劲浓烈的口感中带着犹如天鹅绒般的细腻幼滑感，刚柔并济，十分平衡，缠结延绵的尾韵足有 60 秒钟。

045

邦尼－玛尔，乔治·卢米尔

BONNES-MARES, GEORGES ROUMIER

*

等级 勃艮第地区特级

产地 法国，勃艮第地区，夜坡

创立时间 1924 年

主要葡萄品种 黑皮诺

年产量 5500 瓶

上佳年份 2013、2012、2011、2010、2009、2008、2007、2005、2002、1999、1996、1995、1978、1971、1964、1962、1961、1959

乔治·卢米尔家酒庄的邦尼－玛尔园（Bonnes-Mares）面积为1.46公顷，由两块不同的地块组成，一块地是富含铁质的棕红土壤，另一块地则是较为贫瘠、属多石灰质的灰色土壤。在这两块小型的葡萄园里，种植的是黑皮诺葡萄，树龄超65年，产量非常低。在葡萄园管理方面，不施化肥和化学除草剂，在春末夏初同样会除去葡萄藤上多余的绿叶，让葡萄充分吸取阳光，充分反映风土条件下的每一个特征，使葡萄酒达到“天然状态”。

在酿酒时，乔治·卢米尔家族通常会将生长在这两个不同土壤上的葡萄分开酿造，然后进行勾兑。发酵前让葡萄在室温下产生天然酵母，在敞口并带有浮盖的大桶里发酵18~23天，发酵温度在28~30℃之间，发酵完成后在15%~40%新的橡木桶里醇化15~18个月，装瓶前要进行过滤。这款酒每年的产量5500瓶，价格昂贵，是邦尼－玛尔产酒区的佼佼者。克里斯托菲·卢米尔先生认为，尽管木西尼是最伟大的葡萄园之一，但他的邦尼－玛尔酒品质更佳。

2008年11月15日，在香港港岛香格里拉酒店，美国一家拍卖行拍卖了一箱12标准瓶（750毫升）装2005年乔治·卢米尔酒庄的邦尼－玛尔酒，拍卖价（连佣金在内）达到13.44万港元，每瓶售价达到11200元。

由乔治·卢米尔酒庄酿造的邦尼－玛尔酒，呈红宝石色泽，开瓶后，黑莓、玫瑰花、洋桃的果香和焦土、铁锈、矿物质的味道会立即穿透你的鼻腔，酒精含量13.5%。此酒像是施展了魔法，强劲又充满活力，力量、骨架和集中度完美，但又不失柔顺爽滑、轻盈之感，你很难找出一瓶同等价格的佳酿与其一决高下。

046

香波－木西尼·爱侣园，乔治·卢米尔

CHAMBOLLE MUSIGNY LES AMOUREUSES, GEORGES ROUMIER

等级 勃艮第地区一级

产地 法国，勃艮第地区，夜坡

创立时间 1924 年

主要葡萄品种 黑皮诺

年产量 2000 瓶

上佳年份 2013、2012、2011、2010、2009、2008、2006、2005、2002、1999、1996、1978、1971、1964、1962、1959

香波－木西尼·爱侣（Chambolle-Musigny Les Amoureuses）一级园（Premier CRU）位于香波－木西尼镇，坐落于木西尼（Musigny）特级园西北部的斜坡下方，紧挨着梧久（Vougeot）特级园，占地面积为5.40公顷。法语中“Amoureuses”是“爱侣”的意思。著名的乔治·卢米尔酒庄、乔治·沃格伯爵酒庄（Domaine Comte Georges de Vogüé）、木尼艾酒庄（Domaine Jacques-Frédéric Mugnier）在香波－木西尼·爱侣一级园区都占有一席之地，而且这三家酒庄生产的香波－木西尼·爱侣酒的品质都非常高，价格也不便宜。

乔治·卢米尔酒庄的香波－木西尼·爱侣园面积只有0.5公顷，年产葡萄酒不足2000瓶。这款葡萄酒具有芳香、柔顺、浓郁的特点，并带有雍容华贵的女性风格，与木西尼酒的品质不相上下，完全可以媲美于亨利·贾伊尔酒庄的克洛斯－帕兰图酒，是一款非常了不起的勃艮第一级葡萄酒，而且价格特别贵，被英国伦敦葡萄酒搜寻网站Wine Searcher列为2016年全球最昂贵的50款葡萄酒之一。

这款酒通常会散发出紫罗兰、玫瑰花、黑醋栗、樱桃、李子、矿物质以及黑胡椒粉的浓郁香味，浑然一体。单宁柔软优雅，细腻纯净，酒质丰满健硕，活力充沛。层次丰富复杂，酸度有着精湛的平衡性，口感馥郁纯粹，犹如天鹅绒般细腻幼滑，尾韵缠结延绵。

047

木西尼，乔治·沃格伯爵

MUSIGNY, COMTE GEORGES DE VOGÜÉ

*

等级 勃艮第地区特级

产地 法国，勃艮第地区，夜坡

创立时间 1450 年

主要葡萄品种 黑皮诺

年产量 约 25000 瓶

上佳年份 2013、2012、2011、2010、2009、2008、2005、2003、2002、1999、1995、1990、1985、1978、1976、1971、1964、1962、1959、1949、1947、1945

在勃艮第，不少酒庄拥有逾百年历史，但像乔治·沃格伯爵酒庄（Domaine Comte Georges de Vogüé）这样，560多年来一直由一个家族传承守望着家族的葡萄园，当属凤毛麟角了。让·莫伊松（Jean Moissoon）家族从1450年起，就居住在香波－木西尼镇。1538年，让·莫伊松家族在这里种植下了第一株葡萄树，后来成长为一片葡萄园。直到200多年后的1766年，这片葡萄园才有了沃格（Vogüé）名字的记载。沃格家族的葡萄酒生产一直在一座建于15世纪的古堡中进行，这座古堡是由现任园主的祖先建造的。1925年，沃格家族成员乔治伯爵（Comte Georges）接管了庄园，他将酒庄命名为乔治·沃格伯爵酒庄（Domaine Comte Georges de Vogüé），直至1987年去世。酒庄现在的主人是沃格家族第20代继承人、乔治伯爵的孙女克莱里·考斯安斯（Claire de Causans）和玛丽·拉图切尼（Marie de Ladoucent），酒庄总管是让－鲁克·裴苹（Jean-Luc Pepin），酿酒师是弗朗索瓦·米勒（François Millet）。

在20世纪40年代出产了非同寻常品质的葡萄酒后，沃格家族生产的葡萄酒品质就缺乏深蕴力和复合力，酒庄逐步走向衰落。新园主克莱里·考斯安斯和玛丽·拉图切特在接管酒庄后，组织了一个出色的团队，聘请让－鲁克·裴苹为酒庄总管，同时请来了才华横溢的酿酒师弗朗索瓦·米勒和埃里克·勃艮尼（Eric Bourgogne），在他们的努力下，酒庄如凤凰涅槃般很快就彻底改变了面貌，再次大放异彩，光芒四射。现在，这个酒庄拥有大名鼎鼎的木西尼园（Musigny）和邦尼－玛尔园（Bonnes Mares），以及一级园香波－木西尼·爱侣（Chambolle Musigny Les Amoureuses）等。

1766年，沃格家族因婚姻关系而获得了面积为7.12公顷的木西尼特级园。木西尼园总面积仅有9.5公顷，分为木西尼园（Les Grand Musigny，面积5.5公顷）和小木西尼园（Les Petitis Musigny，面积4公顷），而沃格家族就占了整个木西尼园面积的71%，其中小木西尼特级园更是被沃格家族所独有，年产木西尼酒达25000瓶，在木西尼园区中占有举足轻重的地位。木西尼园是勃艮第少数几个有幸在法国大革命中逃过一劫的葡萄园。

沃格家族木西尼园中的大部分黑皮诺葡萄树种于1936年，平均树龄为60年，其中有的老藤树龄超过了100年，每公顷种植10000株。酿酒师弗朗索瓦·米勒坚持低产量策略，他认为葡萄的自然生长量是很大的，因此每年要摘除一些品质不佳的青葡萄，使得每公顷仅产酒2080公升。葡萄的采摘每年一般从9月20日开始，并且用人工采摘。

这款木西尼酒由纯黑皮诺葡萄酿造。酿造过程非常讲究，采用手工酿造方法，在酒缸中沉淀和发酵，在发酵期前还要浸渍一段时间，以增加酒的香气，发酵结束后，要在40%~45%新的小型橡木桶中进行为期18个月的醇化，用蛋清澄清，以保持酒的稠密浓厚。这款木西尼酒由本园50年以上老株所结葡萄酿成，酒标上也会印上醒目的"老株精酿"字样。另外，乔治·沃格伯爵酒庄还生产极为罕见的木西尼特级干白酒（Musigny Blanc Grands Crus），每年的产量少于100箱（1200瓶）。1986年，酒庄在木西尼园重新种植了用于酿造干白酒的霞多丽葡萄，但是因为葡萄藤较为年轻，酒庄决定从1996年起停止生产木西尼特级干白酒。尽管AOC规定3年以上的葡萄藤龄即可有权利作为特级产区，但酒庄以高要求和力求完美不遗余力的精神，主动将霞多丽葡萄园降级为一级，推出勃艮第白（Bourgogne Blanc）一级干白酒以替代木西尼特级干白酒。

乔治·沃格伯爵家族生产的木西尼酒产量最大，品质出众，是一款性价比极高的木西尼酒。正是如此，它的价格几十年来一直波动不大，而且比较容易找到。

木西尼酒是乔治·沃格伯爵酒庄首屈一指的佳酿，它源于令人难以置信的自然环境，在最大程度上地体现了产区土壤的特征。它充满了柔和且澄亮的红宝石色泽，还带有一点焦土味和新鲜的草莓香味，酒体柔软，入口爽滑，具有清新、纯粹、绵长的尾韵。

*

048 木西尼，法维莱

MUSIGNY, FAIVELEY

等级 勃艮第地区特级

产地 法国，勃艮第地区，夜坡

创立时间 1450 年

主要葡萄品种 黑皮诺

年产量 100 多瓶

上佳年份 2013、2012、2011、2010、2009、2008、2005、2003、2002、1999、1995、1994、1985、1978、1971、1966

法维莱酒庄（Domaine Faiveley）是勃艮第著名的大酒商之一，拥有葡萄园面积超过130公顷，几乎遍及整个勃艮第产区。这个酒庄生产的木西尼酒（Musigny）被英国伦敦葡萄酒搜寻网站 Wine Searcher 列为 2015 年全球最昂贵的 50 款葡萄酒之一。

目前，该酒庄由家族的第六代掌门人弗朗索瓦・法维莱（François Faiveley）管理。温文尔雅的弗朗索瓦与其父亲古伊・法维莱（Guy Faiveley）的重口感不同，他所酿造的葡萄酒追求细腻柔顺、和谐平衡的古典风格。弗朗索瓦・法维莱相信土地越贫瘠，产量会越少，葡萄树的根也就会扎得越深，葡萄就会表现得越出色。他对葡萄的成熟度也有自己不同的看法，认为糖分度高并不代表着葡萄成熟，而太成熟的葡萄也不能算是优点，因此要特别强调平衡的重要，葡萄不仅要熟，还要有一定的酸度。

与众多法国酒庄不同，弗朗索瓦・法维莱家族几乎拒绝世界著名的酒评家罗伯特・帕克到他们的酒庄做客和评酒。2015 年 7 月，法国《挑战者》杂志公布了 2015 年“法国 500 强富豪名单”排行榜，庄主弗朗索瓦・法维莱家族以 6.2 亿欧元列第 106 位。

在葡萄的种植上，法维莱酒庄花费巨资为葡萄田作土质分析，平衡土壤的成分。不用化学剂除草，采用有机肥料栽种。为了控制葡萄的质量，采用许多不同的方法来降低产量，包括除树芽、保留老树、选择量产低的树种等。在葡萄收获季节，每年要雇用 400 多人用机械采收，然后以严格的手工挑选质量较好的葡萄酿酒。每年，法维莱酒庄还会向别人购买约占总产量 15% 的葡萄酿酒。

法维莱酒庄的木西尼园面积只有小小的0.03公顷，树龄超过几十年，年产葡萄酒只有100多瓶，被弗朗索瓦・法维莱视为掌上明珠。在葡萄酒酿造方面，事先要先经2~4天的冷浸泡，如此有助于提高酒香的复杂度及加深酒色；采用100%全新法国橡木桶酿造；为延长发酵时间，则把温度控制在25~26°C的低温发酵30天，目的是要更多地萃取出葡萄的单宁和色素，然后在橡木桶内醇化14~18个月，以人工不过滤装瓶。这款酒被英国伦敦葡萄酒搜寻网站Wine Seacher 列为2016年全球最贵的50款葡萄酒之一。

笔者品尝过 2002 年法维莱酒庄的木西尼酒，这款酒当年的产量只有 137 瓶。它呈现出深沉的紫色，带着黑醋栗、樱桃、李子的果味和花香，引人入胜。单宁紧密健壮，结构缜密，深邃与广度、力度与温柔交织在一起，层次感非常复杂。约过了 50 分钟，酒开始变得细腻柔顺，而且香味更为突出。这是一款可遇不可求的佳酿，如有机会遇见它，千万别错过！

049

木西尼，木尼艾

MUSIGNY，JACQUES-FRÉDÉRIC MUGNIER

*

等级 勃艮第地区特级

产地 法国，勃艮第地区，夜坡

创立时间 1870 年

主要葡萄品种 黑皮诺

年产量 约 4500 瓶

上佳年份 2013、2012、2010、2009、2008、2005、2003、2002、1999、1995、1990、1985、1978、1976、1971、1964、1962、1959、1949、1947、1945

木尼艾家族（Mugnier）早在1870年就建立了木尼艾酒庄（Domaine Jacques-Frédéric Mugnier），当时在香波·木西尼镇和梧久镇拥有9公顷的葡萄园。之前，这个家族是第戎市的葡萄酒经销商。第二次世界大战结束后的1945年，家族因分家而财产被割裂，其中最好部分的4公顷葡萄园被雅克·弗雷德里克–木尼艾（Jacques-Frédéric Mugnier）的祖辈分得。1984年，身为巴黎银行家的父亲去世后，年轻的弗雷德里克·木尼艾（Frédéric Mugnier）接管了家业。此时的弗雷德里克·木尼艾是一位采油工程师，他放弃了原来的工作，遵父嘱从事葡萄酒事业。他本是一个门外汉，为了酿造更好的葡萄酒，他花了半年的时间专门学习葡萄酒课程，使自己的葡萄园管理水平和酿酒技术有了很大的长进，现在已成为勃艮第大名鼎鼎的葡萄酒师。

弗雷德里克·木尼艾家族居住在香波–木西尼镇中心的一座古老而又现代的大院里，但门口的铜质招牌却显得有点破旧。这个酒庄在勃艮第很有名，他们酿造的葡萄酒常常表现出极为柔和轻盈的勃艮第风格。他们拥有木西尼园（Musigny）、邦尼–玛尔园（Bonnes-Mares）等特级园，以及香波–木西尼·爱侣一级园（Chambolle Musigny Les Amoureuses）、元帅夫人一级园（Clos de la Marechale）、香波–木西尼·弗逸一级园（Chambolle-Musigny Les Fuees）等，葡萄园面积已由当初的4公顷发展到现在的13.5公顷。

木尼艾酒庄的木西尼园面积仅次于乔治·沃格伯爵酒庄的7.12公顷，达到了1.13公顷，这块田最年轻的葡萄藤平均也超过了50年。一般情况下，庄主会于9月中旬开始采摘葡萄，这些葡萄的糖分在12.5%~13.8%之间，非常适宜酿造高品质的葡萄酒。弗雷德里克·木尼艾的酿酒哲学是：自然地表达出大自然的成果。在葡萄种植和酿酒上，该酒庄一直崇尚保持原生态，尽量减少人工和科学技术的干扰。木尼艾酒庄也效仿罗曼尼–康帝酒庄，橡木桶木材买回后自然风干三年才制桶储酒。弗雷德里克·木尼艾不迷信全新橡木桶的功能，怕酒会沾上太重橡木味而失去清香，所以每年只有25%使用新橡木桶，顶级酒也只有30%使用新橡木桶。

笔者品尝过1985年木尼艾酒庄的木西尼酒，这款酒呈现出靓丽的红宝石色泽，琳琅满目的黑醋栗、樱桃、李子、杏仁、柑橘皮、黑莓、紫罗兰、玫瑰花、丁香花、八角、肉桂的混合香味好像万花筒般千变万化，细致入微。单宁精致浓郁，纯净优雅，有着令人难以置信的馥郁幼滑，酒质圆浑健硕，非常浓烈强大，活力充沛，犹如戴着天鹅绒手套的铁拳，刚柔并济。层次感丰富复杂，酸度均衡，奢侈华丽，缠绵醇厚的余韵足有60秒钟。谁与争锋？

050

香贝丹，阿芒·卢梭

CHAMBERTIN, ARMAND ROUSSEAU

等级 勃艮第地区特级

产地 法国，勃艮第地区，夜坡

创立时间 1919 年

主要葡萄品种 黑皮诺

年产量 9000 瓶

上佳年份 2013、2012、2011、2010、2009、2008、2005、2003、2002、1999、1993、1991、1990、1985、1978 、1971、1966、1964、1962、1959

1919年，葡萄酒采购商人阿芒·卢梭（Armand Rousseau）用自己的名字建立了阿芒·卢梭父子酒庄（Domaine Armand Rousseau Père & Fils），并陆续买进了一些优秀的葡萄园，其中包括：2.15公顷的香贝丹园（Chambertin）、1.41公顷的香贝丹·贝兹园（Chambertin-Clos De Bèze）、独家拥有的1.06公顷的卢索－香贝丹园（Ruchottes-Chambertin）、1.48公顷的石围园（Clos de La Roche）等。1954年他又买进了面积为2.2公顷的格夫热－香贝丹·雅克园（Gevrey-Chambertin“Clos St. Jacques”）。目前，这个酒庄拥有特级园6个，一级园4个，总面积达14公顷，包括其中以“一门三杰”的香贝丹园、香贝丹·贝兹园和格夫热－香贝丹·雅克园最为著名。

1959年，老庄主阿芒·卢梭不幸因车祸去世，其子查尔斯·卢梭（Charles Rousseau）继承了父业。1982年，查尔斯·卢梭的儿子埃里克·卢梭（Eric Rousseau）接任了酒庄的总管。埃里克·卢梭是一位谦逊且保守的酿酒家，他以精心呵护并大量投入情感于葡萄园而著称。他不太接受别人的建议，也不太相信现代技术，他酿酒的秘诀是：好土壤＋老株＋精细管理＋低收成。2013年5月30日，笔者在香港的一个宴会上与埃里克·卢梭先生进行了一次交谈。他对酒庄充满了责任感，由于他膝下无子，只有两位千金，其中小女儿在澳洲学习葡萄酒酿造并且正在一个酒庄实习。看来，埃里克·卢梭先生已为自己选好了接班人。

埃里克·卢梭在他的葡萄园从不使用化肥和农药，而是利用马、羊粪肥以及腐殖土做肥料。他奉行葡萄低产量策略，葡萄在十分成熟后才分阶段采摘，在采收时十分严格，对达不到酿酒要求的葡萄，有的年份的淘汰率高达80%~90%，葡萄在再次分选后去梗。查尔斯·卢梭坚持用传统的酿造方法，用老橡木桶里在31℃的高温下进行为期15天发酵，发酵完成后，在全新的橡木桶里醇化18~20个月以上才装瓶。

面积为2.15公顷的香贝丹特级园由老庄主阿芒·卢梭于1921年买进，园中的黑皮诺葡萄树现正值最佳黄金年龄，年产葡萄酒约9000瓶。阿芒·卢梭父子酒庄的香贝丹酒非常昂贵，也很难找到。由阿芒·卢梭父子酒庄生产的香贝丹酒被英国伦敦葡萄酒搜寻网站Wine Searcher列为2016年全球最昂贵的50款葡萄酒之一。

埃里克·卢梭先生对其生产的2010年香贝丹酒赞赏有加。这款酒单宁饱满密实、口感浓郁浑厚、香气郁郁葱葱是这款酒最大的特点。几乎不透明的深红宝石色泽，黑莓、樱桃、黑醋栗、烤肉、咖啡、松露、中草药、矿物质浓浓的香味让人心旷神怡。酒身健硕浑厚，“肌肉”丰富发达，“线条”复杂优美，酸度有着完美的平衡性。口感浓稠馥郁，纯粹幼滑，尾韵萦绕缠绵，纯洁高雅而又风流倜傥。

051

香贝丹·贝兹园，阿芒·卢梭

CHAMBERTIN CLOS DE BÈZE, ARMAND ROUSSEAU

*

等级 勃艮第地区特级

产地 法国，勃艮第地区，夜坡

创立时间 1919 年

主要葡萄品种 黑皮诺

年产量 6000 瓶

上佳年份 2013、2012、2011、2010、2009、2008、2005、2003、2002、1999、1993、1991、1990、1985、1978、1971

相传在公元630年，勃艮第的杜克·阿马杰伯爵（Duc Amalgaire）将位于格夫热－香贝丹镇一块被石墙围住（Clos）、但位置绝佳的葡萄园捐给了第戎市的贝兹（Bèze）修道院，这就是后来的贝兹葡萄园（Clos De Bèze）。1219年，当地的兰格（Langres）教堂接手了贝兹园，并将其命名为“香贝丹·贝兹”园（Chambertin Clos De Bèze）。法国大革命时期，香贝丹·贝兹园区被充公拍卖。法国大革命结束后，香贝丹·贝兹园区被分割成40个小酒园，分由18个东主所有。香贝丹·贝兹园区坐落在一个300米高的缓坡上，土壤中含有高铁质的棕土并掺杂着石灰石碎块与鹅卵石。

1921年，老庄主阿芒·卢梭购买了一块面积为1.41公顷的香贝丹·贝兹特级园（Chambertin Clos de Bèze），园中的黑皮诺葡萄树正值最佳黄金年龄。此园的香贝丹·贝兹酒酿造方法与本酒庄的香贝丹酒相似，葡萄园也不使用化肥和农药，用马、羊粪肥以及腐殖土作肥料，实行葡萄低产量策略，每公顷产酒约2200公升，年产酒6000瓶左右。葡萄在成熟后分阶段采摘，对达不到酿酒要求的葡萄，有的年份的淘汰率高达80%，葡萄在再次分选后去梗。葡萄在压榨后，用老橡木桶在31℃的高温下进行为期15天发酵，发酵完成后，在全新的橡木桶里醇化18~20个月以上才装瓶。这款酒被英国伦敦葡萄酒搜寻网站Wine Searcher列为2016年全球最昂贵的50款葡萄酒之一。

阿芒·卢梭父子酒庄的香贝丹·贝兹酒并不逊色于该酒庄生产的香贝丹酒，产量也少于本酒庄的香贝丹酒，有些年份（如1996年）的香贝丹·贝兹酒甚至贵过香贝丹酒。这款酒呈深深的暗红宝石色泽，轻盈复杂的黑莓、樱桃、蜜饯、桂圆、甘草、薄荷、玫瑰花和新橡木、烤烟气息渗透四溢，犹如万花筒般绚丽多彩。单宁饱满悠长，新鲜纯净，酒质圆润宏大，劲道强烈。层次丰富，口感纯粹馥郁，温润柔顺，浑然天成。

052

香贝丹，伯纳德·杜加特-派

CHAMBERTIN, BERNARD DUGAT-PY

*

等级 勃艮第地区特级

产地 法国，勃艮第地区，夜坡

创立时间 17 世纪

主要葡萄品种 黑皮诺

年产量 约 270 瓶

上佳年份 2013、2012、2011、2010、2009、2008、2005、2003、2002、2001、1999、1996

杜加特（Dugat）家族的酿酒历史相当悠久，影响力也非常大。早在17世纪初，杜加特家族就在格夫热－香贝丹镇居住，开始种植葡萄并酿酒。现在，杜加特家族在勃艮第拥有两个著名的酒庄——伯纳德·杜加特－派酒庄（Domaine Bernard Dugat-Py）和克劳德·杜加特酒庄（Domaine Claude Dugat）。

先说说这个家族的克劳德·杜加特酒庄，现庄主是克劳德·杜加特（Claude Dugat）先生，他出生于1956年，从小就从事葡萄酒事业，是家族第五代传人，也是勃艮第杰出的酿酒师之一。2014年10月21日，笔者造访了克劳德·杜加特酒庄，受到克劳德·杜加特先生的热情接待。这个酒庄有一个建于13世纪的古老酒窖，当时是当地农民用于来交税的地方。这个酒庄拥有6.5公顷葡萄园，生产7款不同的红酒。其中最令人期待的是夏尔姆－香贝丹（Charmes－Chambertin）和格里特－香贝丹（Griotte－Chambertin）两款酒。夏尔姆－香贝丹园面积只有0.32公顷，平均树龄50年，酿造时用100%新橡木桶，每5个月换一次桶，年产量约1500瓶，被誉为“夏尔姆－香贝丹之王”，价格昂贵，可遇不可求！

伯纳德·杜加特－派酒庄现任庄主伯纳德·杜加特（Bernard Dugat），是家族的第12代传人。这个酒庄也有一个非常古老的拱形酒窖，它建于1075年，很早以前是一座麻风病收容所。

伯纳德·杜加特从小跟随父亲皮埃尔·杜加特（Pierre Dugat）耕种葡萄田。1973年，伯纳德·杜加特和他的父亲皮埃尔在香贝丹园区买下了一块面积仅为0.06公顷袖珍式的特级园。1975年，伯纳德·杜加特开始酿造自己的第一个年份葡萄酒。1989年，他用伯纳德·杜加特酒庄（Domaine Bernard Dugat）的名义第一次用玻璃瓶灌装自家酿造的葡萄酒出售，酒标简洁而又醒目。而在此之前，他们是向当地有名的酒商出售散装酒。1992年，老庄主皮埃尔·杜加特退休，伯纳德·杜加特全面接管家族葡萄酒事业。

为了区别于家族中的克劳德·杜加特酒庄，1994年，伯纳德·杜加特遂将酒庄更名，他用自己的名与其妻子乔斯林－派（Jocelyne-Py）的名组成酒庄的新名字——伯纳德·杜加特－派酒庄（Domaine Bernard Dugat-Py）。他们的儿子罗奇（Loîc）出生于1981年，从1996年开始，他一边在大学攻读酿酒专业，一边参与家族的葡萄酒事业。

1992年以来，酒庄不断改造和扩建：1998年，他们买下了一级酒庄——小教堂酒庄（Petite Chapelle）中的一块小地；2003年，又购置了长满古老葡萄树的庞玛酒庄（Château de Pommard）和默尔索酒庄（Château de Meursault）的小块土地。目前，该酒庄葡萄园占地 10 公顷，种植着 97% 的黑皮诺葡萄和 3% 的霞多丽葡萄，葡萄树的平均树龄为 50 年。种植的密度为 11000 株 / 公顷，平均产量为 3000 公升 / 公顷，年量葡萄酒 35000 瓶。园内的大部分工作都是手工完成。自 2003 年起，园内开始全部使用有机种植的方式栽种葡萄。

伯纳德·杜加特家族的香贝丹园的黑皮诺葡萄始种于 1930 年，树龄已近 90 年，种植密度为 10000 株 / 公顷，每年产酒仅有 200 公升，年产量也只有少得可怜的 270 瓶（2012 年仅有 100 多瓶）！这么少的产量，相信只有最幸运的葡萄酒爱好者才有机会得到它。这个小酒园无法使用机械耕种，只能用人工耕种、培土、整枝等。园中的葡萄树不用化肥和除草剂，有时只采用少量的混合肥料以改进土壤结构和微生物环境，不加人工干涉。因此，伯纳德·杜加特家族以其保守的葡萄栽培方法和极少的人工干预葡萄园而闻名于勃艮第。

香贝丹酒是杜加特家族的经典之作。该园自 1999 年起开始采用有机耕作，用马犁田，葡萄以人工采摘，并严格地进行剔选和去梗。这种香贝丹酒由纯黑皮诺葡萄酿造，压榨前要对葡萄进行降温，有时候罗奇用自己的双脚将葡萄破碎，发酵是在水泥和木质的容器中进行，通常要持续 3 周时间，在发酵过程中不添加酶，只添加野生酵母，发酵完成后，用 100% 的新橡木桶醇化 14~20 个月，装瓶前不过滤。这款酒单宁丰富，浓烈厚重，一般要存放 5~10 年，极佳的年份要放上 10 年以上饮用，才会有最佳的效果。由杜加特家族生产的香贝丹酒被英国伦敦葡萄酒搜寻网站 Wine Searcher 列为 2016 年全球最昂贵的 50 款葡萄酒之一。

伯纳德·杜加特 – 派酒庄酿造的香贝丹酒，色泽深沉，单宁饱满充足，浑厚强大，散发出黑樱桃、蓝莓、咖啡的芳香，伴有甘草、薄荷的香气，酒体结构饱满，黏稠厚实，表现相当出色。

053

石围园，彭索

CLOS DE LA ROCHE, PONSOT

*

等级 勃艮第地区特级

产地 法国，勃艮第地区，夜坡

创立时间 1772 年

主要葡萄品种 黑皮诺

年产量 约 10000 瓶

上佳年份 2013、2012、2011、2010、2009、2008、2005、2003、2002、1999、1996、1993、1990、1985、1978、1971、1964、1962、1959

彭索酒庄（Domaine Ponsot）由威廉·彭索（William Ponsot）创建于1872年。威廉曾参加了普法战争（Guerre franco-allemande de 1870，普鲁士与法国之间的战争），战后，威廉的父亲为他在莫里－圣－丹尼斯镇购买了一座房子和葡萄园。那时，酒庄生产的大部分葡萄酒是用来供私人饮用或供给威廉家族的餐馆出售（威廉家族在意大利北部拥有火车站饮食柜台的经营权）。1926年威廉离世后，由于膝下无子，该酒庄由他的侄子伊波利特·彭索（Hippolyte Ponsot）接管。当时，酒庄的葡萄园包括：石围园（Clos de la Roche）、格夫热·香贝丹产区的列香园（Les Charmes）、路易斯安特园（Clos des Monts Luisants）等。

彭索酒庄的创新精神在勃艮第是公认的。早在1911年，酒庄便在路易斯安特园开始种植阿里高特葡萄，这在当时是异乎寻常的，因为在葡萄根瘤蚜病害发生之后，勃艮第酒庄大部分都种植经济实惠的霞多丽葡萄；1934年，酒庄开始实行瓶装酒，这在当时是十分罕见的，即使在第二次世界大战之前也只有10多家酒庄采用瓶装酒；1935年，时任庄主伊波利特·彭索又热衷于勃艮第AOC体系的界定等。

1957年，伊波利特·彭索退休，酒庄由他的儿子让－马里·彭索（Jean-Marie Ponsot）掌管。让－马里·彭索曾经担任过莫里－圣－丹尼斯市长。从1942年起，他开始在酒庄学习种植葡萄和酿酒。1961年，让－马里·彭索开始在一些葡萄园实行对分佃耕制法（将一半的葡萄园长租给别人），如位于香波－木西尼镇和格夫热－香贝丹镇的家族葡萄园。1972年，让·马里·彭索的妻子杰奎琳·彭索（Jacquelyn Ponsot）接管了丈夫的葡萄酒事业，并于1975年成立了彭索酒庄公司来管理酒庄。1981年，让－马里·彭索的儿子——劳伦·彭索（Laurent Ponsot）开始在酒庄工作，并于1983年至今一直掌管酒庄事宜。

在20世纪90年代，彭索酒庄曾因假酒风波而受到牵连。当时，美国加州的一位印尼籍酒商因为卖假酒而遭到起诉。在这批假酒中，有84瓶是彭索酒庄的。在这批酒里面有一瓶是1929年的酒，而彭索酒庄是在1934年才开始有瓶装酒；其次还有一批是1945年到1977年的圣－丹尼斯酒（Clos St. Denis），而彭索酒庄第一瓶圣－丹尼斯酒是于1982年才出产的。劳伦·彭索知悉此事后，马上飞往美国撤回所有假酒，并协助美国联邦调查局调查此事。此后，为了确保酒庄葡萄酒的品质，从2000年起，彭索酒庄在每一瓶酒的酒标左边印有一个小白圆点，代表此酒是经过严格检验后出厂的，买家可以检查这个小白圆点和酒标上的编号。

石围园区（Clos de La Roche）位于夜坡中心的圣-丹尼斯园区（Saint-Denis）北部，坐落在当地最高的路易斯安特（Mont-Luisant，350 米）的山脚下，土壤中多碎石，夹带着少量的棕色土。石围园区面积 16.9 公顷，现已分成了 40 个小酒园，由不同的业主所有。彭索酒庄拥有的石围园特级园，是石围园区五个特级园中面积最大的，占地 3.4 公顷，大部分黑皮诺葡萄树种于 1949 年，树龄平均 60 多年。劳伦·彭索在葡萄种植和酿酒工艺上也有一些独特之处，他虽不完全认同自然动力法，但他会参考月亮运动周期来进行葡萄园管理。葡萄的采收时间比其他酒庄要晚，葡萄采收后不需要挑选葡萄果粒，因为果粒在采收前就已经在葡萄园挑选好了。劳伦·彭索的葡萄树嫁接栽培技术受到行家们的赞许，经嫁接的葡萄树具有抗病虫害的能力。他坚持葡萄低产原则，这些60年以上“老株”的葡萄产量稀少，每公顷产量约 2500 公升，最少年份的产量只有 1800 公升，年产葡萄酒约 10000 瓶。由这些“老株”出产的葡萄酿造成的石围园酒，酒标上会特别标明“老株精酿”的字样。这款酒由纯黑皮诺葡萄酿造，葡萄在采摘后必须经过精选，在较差的年份 100% 去梗，葡萄在压榨后通常要在开放式的橡木桶里浸渍两周时间，发酵时要将二氧化硫（SO_2）的含量降到最低。劳伦·彭索不太时兴新橡木桶，认为新橡木桶会使葡萄酒中含有橡木味道，会使酒“走味”，他坚持用老橡木桶发酵，发酵后在老橡木桶里醇化两年，装瓶前再将各个橡木桶中的葡萄酒进行“混合”，以求达到一致的品质，减少每桶间的品质差异，装瓶前不过滤、不澄清。

彭索酒庄的石围园酒最大特点是浓郁而又纯净。深红宝石色泽，散发出密集的黑醋栗、樱桃、李子、黑莓、香草、丁香花、八角、肉桂的阵阵香味。单宁细腻丰腴，圆润馥郁，酒质魁梧健壮，活力澎湃，极具强劲刚烈的男性化风格。层次感强，有着无可挑剔的平衡性，丰富醇厚的余韵持久绵长，往往被酒评家认为是勃艮第酒的巅峰之作。

054

香贝丹，杜嘉

CHAMBERTIN, DUJAC

*

等级 勃艮第地区特级

产地 法国，勃艮第地区，夜坡

创立时间 1968 年

主要葡萄品种 黑皮诺

年产量 不足 300 瓶

上佳年份 2013、2012、2011、2010、2009、2008、2006、2005

杰克·塞斯（Jacques Seysses）是法国有名的美食家的独生子，从小就开始饮酒。他的父亲于1967年在莫里－圣－丹尼斯镇给他买下了一个名叫葛莱特（Domaine Graillet）的小酒庄，这个酒庄当时的全部家当是：一栋旧房子，几台酿酒设备，一块面积为1.47公顷的葡萄园。为了好记，他的父亲将这个酒庄起名为杜嘉酒庄（Domaine Dujac）。而在1967年之前，塞斯家族无人从事过葡萄酒生意。接过葛莱特酒庄后，杰克·塞斯只是半职从事葡萄酒事业。1968年是杰克·塞斯酿酒的第一个年份，恰巧碰上勃艮第的不理想年份，杰克·塞斯就将自己酿造的葡萄酒整桶全数出售。1969年是勃艮第的丰年，杰克·塞斯就将自己酿造的葡萄酒用瓶装出售。

1973年，26岁的杰克·塞斯在他美国籍妻子罗莎兰德（Rosalind）的支持下，辞去了在巴黎一家银行的工作，全职投入到葡萄酒事业当中。1986年，他聘请莫林（Christophe Morin）担任葡萄园管理人。10多年前，杰克·塞斯将酒庄的管理权交给了他的大儿子杰里米·塞斯（Jeremy Seysses），小儿子阿里克·塞斯（Alec Seysses）负责酒庄的行政事务。杰里米·塞斯的妻子戴安娜·塞斯（Diana Seysses）是一位专业酿酒师，她也帮助丈夫工作。从2008年开始，酒庄的葡萄园全部采用有机耕种。

杜嘉酒庄坐落在莫里－圣－丹尼斯镇的一条小路边，从外面看起来比较陈旧。与勃艮第多数酒庄不同，塞斯家族以酿造天然葡萄酒为最终目标，他坚持用传统的方法管理葡萄园，不施化肥和杀虫剂，对本园的黑皮诺葡萄树尽量减少人为干扰，任其自然生长，只是在修剪枝方面维持每株六串的果实，控制每公顷产酒在3500公升左右。酒庄也有少量用从外面采购来的葡萄酿酒，这种酒以杜嘉父子（Dujac Fils et Pére）酒标名义出售，其品质亦属上佳。

在杜嘉酒庄成立之初，只在莫里－圣丹尼镇拥有4.5公顷的葡萄园，其中包括邦尼·玛尔园（Bonnes Mares）、石围园（Clos de la Roche）、圣－丹尼斯园（Saint-Denis）等。2005年是杜嘉酒庄发展的转折点，杰克·塞斯家族与查尔斯·汤姆斯（Domaine Charles Thomas）酒庄合作，先后买下了与罗曼尼－圣－维凡园、艾瑟索园、沃恩－罗曼尼·马尔康松特园（Vosene-Romanée Les Malconsorts），以及袖珍的香贝丹园等。

杜嘉酒庄在大香贝丹地区总共拥有的葡萄田面积为0.3公顷，其中香贝丹园面积只有0.05公顷，其余0.25公顷均为香贝丹·贝兹园。香贝丹这个面积极小的葡萄园树龄平均为50年，年产香贝丹酒不足一个木桶（约300瓶）。

2005年杜嘉酒庄的香贝丹酒的第一个年份，其中有一部分葡萄取自香贝丹·贝兹园。葡萄于当年9月18日开始采摘，含糖量非常高，这有利于酿造浓郁的葡萄酒。此酒呈浓密不透光的紫红色，开瓶1小时后，玫瑰花瓣、红茶、黑树莓、黑胡椒、黑醋栗、焦肉、湿石头的混合香味郁郁葱葱，中间还有一丝鞣酸味，萦绕缠绵。单宁丰满雅致，纯净悠长，酒质魁梧健硕，浑厚圆润，充满着澎湃力量。层次丰富，带着甘油或丝绸般的质感，柔滑细腻，无可挑剔。

055

蒙哈榭，勒拉夫

MONTRACHET，LEFLAIVE

等级 勃艮第地区特级

产地 法国，勃艮第地区，伯恩坡

创立时间 1717 年

主要葡萄品种 霞多丽

年产量 不足 300 瓶

上佳年份 2012、2011、2010、2009、2007、2004、2003、2002、1999、1996、1992、1990、1983、1979

勒拉夫酒庄（Domaine Leflaive）是勃艮第最出色的白葡萄酒生产商之一，在普里尼－蒙哈榭产区（Paligny-Montrachet）拥有120公顷最好的葡萄园，其中包括：特级园5公顷，包括0.08公顷的蒙哈榭园（Montrachet）、1.86公顷的巴塔－蒙哈榭园（Bâtard-Montrachet）、1.91公顷的骑士－蒙哈榭园（Chevalier-Montrachet）、1.15公顷的贝恩文勒斯－巴塔－蒙哈榭园（Bienvenues-Bâtard-Montrachet）等；一级园（Premiers Crus）11.5公顷，包括普里尼－蒙哈榭园（Paligny-Montrachet）等；另外还有2.5公顷的勃艮第白酒园（Bourgogne Blanc）等。这些葡萄园年产各类上等白葡萄酒11000箱。

这个庄严而朴实的酒庄由克劳德·勒拉夫（Claude Leflaive）创建于1717年。1905年，家族成员约瑟夫·勒拉夫（Joseph Leflaive）继承祖业。约瑟夫·勒拉夫的来头不小，作为船舶设计工程师，他曾经参与设计制造了法国历史上第一艘潜水艇。当他继承酒庄的时候，酒庄只有2公顷的土地。为了扩大规模，他开始扩张葡萄园，参与酒庄所有的经营决策活动。1953年，约瑟夫·勒拉夫去世后，该酒庄传给了他的四个子女，经营管理工作主要由从事保险业的大儿子焦（Jo）和小儿子文森特·勒拉夫（Vincent Leflaive）负责。1990年，文森特·勒拉夫年事已高，该家族决定聘请文森特·勒拉夫的女儿——一名倔强的酿酒师安妮·克劳德·勒拉夫（Anne Claude Leflaive）和其堂兄奥利维耶·勒拉夫（Olivier Leflaive）共同管理该酒庄。1993年，安妮·克劳德·勒拉夫来正式执掌酒庄。自2008年以来，勒拉夫酒庄的酿酒师一直由埃里克·雷米（Eric Rémy）担任。

1994年，奥利维耶·勒拉夫离开了酒庄，经营起了自己的奥利维耶·勒拉夫酒庄（Olivier Leflaive）和一家旅馆，这个酒庄的外表看起来像是德国建筑，门口摆放着一个送茶女的雕塑。

安妮·克劳德·勒拉夫夫人在17岁时就到家族的葡萄园采摘葡萄，了解葡萄酒的酿造工艺。在接管酒庄后，她选择在土壤纯净、生态环境自然的地块种植葡萄，以基本不干涉的手法酿造葡萄酒。她是勃艮第用生物动力法种植葡萄的先驱之一，被誉为勃艮第“白葡萄酒皇后”。在她的主导下，勒拉夫酒庄建了一间非营利性质的葡萄酒学校，以培训葡萄种植技师和酿酒师，该所学校于2008年1月开课。2015年4月5日，安妮·克劳德·勒拉夫夫人与世长辞，年仅59岁，勃艮第从此失去了一位伟大的女酿酒师！

勒拉夫酒庄的蒙哈榭园距罗曼尼－康帝酒庄的蒙哈榭园不足500米，但面积比后者小得多，不及后者的1/10，只有少得可怜巴巴的0.08公顷。这块弥足珍贵的小葡萄园坐落在普里尼－蒙哈榭产区的蒙哈榭园区当中，位于巴塔－蒙哈榭园之上，地理位置得天独厚，土壤中富含许多有益的不同种类的矿物质元素，这对增加葡萄酒的风味起到了很大的作用。

在安尼·科劳德·勒拉夫夫人的推动下，蒙哈榭园一直向生物动态法方向发展。本园的霞多丽葡萄树不施化肥、杀虫剂和除草剂，而是通过耕作和使用混合肥料，使土壤有更好的透气性。本园葡萄在收获时，只有熟透的、完全没有问题的葡萄才会被采摘和压榨，葡萄的收获量极低，每公顷产量控制在 2500 公升左右，年产蒙哈榭干白酒只有一桶，不足 300 瓶。这种干白葡萄酒由纯霞多丽葡萄酿造，在酿造过程中，酿酒师对酿造车间的清洁要求几近洁癖，采用本地的自然酵母发酵，发酵在 16~18°C 的低温下进行。橡木桶板要从法国涅沃（Nievre）地区的森林中采购，木板至少要自然暴晒两年以上才可使用。葡萄酒在发酵后，要用全新的橡木桶醇化 18~24 个月。

勒拉夫酒庄的蒙哈榭干白葡萄酒一直保持着高品质，被誉为“蒙哈榭之王”，价格往往高出同年份的罗曼尼－康帝酒庄蒙哈榭许多。尽管价格高昂，但仍是“一瓶难求”。2015 年 3 月 21 日，美国一家拍卖行于香港在同一场合拍卖 3 瓶 2005 年罗曼尼－康帝酒庄蒙哈榭干白酒，成交价为 60000 港元，每瓶合 20000 港元；而 1 瓶同年份的勒拉夫酒庄蒙哈榭干白酒的成交价达到 40000 港元，价格高出前者足足一倍，堪称世上最贵的干白葡萄酒！著名的英国伦敦葡萄酒搜寻网站 Wine Searcher 将勒拉夫酒庄的蒙哈榭干白葡萄酒列为 2016 年全球最昂贵的 50 款葡萄酒榜单之中，列干白葡萄酒的第一名！

笔者品尝过 2003 年勒拉夫酒庄的蒙哈榭干白酒。葡萄于当年 8 月 28 日开始采摘，到 9 月 5 日结束，葡萄酒的产量比往年下降了将近 50%，但葡萄有着高糖分和低酸度的良好品质，葡萄酒的酒精含量高达 13.5%。此酒呈青中带黄的亮丽色泽，开瓶后缓缓溢出白玫瑰花、青柠檬、青苹果、樱桃、蜜桃的馥郁芬芳，以及榛子、烤坚果、茴香、八角、胡椒粉的浓郁香味，中间还夹带着一丝矿物质和汽油气息，丰富复杂，风味满贯。口感细腻醇厚，酒身的“肌肉”发达，和谐平衡，始终显现出澎湃的活力，有着精湛的酸度，充满了神奇和深邃风土元素，缠结的余韵萦回环绕。

056

骑士－蒙哈榭，勒拉夫

CHEVALIER-MONTRACHET, LEFLAIVE

*

等级 勃艮第地区特级

产地 法国，勃艮第地区，伯恩坡

创立时间 1717 年

主要葡萄品种 霞多丽

年产量 8400 ~ 9000 瓶

上佳年份 2012、2011、2010、2009、2007、2004、2003、2002、1999、1996、1992、1990、1983、1979

骑士－蒙哈榭（Chevalier-Montrachet）特级白酒葡萄园位于普里尼－蒙哈榭（Puligny-Montrachet）镇的山顶上，在蒙哈榭园的北面，面积为7.3公顷，于1937年经法国政府批准创建，其严格的法律控制包括批准的葡萄品种（霞多丽葡萄）、葡萄种植密度、法定产量、收获成熟水平和酿造技术等，现由17家业主分别拥有。勒拉夫酒庄拥有1.91公顷的骑士－蒙哈榭特级园，年产骑士－蒙哈榭干白葡萄酒约9000瓶。

在庄主安妮·克劳德·勒拉夫夫人的推动下，骑士－蒙哈榭园也一直向生物动态法方向发展。本园的霞多丽葡萄树不施化肥、杀虫剂和除草剂，而是通过耕作和使用混合肥料，使土壤有更好的透气性。本园葡萄在收获时，只有熟透的、没有问题的葡萄才会被采摘和压榨，葡萄的收获量也较低。这种干白葡萄酒由纯霞多丽葡萄酿造，在酿造过程中，酿酒师对酿造车间的清洁要求几近洁癖，采用本地的自然酵母发酵，发酵在16~18℃的低温下进行。橡木桶板要从法国涅沃（Nievre）地区的森林中采购，木板至少要自然暴晒两年以上才可使用。葡萄酒在发酵后，要用三成新的橡木桶醇化16~18个月。用这种酿造方法，把本来已经名声远播的勒拉夫酒庄干白葡萄酒的质量又推向了一个更高层次。多年来，骑士－蒙哈榭干白葡萄酒一直保持高品质，获得了酒评家和葡萄酒爱好者的广泛好评。

勒拉夫酒庄出产的骑士－蒙哈榭干白葡萄酒呈金黄色泽，有樱桃和黑醋栗香味，微含橡木味，口感非常柔顺，酒体结构密实，浓郁淳厚，含有较强劲的矿物质味道，产地的特征表露无遗。

057

蒙哈榭，拉芳

LE MONTRACHET, COMTES LAFON

*

等级 勃艮第地区特级

产地 法国，勃艮第地区，伯恩坡

创立时间 1868 年

主要葡萄品种 霞多丽

年产量 1500 瓶

上佳年份 2012、2011、2010、2009、2007、2004、2003、2002、2000、1999、1996、1995、1992

2014年10月22日，笔者再次造访了拉芳伯爵酒庄（Domaine Des Comtes Lafon），受到酒庄第四代掌门人——多米尼克·拉芳（Dominique Lafon）先生的热情接待。他带着笔者参观酿酒车间和酒窖，并亲自开车带笔者到数十公里外的葡萄园参观。

拉芳伯爵酒庄创建于1865年，至今已有近一个半世纪的历史。多米尼克·拉芳先生自豪地向笔者说，在默尔索地区，他们的酒庄虽然不是规模最大的酒厂，应该也不是最古老的酒厂，但就葡萄酒品质和影响力而言，拉芳伯爵酒庄绝对是第一把交椅！

拉芳家族并非来自于勃艮第，而是于1867年从法国南部来到这里。酒庄的创始人朱勒斯（Jules Joseph Barthélémy Lafon）原是位律师，娶了默尔索当地酒商世家的女儿玛丽·波希（Marie Boch），便开始着手在默尔索北边郊外的地区建立起属于自己的拉芳伯爵酒庄，直到1930后，他才离开公职，全心经营酒庄。朱勒斯与玛丽·波希婚后育有三子。在勃艮第时常发生难以避免的遗产争夺战，拉芳伯爵酒庄也未幸免。朱勒斯的长子皮埃尔（Pierre）去世后，次子亨利（Henri）坚持要卖掉酒庄，而老三莱尼·拉芳（René Lafon）却坚持继续经营。由于家族内部的争吵，导致酒庄的数个葡萄园（包括著名的蒙哈榭园）外租给其他酒农。1956年，莱尼·拉芳凑足资金买回了酒庄，结束家族中的长年争吵。1961年，酒庄开始自行装瓶。1993年，外租的葡萄田全部被收回。

多米尼克·拉芳是莱尼·拉芳的次子，出生于1956年，年轻时在当地学校读种植和酿造专业，并到美国等地学习过葡萄酒酿造和销售，他还当过一年兵。1978年，他回到家族的酒庄工作，于1981年酿造出自己第一个年份的葡萄酒，1986年他正式接任父亲的职位。现在，酒庄由他和弟弟布鲁内诺（Bruno）以及七个表兄妹等九人拥有。为了避免再次发生家族争端，酒庄成立了董事会，多米尼克·拉芳先生任董事长，并在关键问题上拥有否决权。多米尼克·拉芳先生育有一子一女，他正在鼓励和培养子女从事葡萄酒事业。

拉芳伯爵酒庄目前拥有葡萄园面积达16.5公顷，包括于2003年买下的马贡区（Mâconnais）的一片葡萄园。才华横溢，酿酒技术高超的多米尼克·拉芳认为，酒在酿造过程最好不要受人为的影响，只要葡萄种植得当，酿造方法正确，酿出好的葡萄酒就不会有太多的问题。他还非常谦虚，对于任何能改进自己酿造技术的建议，都乐于接受。20世纪90年代中期，酒庄开始从事有机（Organic）耕种，90年代晚期全面改以自然动力法耕种。1992年，以犁田代替化学除草剂，并将家族的葡萄园地块重新整理了一遍。

面积为0.33公顷的蒙哈榭园是拉芳伯爵酒庄的葡萄园中最为珍贵的。当然，面积为2.1公顷、由独家享有的默尔索－巴尔勒堡园（Meursault Clos de la Barre，Monopole），面积为0.8公顷的默尔索－勒斯－皮里尔勒园（Meursault Les Perrières）等葡萄园也是不可多得。拉芳伯爵酒庄有一个古老而且又深又冷的大酒窖，使得葡萄酒的醇化有了一个更为理想的环境，葡萄酒在这个种冰冷酒窖里会趋于沉淀和自然醇化。

拉芳伯爵酒庄的蒙哈榭园位于普里尼－蒙哈榭产区向阳的山坡上，与DRC的蒙哈榭园相邻，土壤由泥灰和泥土冲积层所构成的坚硬石灰土构成，霞多丽葡萄树平均树龄超过50年。多米尼克·拉芳用生物动态法种植葡萄树，葡萄要等到完全成熟后才采摘；奉行葡萄低产量策略，每公顷产酒3400公升。这款蒙哈榭干白葡萄酒由纯霞多丽葡萄酿造，用天然酵母发酵，使用一点二氧化硫，用100%新橡木桶醇化24个月后再装瓶，装瓶前不用任何形式的过滤和澄清。这款干白葡萄酒产量很少，每年只有1500瓶左右（庄主每年还要留下约100瓶），如果是一瓶好年份的，其价格动辄过万元，而且难以找到！因为这款酒太珍贵了，以至于很多葡萄酒爱好者在得到它后舍不得品尝，只会用来收藏。这款酒被英国伦敦葡萄酒搜寻网站Wine Searcher列为2016年全球最昂贵的50款葡萄酒之一。

在拉芳伯爵酒庄酒窖，笔者品尝过取自橡木桶里2009—2013共五个年份的蒙哈榭干白酒。其中给人印象最深的是2009年蒙哈榭酒。多米尼克·拉芳先生介绍说，2009年是个很简单但又很复古的一个好年份，这一年的蒙哈榭干白酒分别由30年以上和50年以上老藤的果实混合酿成，葡萄从9月7日开始采摘，到11日结束。淡淡的青黄交叉的色泽，含有令人诧异的白梨花、白玫瑰花、香梨、苹果、樱桃、八角、矿物质和橡木的复合芬芳。单宁浓郁密集，口感醇厚柔滑，清新雅致，强烈而又劲道，处处洋溢出奢侈华丽的质地。

058

蒙哈榭，拉蒙莱

MONTRACHET，RAMONET

等级 勃艮第地区特级

产地 法国，勃艮第地区，伯恩坡

创立时间 1920 年

主要葡萄品种 霞多丽

年产量 800 瓶

上佳年份 2011、2010、2009、2004、2003、2002、1999、1996、1992、1990、1985、1983、1979

1920年，安德烈·拉蒙莱（Andre Ramonet）家族在伯恩坡买下了0.70公顷的土地并种植霞多丽葡萄树，建立了拉蒙莱酒庄（Domaine Ramonet）。现在，该酒庄现由安德烈·拉蒙莱的后人诺尔·拉蒙莱（Noël Ramonet）和让－克劳德·拉蒙莱（Jean-Claude Ramonet）兄弟俩拥有和管理。酒庄现有17公顷葡萄园，生产8款干白酒，3款红酒。其中4公顷为特级园，包括：0.25公顷的蒙哈榭园（Montrachet）、0.7公顷的巴塔－蒙哈榭园（Bâtard-Montrachet）、0.33公顷的贝恩文勒斯－巴塔－蒙哈榭园（Bienvenues-Bâtard-Montrachet）等，这些葡萄园里的葡萄树龄平均超过60年。早在1945年，安德烈·拉蒙莱把他酿造的干白葡萄酒就成功地销往美国，提升了拉蒙莱酒庄的名气，受到广泛好评。

拉蒙莱家族拥有的蒙哈榭特级园，面积只有0.25公顷，是整个蒙哈榭园区中面积最小的葡萄园之一，也是勃艮第最经典的葡萄园之一。诺尔兄弟俩坚持极低的葡萄收获量，葡萄要等到完全成熟后才采摘，

每公顷产酒2200公升，年产葡萄酒不足3个橡木桶，只有800瓶。这种干白葡萄酒由纯霞多丽葡萄酿造，采用传统方法发酵，在35%~50%比例新的橡木桶里醇化12个月。这款酒在市场上非常难找，就算找到，也动辄要过万元价格，被英国伦敦葡萄酒搜寻网站Wine Searcher列为2016年全球最昂贵的50款葡萄酒之一。

这款酒呈晶莹剔透的浅金黄色泽，释放出奢侈华丽的白梨花、桂花、白玫瑰花、香梨、苹果、蜜桃、八角、橡木、矿物质的复合元素，芬芳怡人，好像无穷无尽般，让人垂涎三尺。单宁丰盈饱满并充满活力，清新雅致，酒质雄浑健硕，强烈而又劲道，口感醇厚柔滑，带着令人难以置信的浓郁风味和精湛的深度和广度。层次丰富多变，深邃优雅的余韵延绵悠长。

059

蒙哈榭，马克·科林

MONTRACHET, MARC COLIN

*

等级 勃艮第地区特级

产地 法国，勃艮第地区，伯恩坡

创立时间 1970 年

主要葡萄品种 霞多丽

年产量 约 600 瓶

上佳年份 2012、2011、2009、2004、2003、2002、1999、1996、1990、1983

马克·科林（Marc Colin）出生于1944年，他与妻子米歇尔（Michéle）共同开创了自己的葡萄酒事业，建立了马克·科林酒庄（Domaine Marc Colin）。几十年来，他们的葡萄酒事业经过家族几代人的传承和发展，已成为勃艮第出名的干白葡萄酒生产商。马克·科林和米歇尔有三个儿子，分别是：长子皮埃尔－科林（Pierre-Yves Colin），以及鲁诺·科林（Bruno Colin）、菲利普·科林（Philippe Colin）。皮埃尔－科林自1994年起跟随父亲学习酿酒，并与兄弟一同为家族庄园工作。2001年，皮埃尔－科林购买了自己的葡萄园，建立了皮埃尔－科林－莫里酒庄（Domaine Pierre-Yves Colin-Morey），开始了自己的葡萄酒事业。皮埃尔－科林的两个兄弟也开始独立创业，建立了菲利普·科林酒庄（Domaine Philippe Colin），并于2004年出产了他们的第一瓶葡萄酒。

目前，马克·科林酒庄已有超过19公顷面积的葡萄园，年产葡萄酒120万瓶，其中白葡萄酒占70%，红葡萄酒占30%，产品出口到20多个国家和地区。

马克·科林酒庄拥有的蒙哈榭葡萄田面积只有0.11公顷，年产蒙哈榭干白葡萄酒不足两桶（约600瓶），价格昂贵。在这块葡萄田，葡萄树的树龄非常老，已经超过75年，科林家族不用化学剂除草和化肥，采用生物动态法栽培葡萄藤，每公顷产量控制在4000公升以内。葡萄在采摘后由人工逐粒分拣，用20%~50%的新橡木桶经过24~48小时发酵，在次年9月用少许蛋清轻轻过滤瓶装。

笔者品尝过1996年马克·科林酒庄的蒙哈榭酒，当年产量只有600瓶。这款酒的酒精度很高，达到了13.9%，这在勃艮第的干白葡萄酒中是少有的。此酒呈现出亮丽的金黄色，散发出金银花、杏仁糊、茴香、鲜奶、坚果、矿物质丰盈香味。单宁集中强大，酸度平衡，清新细腻，层次丰富复杂，馥郁醇厚，回味绵长。

060

高登－查理曼，科奇－杜尔

CORTON-CHARLEMAGNE, COCHE-DURY

*

等级 勃艮第地区特级

产地 法国，勃艮第地区，伯恩坡

创立时间 1920 年

主要葡萄品种 霞多丽

年产量 约 1300 瓶

上佳年份 2012、2011、2010、2009、2007、2006、2005、2004、2003、2002、2001、2000、1997、1996、1993、1992、1991、1990、1989

高登－查理曼（Corton-Charlemagne）葡萄酒产区位于伯恩坡的最北面的高登（Corton）山的半山腰，总面积约 90 公顷，由 100 多个农户所有，其中绝大部分酒园的面积未超过 1 公顷。

传说查理曼大帝（Charlemagne，742—814 年）想在勃艮第的丘陵种植葡萄树酿酒，派人观察哪个山丘的雪最先融化就种哪里，后来发现高登山的雪率先融化了，于是就派人在高登山种上葡萄树。由于查理曼大帝酷爱白酒，这块葡萄园便种上了白葡萄品种——霞多丽，葡萄园的名称也因此加上帝王的姓后取名为高登－查理曼（Corton-Charlemagne）。

据载，高登－查理曼园最初的面积只有 3 公顷。公元 775 年，查理曼大帝将这 3 公顷葡萄园赐予当地的索留修道院（Abbey de Saulieu）。

数百年来，由于查理曼园的名气大，出现了一些"傍大名"的现象，在此园附近的一些葡萄园也纷纷打上"查理曼园"的牌子，面积由起初的 3 公顷壮大到今天的 90 公顷。今天的大"查理曼园"已形成了包括红酒和白酒的四个特级酒园，包括：高登－查理曼园（Corton-Charlemagne）、阿洛斯－高登园（Aloxe-Corton）、拉度希－塞理尼园（Ladoix-Serrigny）和佩壤－维基利园（Pernand-Vergelesses）。

在高登－查理曼产区，有很多优秀的酒庄，而科奇－杜尔酒庄（Domaine Coche-Dury）和柏诺·杜·马特莱酒庄（Domaine Bonneau du Martray）更是佼佼者。

先说说被誉为生产"帝王御用白酒"的柏诺·杜·马特莱酒庄（Domaine Bonneau du Martray）。2014 年 10 月 23 日，笔者造访了这家酒庄，受到名字很长的庄主——让－查尔斯·里·鲍尔特·德·拉·莫里尼尔（Jean Charles le Bault de la Morinière）老先生的热情接待。莫里尼尔介绍说，酒庄创建于 1835 年，他是家族第五代传人。他们是全勃艮第唯一一家只生产一款特级白酒——高登－查理曼（Corton-Charlemagne）、一款特级红酒——高登（Corton）的酒庄，其白酒的风味更是独步天下，让众国际知名品评师赞不绝口。这款高登－查理曼特级白酒产自于位于高登－查理曼园区核心地块 11 公顷罕见且相连完整的葡萄园，这块土地上长出的葡萄曾经专门用于酿制查理曼大帝的御用酒。据说，查理曼大帝于公元 775 年赐予索留修道院 3 公顷的葡萄园就处于柏诺·杜·马特莱酒庄的高登－查理曼园中心。不过，索留修道院现在早已不复存在了，如今的面貌是一大片以有机栽培法所培育的顶级霞多丽葡萄园。莫里尼尔先生说，1200 年前，高登－查理曼产区面积也只有 34 公顷，他的 11 公顷地块又处于这个产区的核心。现在高登－查理曼产区的面积数倍于原来，因此葡萄酒品质的差异也非常大。他对于酒质要求严苛，年复一年不惜重金，研究及改良当地的风土条件与园区状况。莫里尼尔不喜欢过度使用木桶来增添酒款风味，他认为优质的葡萄酒丝毫不需要添油加醋，应当以最原始的形态来突显葡萄果实本身的特色。葡萄在采收后进行 100% 的去梗作业，经过输送带筛选后由气垫式压榨机来萃取最精华的自流酒。毋庸置疑，这款由莫里尼尔酿造的大师级作品——高登－查理曼干白酒，是真正具有皇室风范却又风雅脱俗的佳酿，劲道十足。为了区别于其他酒庄的高登－查理曼酒，莫里尼尔正在与政府商量，打算将自家的高登－查理曼（Corton-Charlemagne）酒名改为查理曼（Charlemagne）酒，以凸显正宗的查理曼“帝王血统”。

1920年，里昂·科奇（Léon Coche）开创了科奇家族的葡萄酒生意。当时，他购置了许多优质葡萄田，酿好的葡萄酒部分以瓶装出售。1964年，里昂·科奇的儿子乔治·科奇（Georges Coche）成为新的庄主。1974年，乔治·科奇的儿子、曾获得勃艮第最佳酿酒师美称的让－弗朗索瓦·科奇（Jean-François Coche）继承了父业，随后他将酒庄的名称由科奇－布里卡特酒庄（Domaine Coche-Bouillicaut）改为科奇－杜尔酒庄（Domaine Coche-Dury），而杜尔（Dury）是科奇的妻子名字。1999年，让－弗朗索瓦·科奇的儿子拉斐尔·科奇（Raphael Coche）加入了家族葡萄酒事业，2010年，让－弗朗索瓦·科奇荣休，拉斐尔·科奇正式接管酒庄。

科奇家族葡萄酒能有今天的江湖地位，完全是让－弗朗索瓦·科奇的功劳。他全身心地投入葡萄酒事业。很多酿酒师在上午10~11时品尝葡萄酒，因为葡萄酒在这个时段表现出的品质是最好的。而让－弗朗索瓦·科奇则例外，他说，“我从黎明开始就在葡萄园工作，所以只有到晚上才能品尝我的葡萄酒”。让－弗朗索瓦·科奇对自己酿造的葡萄酒显得信心十足，他曾自豪地说：“我的葡萄酒是一种绝美的粉黄色液体，酒体新鲜纯净，是葡萄酒中的琼浆”。科奇家族在伯恩坡拥有9.43公顷葡萄园，其中包括于1986年购入著名的0.34公顷高登－查理曼白葡萄园，以及0.5公顷的默尔索－培里勒斯（Meursault-Perrières，以前也称“Meursault-Les-Perrières”）一级白葡萄园，还在阿洛斯－高登等红酒产区拥有葡萄园，年产各种红、白葡萄酒3500箱。

科奇家族葡萄园的葡萄是比较晚采摘的。让－弗朗索瓦·科奇认为，葡萄摘得太早尚未完全成熟，用这种葡萄酿成的酒其品质肯定是不足的。葡萄在摘后要去梗并清理干净，用苹果乳酸发酵，发酵期非常长，自初冬一直持续到来年的九月才结束。发酵完成后，还要醇化一年到数年不等，不经过滤装瓶。

科奇－杜尔酒庄0.34公顷高登－查理曼园位于最佳位置，土壤结构较好，阳光充足，年产高登－查理曼酒约为1300瓶。这款酒产量较少，在市场上非常难找，而且十分昂贵，每瓶价格最少要15000元以上，是勃艮第价位非常高的干白葡萄酒，被英国伦敦葡萄酒搜寻网站Wine Searcher列为2016年全球最昂贵的50款葡萄酒之一。

这款酒的酒标为黄底黑字。酒中含着丰富复杂的金银花、白玫瑰花、香梨、苹果、蜜桃、八角、烤吐司、烤面包、白胡椒粉、矿物质的复合香味，一波接着一波释放出来，好像无穷无尽，令人心旷神怡。单宁馥郁饱满，和谐密集，酒质强劲浓烈，始终充满着澎湃的力量。层次丰富多变，清爽怡人的质地中又裹着精湛的油腻感，醇厚柔滑，奢侈华丽，余韵萦回环绕。

061

默尔索－培里勒斯，科奇－杜尔

MEURSAULT-PERRIÈRES, COCHE-DURY

*

等级 勃艮第地区一级

产地 法国，勃艮第地区，伯恩坡

创立时间 1972 年

主要葡萄品种 霞多丽

年产量 约 3000 瓶

上佳年份 2012、2011、2010、2009、2007、2004、2002、2001、1997、1996、1995、1993、1990、1989、1986

默尔索（Meursault）是1098年由西都修道院（West monastery）的修道士们开垦出的上佳葡萄园，至今已有近1000年的历史。默尔索的地方法律虽然规定可以酿造红酒，但用黑皮诺葡萄酒酿造的红葡萄酒只占到总产量的5%左右，而最出名的是由霞多丽葡萄酿造白葡萄酒，占到葡萄酒总产量的95%。默尔索产区没有特级园，但她的一级酒和村级酒却拥有非常高的品质和声誉。1937年，默尔索产区成为AOC成员中的一员。

沿着默尔索村庄的街道，有很多的小房子都属于葡萄园的工人，之间更多混杂着宏伟的建筑。其中有一座53米高的教堂塔是这个地区标志建筑。

在默尔索产区中，有3个名气最大的一级葡萄园，分别是培里勒斯园（les perrières）、Les Chames-dessus、Les Genevieres，培里勒斯园区占地13.72公顷，是默尔索产区品质最高的一级园之一。

科奇－杜尔酒庄默尔索－培里勒斯园（Meursault-Perrières）的面积为0.5公顷，年产默尔索－培里勒斯一级干白葡萄酒约为3000瓶。这款酒的酿造方法与其高登－查理曼特级酒差不多，品质也是默尔索产区中最突出的，被英国伦敦葡萄酒搜寻网站Wine Searcher列为2016年全球最昂贵的50款葡萄酒之一。

这款酒的酒标顶部有一座金杯的图案。成熟时，科奇－杜尔酒庄默尔索－培里勒斯酒会呈现出金绿色或者金丝雀黄，熟成后的颜色会偏铜色，清澈透明而又光彩夺目，有时还会展露出一丝银色闪光。散发出梨、橘、榛子、烤杏仁、黄油、蜂蜜、矿物质馥郁香味。单宁丰富饱满，浓郁悠长，酸度平衡和谐，结构健硕庞大，雄浑澎湃，始终保持着充沛的活力。轮廓分明，细腻馥郁，奢侈华丽的余韵持久延绵。

062

海米塔奇·凯瑟琳·精酿，路易斯·沙夫

HERMITAGE CUVÉE CATHELIN, JEAN-LOUIS CHAVE

*

等级 未评级

产地 法国，北罗讷河谷地区（North Rhone River Valley，France）

创立时间 1481 年

主要葡萄品种 希拉（Syrah）

年产量 3000 瓶（只在葡萄最好的年份生产）

上佳年份 2010、2009、2003、2000、1998、1995、1991、1990

罗讷河谷（The Rhone River Valley）亦称为罗讷河坡（Côtes de Rhone River），从法国北部的维埃纳省（Vienna）延绵到南部的阿维浓省（Avignon），覆盖了58700公顷葡萄园，是法国第二大法定AOC葡萄酒产区。罗讷河谷产酒区由南、北两部分组成，北部属大陆性气候；南部属地中海式气候，冬季和夏季较干燥，全年的雨量充足。主要的葡萄酒产区由北向南依次为：罗蒂坡（Côte Rôtie）、克罗斯－海米塔奇（Grozes-Hermitage）和海米塔奇（Hermitage）。海米塔奇（Hermitage）的法语意思为“隐居地”，因此也有人将海米塔奇酒称之为“隐居地”酒。南罗讷河谷以“教皇新堡”（Châteauneuf-du-Pape）地区出产的胡玛奇·杰克·皮林（Hommage A Jacques Perrin）红酒和卡普·精酿酒（Châteauneuf-du-Pape Cuvée da Capo）著称，北罗讷河谷则以罗蒂坡地区路易斯·沙夫酒庄（Jean-Louis Chave）出产的海米塔奇·凯瑟琳·精酿（Hermitage Cuvée Cathelin）、海米塔奇·小教堂（Hermitage La Chapelle），以及慕林（La Mouline）红葡萄酒为最珍贵。罗讷河谷地区还出产品质上乘的干白葡萄酒，如艾尔米塔奇（Ermitage L'Ermite）干白葡萄酒等。罗讷河谷地区种植的葡萄品种以希拉（Syrah）、歌海娜（Grenache）、慕得维尔（Mourvedre）、维尼欧（Viognier）和白葡萄酒的马杉勒（Marsanne）为主。罗讷河谷以出产红葡萄酒为主，占总产量94%，另有少量的玫瑰红和白葡萄酒，各占3%。在酒的风格方面，罗讷河谷葡萄酒味道强劲，单宁充足，酒精度较高，浓郁醇厚，需要几年甚至几十年才能完全成熟。

罗讷河谷地区在史前便是欧洲的贸易枢纽。早在罗马人统治时期，便有人在这里修筑城墙，开垦葡萄园。1333年，十四世罗马教皇高斯（Bertrand de Goth）从罗马移居到罗讷河谷地区的阿维浓，在阿维浓以北25公里处建立了避暑夏宫，这个地方因此得名“教皇新堡”（Châteauneuf-du-Pape），并成为盛产名贵葡萄酒的地方。

在罗讷河谷泰尼·海米塔奇（Tain l'Hermitage）河流经的海米塔奇（Hermitage）地区的茅维斯（Mauves）村，在一幢不起眼的旧建筑外墙上，挂着褪色且锈迹斑斑的金属招牌，上面写着“J·L-Chave-Viticulteurs depuis 1481”的字样，这就是著名的路易斯·沙夫酒庄（Domaine Jean-Louis Chave）。这个古老的酒庄现由格拉德·沙夫（Gérard Chave）和让－路易斯·沙夫（Jean-Louis Chave）父子所有和管理。从15世纪起，这个面积为15.2公顷的酒庄就酿造海米塔奇葡萄酒（Hermitage），至今已有6个世纪之久。

路易斯·沙夫酒庄是罗讷河谷教皇新堡（Châteauneuf-du-Pape）产区的名庄之一。教皇新堡产区是罗讷河谷最具盛名的产区，地处隆河山麓最干燥的地区，以出产优质上乘的酒款而闻名。而路易斯·沙夫酒庄得天独厚的地理优势也在其各酒品中得到充分体现。这个酒庄葡萄田主要种植了希拉（Syrah）、玛珊（Marsanne）、瑚珊（Roussanne）等葡萄品种，树龄平均超过60年，年产各种葡萄酒2000~3000箱之间。路易斯·沙夫酒庄出产的主要名酿包括：海米塔奇·凯瑟琳·精酿酒（Hermitage Cuvée Cathelin）、海米塔奇酒（Hermitage），以及著名的海米塔奇白葡萄酒（Hermitage Blanc），还生产一种极为名贵的甜白葡萄酒——稻草·海米塔奇（Vin de Paille Hermitage）。

格拉德·沙夫和让－路易斯·沙夫父子被酒评家认为是世界上最出色的酿酒大师之一。虽然偏安一隅，而且家族酿酒的历史悠久，但他们决不墨守成规。让－路易斯·沙夫现在接管了酒庄。他曾在美国加州大学学习，持有美国的MBA学位，思想先进。在他的怂恿下，路易斯·沙夫酒庄开始对酿酒技术进行革新。他们购置了美国产的离心分离机和德国产的微型过滤机，使用这些设备可以在几分钟内澄清和稳定葡萄酒。另外，他们还在1985年开始使用新橡木桶。在使用新设备和新技术的同时，路易斯·沙夫酒庄的酒窖还存有超过500个系列的海米塔奇酒在这里醇化和自然澄清，其间不使用任何化学助剂和现代设备，酒的芳香得以完全保留。沙夫父子觉得没有理由完全淘汰这种传统酿酒方法，传统酿酒方法虽然麻烦且有风险，但却能酿造出更加芬芳的美酒。

沙夫父子酿造好酒的秘诀并不神秘，他们严格控制产量，待葡萄十分成熟后才采摘，葡萄种植和酿造过程不进行人为干预。这个酒庄的海米塔奇酒使用纯希拉葡萄酿造。葡萄在压榨后，在开顶的不锈钢桶里完成发酵，醇化在橡木桶里进行，装瓶前不过滤。

罗讷河谷产酒区最出名的海米塔奇·凯瑟琳·精酿酒（Hermitage Cuvée Cathelin），主要用6个葡萄园中品质最好的希拉葡萄混合酿成，只在1990年、1991年、1995年、1998年、2000年、2003年、2009年2010年这些超级年份才出产，年产量不超过3000瓶。这款酒被英国伦敦葡萄酒搜寻网站Wine Searcher列为2015年全球最昂贵的50款葡萄酒榜单之中，也是罗讷河谷地区唯一进入榜单的葡萄酒！

海米塔奇·凯瑟琳·精酿酒呈深紫红色，充满着异国情调，蓝莓、无花果、咖啡、水果蛋糕、巧克力、烤肉、皮革、石墨的复合香味郁郁葱葱，持久不散。单宁丰满醇厚，非常集中，显示出了极好的纯度和长度，还有一丝清新的酸度，层次丰富复杂，丝绸般的质感柔顺优雅，完美无瑕。

063

卡普·精酿，佩高

CHÂTEAUNEUF-DU-PAPE CUVÉE DA CAPO, DOMAINE DU PEGAU

等级 未评级
产地 法国，南罗讷河谷地区
创立时间 1987 年
主要葡萄品种 歌海娜
年产量 4000 ~ 5000 瓶（只在葡萄最好的年份生产）
上佳年份 2010、2007、2003、2000、1998

费罗（Feraud）家族作为教皇新堡地区葡萄酒酿造商的历史已超过150年。尽管他们的葡萄园几经易手，但他们的葡萄栽培技术和酿酒传统却代代相传，这充分保证了费罗家族酿造的葡萄酒总能如实地反映其风土韵味。

从1670年起，费罗家族就在教皇新堡地区种植葡萄和酿造葡萄酒。他们在一些橄榄树和樱桃树旁，种下了一片葡萄园。樱桃树带来的收入维持了葡萄园的开支，橄榄和橄榄油则供家族自用，葡萄用来酿造当时就已知名的教皇新堡红酒（Châteaunuef-du-pape）。

1987年，保罗·费罗（Paul Feraud）和劳伦斯·费罗（Laurence Feraud）父女俩共同成立了佩高酒庄（Domaine du Pegau）。佩高（Pegau）一词出自普罗旺斯的旧语，是指14世纪法国阿维翁（Avignon）的教皇宫殿遗址出土的一种酒壶。现在"佩高"却被用来作为一种杰出葡萄酒的名字而为世人所知。

佩高酒庄现有八处不同的葡萄园，总面积18公顷，其中17公顷的红酒园分布在教皇新堡地区最好的地段，这里风土条件好，坡面朝南，日照良好；土壤为中新世纪砂质泥灰岩，大部分土壤覆盖着石灰石和鹅卵石，这种土壤结构在白天能较好地吸收热量并保持一定的湿度，在夜间能释放热量，有利于葡萄健康生长。这些葡萄园里种植的葡萄品种有十多种，其中大多数是歌海娜葡萄，树龄在20~90年不等，每公顷的产酒量在3000公升左右。佩高酒庄还有1公顷非常出色的的白葡萄园，2014年酒庄选用这块田的葡萄酿制特别版白葡萄酒，限量生产1000瓶，酒名叫教皇新堡白葡萄酒（Châteaunuef-du-pape）。

克劳园（La Crau）是佩高酒庄最优秀的葡萄园。这个葡萄园创建于1950年，种植了80%的歌海娜葡萄和另外13种其他的葡萄，树龄超过60年。从1998年起，佩高酒庄只在葡萄品质最好的年份酿造教皇新堡·卡普·精酿酒（Châteauneuf-du-Pape Cuvée da Capo），主要用来自克劳园的歌海娜葡萄和另外13种其他的葡萄酿造，每次产量为4000~5000瓶。迄今为止，只有在2010年、2007年、2003年、2000年、1998年生产过这种带有传奇色彩的葡萄酒。著名酒评家罗伯特·帕克对这五个年份的卡普·精酿酒都给予了100分。

保罗·费罗家族一家三代六人同堂。他和女儿劳伦斯·费罗的性格迥异，但两人配合默契。父亲憨厚老实，却是一个有趣的人，负责葡萄园管理和酿酒工作。女儿长得清秀，思路清晰，又有大学学历，她负责酒庄的商务。

佩高酒庄的葡萄园都是用人工小心翼翼地管理。每年3月，保罗·费罗会安排对葡萄藤进行数次剪枝，过些时候，还要用人手拆下多余的枝桠，只留一些发育最好的蓓蕾。每隔两年对葡萄园的土壤施一次有机肥料，葡萄园不用化学剂除草，在必要时，只用硫磺和硫酸铜试剂，起到对葡萄藤病虫害的预防作用。葡萄在成熟后，保罗·费罗家族成员都要亲自采摘葡萄，这样可以遴选出最好的葡萄。葡萄酒的酿造过程是天然的和传统的。在酿造时，葡萄要用脚踩压破碎，然后整串倒入大木桶里，进行为期15天的发酵。发酵好后，移至大橡木桶里醇化，醇化期至少要18个月。

卡普·精酿酒是佩高酒庄最贵的葡萄酒，也是罗讷河谷地区最著名的葡萄酒之一，目前只有5个年份才出产过，总数也不到25000瓶。2007年11月，笔者在英国伦敦的一家酒行看到一大瓶装（6000毫升）2003年的卡普·精酿酒，标价3500英镑，酒行还说这是非卖品。据说这个年份的这种酒在香港的配额只有两瓶，足见其珍贵之处。

卡普·精酿酒呈偏紫色的红宝石色泽，有着樱桃、普罗旺斯香草、甘草的香味。罗伯特·帕克在点评2003年的卡普·精酿酒时写道："这款酒的潜力将很惊人，它是如此馥郁……是一款具有高集中度、宽厚、甜美的葡萄酒。"

064

拉雅斯，珍酿酒

CHÂTEAUNEUF-DU-PAPE RÉSERVÉ, CHÂTEAU RAYAS

*

等级 未评级

产地 法国，南罗讷河谷地区

创立时间 1880 年

主要葡萄品种 歌海娜，希拉

年产量 25000 瓶

上佳年份 2012、2010、2009、2007、2005、2003、2001、2000、1998、1995、1990、1989、1985、1983、1981、1978

1880 年，阿尔伯特·雷诺（Albert Reynaud）在教皇新堡地区买下了拉雅斯酒庄（Château Rayas），在他的精心打理下，这个酒庄得到了很快的发展。1920 年，阿尔伯特·雷诺去世后，他在军队的儿子路易斯·雷诺将军（Louis Reynaud）怀着对家族事业的热忱继承了这份祖业。

教皇新堡地区的土壤一般以石子为多，而拉雅斯园的土壤则以沙地为主，且朝北向，日照很少。鉴于此，路易斯·雷诺将军经过几十年不断地努力尝试，一反当地传统的酿酒方法——以希拉葡萄为主的混合酿造法，转而以歌海娜葡萄为主，另配少量的希拉葡萄。果然，工夫不负有心人，他酿造的拉雅斯·珍酿酒（Château Rayas Châteauneuf-du-Pape Réservé）让人为之一惊，很快享誉全球。现在，酒庄还生产一款极为珍贵、年产量不超过 6000 瓶的干白葡萄酒——拉雅斯·珍酿干白酒（Château Rayas Châteauneuf-du-Pape White Réservé）。

在 1935—1945 年的 10 年间，路易斯·雷诺将军先后买下了同样位于罗讷河谷地区的乾坤酒庄（Château of the Turns）和芳莎丽酒庄（Fonsalette Castle）。1978 年，路易斯·雷诺将军去世后，其子雅克·雷诺（Jacques Reynaud）继承了他的事业。雅克·雷诺于 1997 年因心脏病过世，因为他膝下无子，酒庄依法由他的侄子曼纽·雷诺（Emmanuel Reynaud）继承。曼纽·雷诺自己在相距不远的瓦格哈斯（Vacqueyras）产区还有自己一座非常有名的酒庄——图尔酒庄（Château des Tours）。

在外人看来，拉雅斯酒庄有点古怪：没有空调设备，没有现代的不锈钢架子和不锈钢桶，也很少使用新橡木桶，但这里有一个"神秘"的地下酒窖，也就是这个酒窖对拉雅斯·珍酿酒的醇化和贮藏起到了关键作用。拉雅斯园栽种的大部分是歌海娜葡萄树，另有少量的希拉葡萄树，树龄平均 50 年，每公顷种植 3000 株，产量极低，每公顷产 1500~2000 公升。路易斯·雷诺将军在世的时候，他从来不会告诉你他的拉雅斯·珍酿酒庄每年葡萄酒的产量是多少，也很少听到他评价别的葡萄酒。路易斯·雷诺将军自有一套高明的酿酒技术：他在葡萄十分成熟后才采摘，保持低产量，较长的醇化期。拉雅斯·珍酿酒由歌海娜葡萄和希拉葡萄混合酿造。葡萄在采收后还要进行一次分选，将其中品质最好的葡萄用于酿造拉雅斯·珍酿酒。这种珍酿酒在酿造过程中一丝不苟，葡萄在压榨后发酵，发酵完成后，要在不同类型旧的中型、半大型及大木桶里进行醇化，醇化期为 14~16 个月，不经过滤装瓶。酒庄将淘汰下来达不到拉雅斯·珍酿酒水准的葡萄，一律用于酿造副牌酒——拉雅斯·皮尼昂珍酿酒（Château Rayas Châteauneuf-du-Pape Pignan Réservé），其实，这款副牌酒的品质也非常好。

拉雅斯·珍酿酒的产量不大，品质也已大幅提升，已成为藏家们搜罗的对象。巴黎一家葡萄酒网站 iDealwine 统计，1990 年的拉雅斯·珍酿酒平均售价从 2009 年的每瓶 300 英镑，升到 2015 年的每瓶 1050 英镑，增长了 2.5 倍！要知道，这期间是世界名贵葡萄酒价格大幅下跌的六年，如 1982 年拉菲酒，2015 年的平均售价还不到 2009 年高峰时的一半。

拉雅斯·珍酿酒成熟期一般要 10 年以上。成熟的拉雅斯·珍酿酒呈红宝石色，亮丽甜美，有丰富的甘油和水果味，单宁充足，味道柔顺醇厚。

*

065

海米塔奇·小教堂，阿依莱

HERMITAGE LA CHAPELLE, PAUL JABOULET AÎNÉ

等级 未评级

产地 法国，北罗讷河谷地区

创立时间 1843 年

主要葡萄品种 希拉

年产量 80000 ～ 85000 瓶

上佳年份 2012、2011、2010、2009、2007、2005、2003、2001、1990、1989、1988、1985、1983、1979、1978、1969、1966、1961、1949

保罗·嘉伯乐·阿依莱（Paul Jaboulet Aîné）是罗讷河谷地区最古老和最知名的酒庄之一，这个由安托尼·嘉伯乐（Antoine Jaboulet）于1843创立的酒庄，现拥有葡萄园面积130公顷，年产葡萄酒达150万瓶之多。安托尼·嘉伯乐去世后，他的两个儿子继承了这个酒庄，并将酒庄带入了辉煌的境界，家族企业的股权一直传承至2006年。这个酒庄在170多年前建造了一个地下酒窖，可以储藏100万瓶葡萄酒，现在仍然在使用。保罗·嘉伯乐·阿依莱酒庄是法国葡萄酒业界极为少数同时获得通过国际质量保证体系ISO9001和国际环境管理体系ISO14001认证的酒庄。前不久，这个酒庄在邻近的格鲁镇（La Roche De Glun）建造了一栋新大楼，用于行政办公、葡萄酒展销和储存等。

2006年，在波尔多地区已经拥有泻湖酒庄（Château La Lagune）的弗雷家族（Frey）收购了保罗·嘉伯乐·阿依莱酒庄（Paul Jaboulet Aîné）。酒庄的新主人兼酿酒师、年轻貌美的卡洛琳·弗雷（Caroline Frey）女士以卓越的领导能力管理着这个历史悠久的酒庄，她曾经站在布兰卡（Blanche）山顶上的小教堂里非常自信地说："我们在这儿已经很久了！"

小教堂（La Chapelle）源于13世纪十字军东征（拉丁文：Cruciata，1096—1291年）时期，现已成为世界上伟大的古迹之一。当时，十字军骑士加斯帕德（Gaspard）奉命在泰尼·海米塔奇河畔（Tain l'Hermitage）的布兰卡山（Blanche）顶上（可以俯瞰罗讷河谷）建立一个小教堂，用于十字军东征回来时隐居使用。1919年，这个小教堂成为保罗·嘉伯乐·阿依莱酒庄的财产。

保罗·嘉伯乐·阿依莱酒庄拥有的海米塔奇·小教堂葡萄园（Hermitage La Chapelle）坐落在教皇新堡海拔130米至250米处，葡萄园以梯田形式耕种，由于坡度较大，运送东西需要用绳索。本园较低处的土壤为沙土、碎石和砂石块，较高处为棕色土和岩石土。本园面积为21.6公顷，种植的全都是希拉葡萄树，树龄在40~60年之间，每公顷种植6000株左右，每公顷产酒3000公升。每年10月，园主会用15天的时间采摘葡萄。保罗·嘉伯乐·阿依莱酒庄的海米塔奇·小教堂酒使用纯希拉葡萄酿造。葡萄在挤碎后，要在25~30℃的温度下进行为期3~4周的发酵，并且每天泵送两次，发酵结束后，要用木桶醇化15~18个月，每隔3个月要用传统方式搅动1次。

由保罗·嘉伯乐·阿依莱酒庄酿造的海米塔奇·小教堂酒，现在是罗讷河谷地区最贵的葡萄酒之一。佳士得拍卖行2012年在伦敦拍卖了一箱（12瓶装）1961年的海米塔奇·小教堂酒，拍卖价高达123750英镑，每瓶价格过万英镑，打破了2006年6月由该拍卖行创下的一箱（12瓶装）1978年罗曼尼－康帝酒拍卖价为93500英镑的拍卖纪录，是20世纪以来世界上最昂贵的红葡萄酒之一。

海米塔奇·小教堂酒成熟后呈馥郁、迷人的不透明的紫色，含有烟熏、黑莓、烧烤、咖啡和巧克力的芳香，单宁丰富，味道劲道，醇厚浓郁，风情万里，是一款具有非常经典罗讷河谷风格的佳酿。

066

慕林园，吉佳尔

LA MOULINE, E.GUIGAL

*

等级 未评级

产地 法国，北罗讷河谷地区

创立时间 1946 年

主要葡萄品种 希拉，维欧尼（Viognier）

年产量 5000 瓶

上佳年份 2013、2012、2011、2010、2009、2007、2006、2005、2004、2003、2001、2000、1999、1998、1997、1995、1994、1991、1990、1988、1987、1985、1983、1982、1978、1976

吉佳尔酒庄（E.Guigal）位于罗讷河谷地区罗蒂坡（Côte-Rôtie）的阿布斯村（Ampuis）。罗蒂坡在法语中的是“烘烤之坡”的意思，是罗讷河谷地区重要的葡萄酒生产地。1923年，年仅14岁的艾廷尼·吉佳尔（Etienne Guigal）来到罗蒂坡，后来他在这里买下一个酿酒合作社，于1946年以自己名字命名创办了吉佳尔酒庄（E.Guigal）。

1961年，已从事葡萄酒事业30多年的艾廷尼·吉佳尔失去了视力，他17岁的儿子马塞尔·吉佳尔（Marcel Guigal）便撑起了家族产业，并进一步将葡萄酒诠释为高级艺术品。经过多年不懈的努力，马塞尔·吉佳尔已成为罗讷河谷地区最有影响力的酿酒师，由他酿造的葡萄酒已蜚声全球，获得许多著名酒评家的好评。如今，人们有时也会将吉佳尔酒庄（E.Guigal）称为马塞尔·吉佳尔酒庄（Marcel Guigal）。马塞尔·吉佳尔现年70岁，他儿子菲利普·吉佳尔（Philippe Guigal）已经扛起了家族葡萄酒事业的大旗，担任酒庄总经理兼酿酒师。

2015年7月，法国《挑战者》杂志公布了2015年“法国500强富豪名单”排行榜，庄主马塞尔·吉佳尔家族以2.5亿欧元列第253位。

除吉佳尔酒庄外，吉佳尔家族现在还拥有阿布斯酒庄（Château d'Ampuis），他们的葡萄园遍布罗蒂坡地区，总面积达60公顷，其中包括著名的“一门三杰”葡萄园：慕林园（La Mouline）、杜克园（La Turque）和兰东尼园（La Landonne），他们生产的葡萄酒出口至世界70多个国家和地区。这个家族葡萄酒的生产规模让人叹为观止，地下的酿酒车间和酒窖占地1.5公顷，酒窖可以储藏1000万瓶葡萄酒，酿酒车间里有上千个225升的橡木桶，50个10000升的酿酒槽，116个大型储酒罐。1999年，他们建成每小时9000瓶的灌装线，安装了多个智能机械手，自动化程度很高，整个流水灌装线只有3个人在操作，旗下所有的葡萄酒都在这个酿酒车间生产。

吉佳尔酒庄采用传统加现代的方法酿酒，每年在葡萄采摘开始的时候，他们按葡萄的糖分、酸度和水分等，用电脑一一详细记录和分析，适度地进行筛选、分类、分级、分桶。他们非常重视新橡木桶的使用，老庄主马塞尔·吉佳尔认为：“唯有完美的橡木才能受到人们的关注。葡萄酒在橡木桶里与橡木进行气味混合。也只有橡木才能够混合葡萄酒中的香草、单宁酸和土壤的特性。对于酒的平衡，橡木起到了很大的作用。”

慕林园是吉佳尔酒庄中最古老、最出色的葡萄园。从远处看，这个葡萄园就像坐落在古罗马斗兽场上，凹的斜坡全是葡萄梯田，面朝南方，阳光充足。慕林园葡萄树龄平均80多年，有的已高达110多年，每公顷产量3200公升，年产慕林酒为5000瓶。本园葡萄的成熟期比吉佳尔酒庄其他葡萄园要早7天左右，几乎是第一个收获的葡萄园。慕林酒由89%的希拉葡萄、11%的维欧尼（Viognier）葡萄混合酿造，其中维欧尼葡萄的使用比例是吉佳尔酒庄所有葡萄酒中最高的。葡萄在十分成熟期后采用手工采摘，一般用3~4天完成收获。葡萄在采摘后要分选一次，之后再压榨。在酿造时，葡萄去皮通常需要8~10小时，在新橡木桶或不锈钢桶里完成发酵，用泵在发酵桶底部冲出葡萄汁在发酵中的泡沫，发酵在26°C的温度下持续3~4周。发酵完成后，在全新的橡木桶里进行混合醇化，醇化期长达42个月，装瓶前，既不去除悬浮物，也不进行过滤。

吉佳尔酒庄现任总经理兼酿酒师菲利普·吉佳尔先生今年40岁，谈吐举止温文尔雅，从事葡萄酒工作已有20年。2015年5月28日，笔者应邀参加了在香港由菲利普·吉佳尔先生主持的吉佳尔家族系列葡萄酒晚宴。席间，他向笔者说起了他的家族和葡萄酒，介绍了酒庄历史和未来的发展愿景。他告诉笔者，慕林酒的第一个年份是1966年，产量非常少，价格也是酒庄几款佳酿中最贵的，因此在市场上很难找到。菲利普·吉佳尔先生认为，罗讷河谷地区葡萄酒既有波尔多的浓郁风格，又有勃艮第清新雅致的韵味。当晚我们先后品尝了吉佳尔家族不同年份的系列葡萄酒：2013年孔德里约·多拉尼干白酒（Condrieu'Le Dorane）、2010年艾尔米塔·沃托干白酒（Ermitage Ex-Voto Blanc）、2011年和2005年阿布斯酒（Château d'Ampuis）、2011年慕林酒（La Mouline）、2005年杜克酒（La Turque）、1999年兰东尼酒（La Landonne）、1989年海米塔奇·艾尔米塔（Hommage à Etienne）等佳酿。

成熟的慕林酒呈红宝石色泽，略偏紫色，融合了黑莓、黑醋栗、李子和烟熏、烧烤、巧克力、皮革的复合香味。单宁浑厚密实，充满着青春的气息，层次丰富复杂，余韵缭绕悠长。

*

067

杜克园，吉佳尔

LA TURQUE, E.GUIGAL

等级 未评级

产地 法国，北罗讷河谷地区

创立时间 1946 年

主要葡萄品种 希拉，维欧尼

年产量 4800 瓶

上佳年份 2013、2012、2011、2010、2009、2007、2005、2004、2003、2001、1999、1998、1995、1991、1989、1988、1985

吉佳尔家族无论生产什么，它的名字总是与最迷人的罗蒂坡的高级葡萄酒连在一起，表明他们的葡萄酒得到了人们普遍的赞赏。

杜克园（La Turque）位于罗蒂坡，原为德伏－凯杰（Dervieux-Cachet）家族所有。德伏－凯杰于20世纪初去世后，葡萄园由其儿子继承。新庄主不胜管理，加上不善应对官场，杜克园在葡萄种植和收成等方面，每年都会惹上官方的麻烦，使得新庄主在精神病院中度过余生。从此以后杜克园因无人照料而荒废。1970年，杜克园因积欠税款，被政府拍卖给维达尔·福莱尔（Vidal Fleary）家族。维达尔·福莱尔入主本园后，聘请马塞尔·吉佳尔为酿酒师，并于1981年在本园重新种植了新的葡萄树。1984年夏秋之交，维达尔·福莱尔将杜克园卖给了吉佳尔家族。

杜克园是吉佳尔酒庄另一个享有盛誉的葡萄园，也是这个酒庄最年轻的明星葡萄园。杜克园坐落在罗蒂坡南部凸起的山坡上，为含氧化铁的矽质石灰石土壤，白天可以得到阳光普照。吉佳尔家族入主本园后，精心打理葡萄园，既不用化肥，也不用农药，极少进行人工干预。本园葡萄树龄平均30多年，每公顷葡萄种植密度约10000株，每公顷产量为3500~4000公升，年产杜克酒为4800瓶。葡萄在十分成熟期后才采用手工采摘，收获后的葡萄还要分选一次。杜克酒采用97%希拉葡萄和3%维欧尼葡萄混合酿造。杜克酒的酿造方法与慕林酒差不多，葡萄酒在发酵后，也要在全新的橡木桶里醇化长达36~42个月，装瓶前，既不去除悬浮物，也不进行过滤。

杜克酒颜色紫黑鲜亮，融合八角茴香、烤咖啡、黑色水果、甘草的气味于一体，单宁饱满，细致醇厚，纯粹优雅。

卢瓦河谷地区
LOIRE RIVER VALLEY

068

小行星·精酿，迪迪耶·达格诺

CUVÉE ASTÉROïDE, DIDIER DAGUENEAU

*

等级 A.O.C.

产地 法国，卢瓦河谷，普伊－富美（Pouilly Fumé，Loire River ，France）

创立时间 1989 年

主要葡萄品种 长相思

年产量 不足 200 瓶

上佳年份 2010、2009、2008、2006、2005、2004、1997

如果说多元文化汇聚的巴黎代表着法国浪漫而前卫的一面，那么卢瓦河谷（Loire River）则是法国恬静古典的后花园。卢瓦河是法国最长的河流，源自临地中海岸的南麓，全长1020公里，流域面积约12.1万平方公里。河两岸分布着许多葡萄园，美不胜收。

著名的普伊－富美（Pouilly Fumé）葡萄酒产区处于卢瓦河上游东岸的山坡上，与桑塞尔（Sancerre）产区仅有一河之遥。普伊－富美与桑塞尔两个产区都因长相思（Sauvignon Blanc）葡萄酒而闻名遐迩。普伊－富美葡萄园面积约为875公顷，土壤结构多是特有的燧石土壤，因此所产葡萄酒也常带有矿石与火药的特殊风味，正是这种特殊的风味与长相思葡萄特有的烟熏和燧石味相结合，因此这里的长相思葡萄酒闻名于酒界。长相思葡萄在当地也叫白富美（Fumé Blanc），在法文里，“Fumé”的原意为烟熏，隐含了这里的土壤特点。关于白富美（Fumé Blanc）名字的由来，还有一段小插曲。美国葡萄酒业先驱罗伯特－蒙大维（Robert-Mondavi），发现他酿造的长相思（Sauvignon Blanc）白葡萄酒卖不动，于是更名为白富美（Fumé Blanc），这一更名便朗朗上口，简单易记，还显得贵气十足，销量因此大增。

卢瓦河谷，很多人都知道天才酿酒师迪迪耶·达格诺（Didier Dagueneau）。他是长相思葡萄酒伟大的酿造师，也是卢瓦河谷最负盛名的酿酒师。2006年，他被《品醇客》（Decanter）葡萄酒评专业杂志评为全球十大白葡萄酒酿酒师之一。他十分喜欢冒险，做了四年的摩托车赛车手，后来转向雪橇犬竞赛。在两次严重车祸和大儿子降生之后，他不得不解甲归田，将其冒险精神放在了葡萄园。他的父母是酒农，拥有一小片葡萄园。迪迪耶·达格诺回到故乡卢瓦河谷的普伊－富美（Pouilly Fumé），于1989年用自己的名字创立了迪迪耶·达格诺酒庄（Didier Dagueneau）。他的目标就是要颠覆安分守旧的传统酿酒方法，酿造出世界顶级的长相思葡萄酒。他四处找寻先进的酿酒方法，向波尔多的一些名庄取经，向勃艮第的酿酒师学习，走访美国加利福尼亚州酒庄，了解最新的葡萄种植和葡萄酒酿造理论，吸取世界顶级葡萄酒获取成功的经验。他将有机耕作、自然葡萄酒、生物动力种植法、酿造过程完全不加二氧化硫等方法都统统尝试过一遍。不过，对他影响最大的是享有葡萄酒“教父”（Papa）之称的亨利·贾伊尔（Henri Jayer）。他效仿亨利·贾伊尔的“不干涉”酿酒理念，在葡萄田里做足了功夫，充分利用土壤特性和微气候条件，深信机械耕种对土地和葡萄会造成伤害，而是用马匹犁田。他引种19世纪之前完全没有经过人工嫁接的葡萄树种，以人手多次采收的方式确保葡萄成熟，而且不去梗，产量超低。酿造时并没有特定的工序，有些年份会把葡萄浸皮，但大多数年份都不会。发酵时会使用几种不同的工业酵母菌，在温度可控的不锈钢酒桶中进行发酵。醇化过程使用来自四个不同厂家的橡木桶（木桶板厚度达45mm）分开、多次进行，用重力装瓶。经过不断的努力和实践，迪迪耶·达格诺终于酿造出了可以媲美于罗曼尼－康帝酒庄蒙哈榭（Montrachet），且不可复制的长相思干白葡萄酒。

迪迪耶·达格诺生性叛逆，我行我素。他非常崇拜阿根廷革命自由战士——埃内斯托·拉斐尔·格瓦拉·德·拉·塞尔纳【Ernesto Rafael Guevara de la Serna，1928.6.14—1967.10.9，常译："切·格瓦拉"（Che Guevara）】。他的酒庄位于圣－昂代兰村（Saint Andelain），村里通往酒庄有一条小路，他就命名为切·格瓦拉大道（Che Guevara）。酒庄现有11.5公顷葡萄园，大部分分布在普伊－富美产区，还有一小片田在卢瓦河对面的桑塞尔产区，种植的主要葡萄品种为长相思，葡萄树树龄10~80年。2003年，他们在法国南部瑞郎松（Jurançon）买下来3公顷土地种植小芒森（Petit Manseng）葡萄品种，酿造出一款名为巴比伦花园（Les Jardins de Babylone）的不俗甜酒，这款酒带着波尔多苏玳产区（Sauternes）的柔美平衡。酒庄现有11个品种的葡萄酒，年产量约50000瓶。

在迪迪耶·达格诺酒庄出产的11款酒当中，当属酒庄最出色、最神秘的"小行星·精酿"（Cuvée Astéroïde）。这款名为"小行星·精酿"的干白葡萄酒，采用来自葡萄园里大约10行未嫁接近百年的老藤葡萄果实酿造，每年产量不足200瓶，只有少数人能够有幸一睹尊容，而尝过它的人更是少之又少，甚至连许多酒评家都未曾谋面。这款酒市面价格最少在港币10000元以上，是世界上最贵的长相思干白葡萄酒！酒庄还有一款名为特酿普伊－燧石干白酒（Cuvée de Pouilly Silex），它以卢瓦河谷最出名的燧石作为酒标，用50多年葡萄藤的果实酿造，这些果实充满着燧石的矿物质韵味。

2008年9月17日，在葡萄采收的前两周，迪迪耶·达格诺在法国干邑地区（Cognac）玩滑翔机的时候不幸坠机身亡，卢瓦河谷甚至是整个葡萄酒业界从此失去了一位伟大的酿酒师！迪迪耶·达格诺去世后，他的酒庄由一双儿女继承。老大是儿子，面相幼稚，名叫路易斯·本杰明（Louis Benjamin），是年不足30岁；女儿夏罗特（Charlotte），身材娇小。路易斯·本杰明和妹妹夏罗特带着巨大的悲痛，在2008年开始了他们的第一次独立酿造。本杰明负责葡萄田和酿造，夏罗特则帮助处理酒庄的商务。兄妹俩从小就耳濡目染父亲的酿酒哲学，因此由他们酿造的葡萄酒从未让人失望过，始终保持着极高的水准。

笔者品尝过由迪迪耶·达格诺酿造的1997年特酿小行星·精酿酒（Didier Dagueneau Cuvée Astéroïde）。这款酒先在厚橡木桶里醇化6个月，再转到另外一个厚橡木桶里继续醇化12个月，用重力法装瓶。这个酒瓶根本不像普通的葡萄酒瓶，而是像不规则的干邑瓶，容量为500毫升。酒标非常简洁，上面画着一位滑翔的人和11只飞翔的鸟，还有天空中的星星。这种酒标设计充分印证了迪迪耶·达格诺特有的个性。1997年的特酿小行星酒呈迷人的金黄色泽，充满着百里香、柠檬、柚子、咸黄油、矿物质、少量烟熏味的混合香味，郁郁葱葱，持久不散。单宁紧密缠绕，富足而强大，酸度和谐平衡。口感纯净馥郁，层次丰富，余韵绵长。

阿尔萨斯地区
ALSACE

069

卷尾猴园，琼瑶浆“逐粒精选”酒，温巴赫

CLOS DES CAPUCINS, GEWÜRZTRAMINER SELECTION DE GRAINS NOBLES, DOMAINE WEINBACH

等级 “逐粒精选”酒（Selection de Geains Nobles）

产地 法国，阿尔萨斯地区（Alsace，France）

创立时间 1898 年

主要葡萄品种 琼瑶浆（Gewürztraminer），雷司令（Riesling），托凯 · 灰品诺（Tokay Pinot Gris）

年产量 200 ~ 800 瓶（只在葡萄最好的年份生产）

上佳年份 2010、2009、2007、2006、2004、2002、2001、2000、1998、1994、1990、1989、1983

阿尔萨斯（Alsace）位于法国东部的边境地区，约有12800公顷的葡萄园，盛产各种干白葡萄酒、半甜白葡萄酒和甜葡萄酒，一直以来是法国与德国争夺的对象。阿尔萨斯最顶级的甜白葡萄酒分别以“迟摘酒”（Vendanges Tardives）和“逐粒精选”酒（Selections de Grains Nobles）命名。其中“逐粒精选”酒的产量只占该地区葡萄酒总产量的2%，价格也是最昂贵的。对一般消费者而言，很难分辨清楚阿尔萨斯的白葡萄酒是干型的、半甜型的或甜型的，只有少数厂家会在酒标上注明含糖量。因此，只有当你在拔开瓶塞后，才知道这瓶白葡萄酒的类型。

阿尔萨斯甜白酒主要以雷司令（Reisling）、琼瑶浆（Gewürztraminer）和灰品诺（Pinot Gris）葡萄酿造。依法国法律规定，对“逐粒精选”酒的酿造要求比其他任何的葡萄酒更为严格：酒在酿造前要申报预期产量、最低的酒精度，禁止掺糖，经官方人员现场检验，在装瓶16个月后才决定是否核准使用“逐粒精选”酒的名称。

温巴赫酒庄（Domaine Weinbach）具有德国血统，是阿尔萨斯地区最古老、也是非常出色的酒庄之一。“温巴赫”的德文意思是“葡萄酒溪”。根据文献记载，温巴赫酒庄在公元890年属于艾特瓦尔（Etival）修道院，1612年，艾特瓦尔修道院将该酒庄卖给了天主教圣方济科教会（San Francesco di Assisi，1182—1226年，又称亚西西的圣方济各或圣法兰西斯）的支教——卷尾猴（Capucins）教会。法国大革命时期，卷尾猴教会的教徒被赶走，酒庄由革命政府接管。后来，德国贵族柏克林（Boecklin Von Boecklinsau）购得了该酒庄。1898年，福勒（Faller）兄弟从柏克林手上购得该酒庄。福勒兄弟退休后，其家族成员哲欧（Théo）继承了该酒庄。哲欧去世后，其妻子科莱特（Colette）夫人（曾是阿尔萨斯地区最出名的厨师之一）接管了该酒庄。她的两个女儿凯瑟琳（Catherine）和劳伦斯·福勒（Laurence Faller）在成年之后也加入到酒庄葡萄酒事业之中，母女三人共同打理这个具有传奇色彩的酒庄。现在，劳伦斯·福勒是酒庄管理的主力，她被称作是世界上顶级女酿酒师之一，她的母亲和姐姐从旁辅佐。这个酒庄的酒标非常有意思，瓶颈处的酒标上印有一个身背葡萄篓的修士的图案，还会印上“哲欧·福勒”（Théo Faller）的名字。

温巴赫酒庄坐落在雄伟的斯伯格（Schlossberg）山脚下，被葡萄藤和玫瑰环绕，拥有的葡萄园面积近140公顷，分布在阿尔萨斯地区各个村落，每一块果园的面积都比较小，年产各种白葡萄酒数十万瓶。葡萄全部采用有机种植，同时也会运用到生物动力学原理，葡萄会比较晚收，产量也比较低产。这大部分葡萄酒使用古老的椭圆形木桶进行发酵，采用本土酵母经过乳酸发酵，七个月后灌瓶。

这个酒庄拥有的卷尾猴园（Clos des Capucins）占地5公顷，是温巴赫酒庄乃至阿尔萨斯地区最出色的葡萄园之一。该园的土壤以黏土、石灰土和板岩土为主，种植的葡萄品种有：琼瑶浆葡萄、雷司令葡萄和托凯・灰品诺葡萄（Tokay Pinot Gris）等，其中以琼瑶浆葡萄最为出色，树龄平均40年，种植密度为每公顷5800~6500株。温巴赫酒庄是阿尔萨斯地区最早采用严格的生物动力学原理栽培葡萄的酒庄，其目的是为了保持葡萄的健康成长，实现低产量并表达出最真实的风土韵味。本园出产的卷尾猴园琼瑶浆“逐粒精选酒”（Clos des Capucins，Gewürztraminer Selection de Geains Nobles），只在葡萄收成极好的年份才生产，产量非常少，产量最低的年份只有200瓶，产量最高的年份也不过890瓶，而且价格昂贵。

这款在阿尔萨斯地区具有代表性的卷尾猴园琼瑶浆“逐粒精选酒”，以琼瑶浆葡萄为主，混合少量的雷司令葡萄和托凯・灰品诺葡萄酿造，在酿造过程中，极低限度地以人工干预，葡萄在挤碎后，发酵采用本地酵母菌在橡木桶里进行，这种本地酵母菌有利于促进长时间、缓慢地发酵，从而增强酒的深度和结构密实性，然后要用已经使用了40~100年的旧木桶醇化，醇化期长达4~5年时间。

卷尾猴园的琼瑶浆“逐粒精选酒”亮晶晶的金黄色中透出浅绿色泽，饱含梨、百合、玫瑰和杏的香味，入口时微酸，但口感很快就会变甜，它带给味觉的有甘醇、油一般浓稠，还含有辛辣味和苹果、樱桃和芒果味，平衡华丽，清爽可口，饮后似有余韵绕梁三日之感。

香槟地区
CHAMPAGNE

070

“白加黑－法国老株”，布林

BRUT BLANC DE NOIRS CHAMPAGNE VIEILLES VIGNES FRANÇAISES，BOLLINGER

*

等级 特级，年份香槟酒（Vintage Champagne）
产地 法国，香槟地区（Champagne，France）
创立时间 1829 年
主要葡萄品种 黑皮诺，霞多丽
年产量 3000 瓶 少有瓶（只在葡萄最好的年份生产）
上佳年份 2002、2000、1999、1996、1995、1990、1988、1985、1982、1979、1975、1973、1970

法国香槟省（Champagne）位于巴黎东北 90 公里处，首府是兰斯市（Reims）。香槟省有三个香槟酒主要产区：白丘（Côte des Blanc）、马恩河谷（Vallee de Marne）、兰斯山（Montagne de Reims），南部还有两个小产区：奥贝（Aube）和塞扎尼（Sezanne）。根据世界 WTO 原产地保护原则，只有在香槟省生产的带有气泡的葡萄酒才能称之为香槟酒，在法国其他地方生产的气泡酒，如勃艮第或阿尔萨斯等地区，只能称之为气泡酒（Crémant）。同样，在世界其他地方生产的气泡酒也不能叫香槟酒，如：意大利叫普洛赛可（Prosecco），西班牙叫卡瓦（Cava）。

香槟地区葡萄园总面积 34000 公顷，主要的名庄几乎集中在北部的兰斯市和南部的埃佩尔奈市（Epernay）周围，有特级园区 17 个，一级园区 38 个，约 2110 家酒庄，年产各种香槟酒 2.6 亿瓶。香槟地区土质结构特别，石灰岩地层厚达 200 多米，具有很好的保温性能，加上受大西洋温和气候的影响，使得葡萄的水分平衡，香气细腻，单宁酸较低，非常适合种植“娇生惯养”的霞多丽葡萄，用这种葡萄酿成的香槟酒，风格优雅、口感细致。香槟酒产区的葡萄园只准种植三种法定葡萄品种：霞多丽、黑皮诺和品诺莫尼耶（Pinot Meunier）。

在公元 496 年的圣诞节晚宴上，法国第一个皇帝在兰斯市登基仪式中，使用了香槟地区出产的一种有气泡的葡萄酒。此后，所有在兰斯市加冕的法国皇帝，都会使用这种有气泡的葡萄酒，以增加加冕仪式的气氛。公元 17 世纪，这种有气泡的葡萄酒被正式命名为香槟酒（Champagne）。数百年来，香槟酒几乎都是用于喜庆场合，这种口感轻盈清爽、气泡丰富的葡萄酒，能给喜庆的气氛增添色彩。

生产香槟酒的要求极高，依照法国政府规定，葡萄在收成后至少要过 39 个月才能上市。香槟酒按年份可分为：1. 无年份香槟酒（NV）：用不同年份和不同产区的葡萄酒调配而成；2. 年份香槟酒（Vintage Champagne）：如某一年份的葡萄收成理想，酒厂会推出注明该年份的香槟酒；3. 特级调配香槟酒（Special Cuvées）：无论有没有注明年份，都是用优秀醇美的葡萄酒调配而成。香槟酒按口感甜度可分为：1. 不甜型香槟酒（干香型）（Brutor Nature），也叫特干型（Extra Brut）：甜度为 0.5%~1.5%，这种酒在 18 世纪非常风行；2. 略甜型香槟酒（Extra Sec or Extra Dry）：甜度为 1.5%~3.0%；3. 较甜型香槟酒（Sec or Dry）：甜度为 3.0%~5.0%；4. 甜香槟酒（DemiSec）：甜度为 5.0%~7.0%；5. 很甜型香槟酒（Doux）：甜度在 7.0%。另外，如果香槟酒在酿造过程中加入了黑皮诺葡萄酿造，香槟酒的颜色为玫瑰红（粉红）则用（Rosé Champagne）表示。法国政府还规定，香槟酒在酿好后，必须在酒窖储存一段时间才可出售，无年份香槟酒最少要储存15个月以上，年份香槟酒更需醇化3年以上。

香槟酒的酿造过程与其他的葡萄酒的酿造方法有所不同。葡萄要分2~3次榨汁（一般以第一次压榨的汁为最佳），接下来就是过滤酒中的杂质，一般采用低温沉淀方法，接着是进行第一次发酵。传统方法的第二次发酵是在装瓶后（酒在瓶中醇化）进行，而现在的方法大多是在橡木桶里进行第二次发酵。大多数香槟酒是用不同品种的葡萄或不同年份的葡萄酒混合而成。理论上，顶级的香槟酒只有在最好的年份才出产，有的顶级香槟酒只用单一品种的葡萄酿成。

雷诺丹·布林酒庄（Renaudin Bollinger）由法国贵族维里蒙特伯爵（Count of Villermont）与法国葡萄酒生产商雷诺丹（M. Renaudin）以及德国人雅克·布林（Jacques Bollinger）联手创立于1829年。后来，维里蒙特伯爵和雷诺丹相继去世，雅克·布林成为了酒庄唯一的主人，酒庄也被重新命名为布林酒庄（Société Jacques Bollinger）。20世纪后，雅克·布林的两个儿子雅克（Jacques）和乔治（Georges）又将酒庄的范围扩大。1993年，酒庄的第七代传人孟高尔费（Chislain de Montgolfier）开始担任领军重任至今。布林酒庄位于马恩河谷地区的阿依镇（Aÿ），拥有面积为160公顷的葡萄园，其中的3个葡萄园非常出色：红十字园（Croix-Rouges）、雅克园（Clos Saint-Jacques）及萧德斯·泽里斯园（Clos Chaudes Terres）。1860年，法国大部分葡萄园遭受了特大的病虫灾害，但布林酒庄的葡萄藤却奇迹般地幸免于难。后来，庄主在葡萄园种植了一些黑皮诺葡萄藤、霞多丽葡萄藤和品诺莫尼耶（Pinot Meunier）葡萄藤，这些葡萄藤平均树龄现已超过70年。布林酒庄每年生产100多万瓶各式香槟酒，其中以“布林·白加黑－法国老株”（Bollinger Brut Blanc de Noirs Champagne Vieilles Vignes Françaises）、布林·特干型R.D（Bollinger Extra Brut Champagne R.D.，“R.D.”是“Reemment Deorge”的缩写，意思是“最近一次将沉淀的酵母从瓶口排出”）这两款香槟酒最为杰出。

孟高尔费在接管家族的葡萄酒生意后，他秉承了家族一贯的酿酒传统。首先，他推出了《道德与品质约章》，并印在每一瓶香槟酒背后的标签上。布林酒庄只在葡萄极好的年份才会酿造“布林·白加黑－法国老株”香槟酒，这种俗称“白加黑－法国老株”（Brut Blanc de Noirs Champagne Vieilles Vignes Françaises）的香槟酒，用来自本酒庄在阿依镇和保斯村（Bouzy）的紫红色黑皮诺葡萄掺和少量的白色霞多丽葡萄混合酿造而成。这些来自纯正的“法国老株”葡萄藤所结的果实比较早熟，糖分高，香气集中。葡萄在完全成熟后采用手工采摘，产量极低。

酿造过程采用传统加现代的方法，进行二次发酵。第一次压榨所得到的葡萄汁，按产地不同分别装入最小容量仅205升、最大容量也不过410升的小型橡木桶中开始第一次发酵，这些橡木桶至少使用了5年，它不会像新桶那样使酒中吸收明显的橡木味。第一次发酵结束后加入酵母，酒也在此时被转移到玻璃瓶中用软木塞封口进行醇化，同时开始为期3年以上的第二次发酵（二氧化碳发酵）。需要说明的是，酵母与酒相接触将进一步提高酒的个性与风味，而酵母也慢慢析出沉淀。酵母渣逐渐释放出自己的芳香，有利于酒香形成。通常来讲，酒与酵母沉淀接触时间越长，酒的风格就越复杂，越能产出多重香味与细腻的口感。发酵的另一结果是二氧化碳产生的气泡。酒由橡木桶转入玻璃瓶，用软木塞而非不锈钢瓶塞封口，因为软木塞可以隔住空气，软木塞中的小孔又能使酒能够与外界发生缓慢的交换作用，完美地保留住其芳香，保证酒质新鲜。

“布林·白加黑–法国老株”香槟酒号称“王室御用香槟”，它的产量极少，自创始至今的60余年来，只有不到一半的年份生产，而且每次的产量不超过3000瓶，并在酒标上打有编号。这款香槟酒的酒标为黑底白字，容易辨认。以前，这款香槟酒只供布林家族自家享用和招待亲朋好友。后来在一位英国朋友的劝说下，布林家族才同意从1977年起，每次只将产量的三分之一上市，大约只有1000瓶，因此在市面上难得一见。

由于这款香槟酒非常名贵，所以它还经常出现在詹姆斯·邦德（James Bond）“007”系列电影的画面中。2015年10月，为纪念“007”系列电影首映47年和庆祝新一部（第24部）詹姆斯·邦德电影《007: 幽灵党》（007:Spectre）的上映，布林酒庄特别推出了2009年限量版布林香槟，其酒标印上了醒目的“007”字样。这款香槟一推出，藏家们就踏破铁鞋，四处寻觅。

“布林·白加黑–法国老株”香槟酒色泽晶莹剔透，淡淡的香甜味中富有成熟的果香味和烤面包的香味，芬芳细腻而又丰浓饱满，纯粹浑厚，天鹅绒般的口感圆润柔顺，具有媚惑诱人的风味。

071

唐·培里侬·精选，酩悦

BRUT ROSÉ CHAMPAGNE CUVÉE DOM PÉRIGNON, MOËT ET CHANDON

*

等级 特级，年份香槟酒

产地 法国，香槟地区

创立时间 1743 年

主要葡萄品种 霞多丽，黑皮诺

年产量 不详（只在葡萄最好的年份生产）

上佳年份 2004、2003、1999、1998、1996、1995、1990、1988、1983、1982、1978

1446年，让－酩悦（Jean Moët）和尼古拉斯（Nicolas）同时被法国国王查尔斯七世（Charles 罗）封为贵族，这与香槟酒精彩传奇息息相关的酿酒世家也就这样诞生了。18世纪初，酩悦家族的后人克劳得·酩悦（Claude Moët）开始从事葡萄酒贸易，并于1743年建立了自己的酒厂。克劳得·酩悦的孙子让－雷姆·酩悦（Jean-Remy Moët）富有远见并勇于开拓，他将家族酒厂变成了一家大型国际化的葡萄酒企业。200多年来，酩悦香槟一直是香槟酒天才的化身，深受世人的喜爱。让－雷姆·酩悦在年轻时结识了一位法国的年轻军官，此人就是日后叱咤风云的拿破仑一世。据说，拿破仑在每次出征前，都要到让－雷姆·酩悦的酒窖喝个痛快，而且每战必胜。让－雷姆·酩悦去世后，他的儿子维克多·酩悦（Victor Moët）和女婿香槟（P.G. Chandon）继承了他的遗产，酒厂的名字由这两个继承人的名字改为酩悦酒庄（Moët et Chandon）。现在，这个法国最大的香槟酒生产厂已成为了法国奢侈品领军企业LVMH集团酩悦－轩尼诗（Moët-Hennessy）的下属品牌，生产十几种由干到甜的各个等级的香槟酒，每年出口的香槟酒占全法国外销量的三成。

了解香槟酒历史的人很自然会想起唐·培里侬神父（Dom Pierre Pérignon，1638—1715年），他被誉为“香槟之父”。传说这位神父是法国酿酒业中的一位神奇人物，他生与死的日子都与法国国王路易斯十四相同。他在19岁时加入了埃佩尔奈镇南部的一个小修道院——阿贝·欧维乐修道院（Abbey of Hautvillers），28岁担任修道院葡萄园主管。他对葡萄酒情有独钟，虽然是一个瞎子，但他有灵敏的嗅觉。他大胆地用红、白葡萄进行混合酿造，发明了一种气泡酒——香槟酒。他还是最早用软木封塞玻璃瓶的发明家。为了纪念这位香槟酒的发明者，在酩悦酒庄的院子里竖立了一座唐·培里侬身着僧侣服、手持酒瓶的铜像。

在法国大革命时期，阿贝·欧维乐修道院的葡萄园被革命政府拍卖，酩悦酒庄趁机将其收入了囊中。1927年，当地著名的美思耶葡萄园（Mercier）庄主把自己的女儿许配给了酩悦酒庄的少东家，并将自己拥有的“Dom Pérignon”（唐·培里侬）注册商标作为女儿的嫁妆，带给了酩悦家族中。在 20 世纪 30 年代初，酩悦酒庄开始在葡萄最好的年份生产唐·培里依香槟酒，首次上市的年份是 1935 年。1936 年，首批试销到纽约的 100 箱唐·培里依香槟酒，很快就被抢购一空。

唐·培里依香槟酒主要用来自本酒庄特级园的阿依园（Aÿ）、比尔兹园（Boirzy）、凯拉曼特园（Cramant）、威尔哲莱园（Verzenay），以及一级园阿贝·欧维乐园中的黑皮诺葡萄和霞多丽葡萄混合酿成，酿造时间有的要达 6~8 年。

自 1970 年以后，唐·培里依香槟酒开始只用不锈钢桶酿造。1990 年，前职为医生的查尔斯托菲·杰弗里（Christophe Geroffroy）接手负责酿造唐·培里依香槟酒。他巧妙地用 50% 的黑皮诺葡萄与 50% 霞多丽葡萄进行混合酿造，第一个年份（1990 年）的唐·培里依·精选香槟酒（Cuvée Dom Pérignon）便一炮而红，使这款人见人爱的“香槟王”又登上了一个新的高峰。酒庄的现任总经理兼总酿酒师理查德·杰弗里（Richard Geoffroy），他是香槟区非常有名气的一位酿酒大师。

2012 年 5 月 15 日，笔者在香港半岛酒店与理查德·杰弗里先生共进晚宴。理查德·杰弗里先生详细介绍了酩悦酒庄的情况，他的酒窖现存有 300 多万瓶葡萄酒，其中有不少是 18 世纪的佳酿。当晚，我们一同品尝了 1975 年唐·培里依香槟酒，他十分欣赏这个年份。他说，当年的葡萄于 10 份才开始采收，这在香槟区是少有的，因此葡萄的含糖量比较高。他还说，这款酒呈金黄色，有明显的焦糖味，酸度平衡，回味甘甜。成熟后的唐·培里依香槟酒色泽金黄透亮，始终洋溢着无花果、核桃、香橙、樱桃、焦糖、烤面包、奶油的复合芳香，浓郁刚劲，果酸度平衡，圆润柔滑、细腻清爽，是当之无愧的香槟王。

072

“至尊香槟”，酩悦

BRUT CHAMPAGNE CUVÉE DOM PÉRIGNON OENOTHÈQUE COMMANDE SPÉCIALE, MOËT ET CHANDON

*

等级 特级，年份香槟酒

产地 法国，香槟地区

创立时间 1743 年

主要葡萄品种 霞多丽，黑皮诺

年产量 不详（只在葡萄最好的年份生产）

上佳年份 1996、1995、1993、1990、1985、1983、1976、1975、1973、1971、1969

酩悦酒庄只在葡萄丰收的佳年才会生产年份香槟（Champagne Vintage），因为只有用饱满圆润的果粒做原料，撷取第一轮葡萄汁（Cuvée）酿制，并在恒温酒窖历经至少要六年到八年的时间，待酒质完全成熟稳定后才出厂。

通常情况下，酩悦酒庄会将香槟置于酒窖陈酿七年以上，完成醇化的第一阶段后，才可装瓶出售。在葡萄极好的年份，这其中一小部分的香槟会被保留，继续于酒窖进行第二阶段的醇化，使葡萄酒达到另一个境界，成为顶级“至尊香槟”（Brut Champagne Cuvée Dom Pérignon Oenothèque Commande Spéciale）。

“至尊香槟”是酩悦酒庄年份香槟中的极品之作，需经过12~16年醇化，方可提升至另一理想的浓度。酩悦酒庄的每位首席酿酒师均知道卓越的香槟需要时间完成，香槟的醇化可持续超过30年，甚至更长，以增强错综复杂的酩悦香槟风格。在大香槟区，能达到如此境界的香槟酒屈指可数。

截至目前，酩悦酒庄只酿造过15个年份的“至尊香槟”（Brut Champagne Cuvée Dom Pérignon Oenothèque Commande Spéciale），且均是限量生产，只有少数人可以享用到这些非凡的香槟酒，被英国伦敦葡萄酒搜寻网站Wine Searcher列入2014年全球最昂贵的50款葡萄酒之一，是当年榜单中仅有的两款香槟酒！

酩悦酒庄的另一款极品、名为唐培里侬香槟王——“臻致时刻P”（Moët et Chandon-'Dom Pérignon P' Plenitude Brut），这款香槟酒别具风格，广袤磅礴的气势被体现得淋漓尽致。唐培里侬香槟王“臻致时刻P3'”（Moët et Chandon-'Dom Pérignon P3' Plenitude Brut），被英国伦敦葡萄酒搜寻网站Wine Searcher列入2015年全球最昂贵的50款葡萄酒榜单之中。随着“臻致时刻P”香槟的出现，“至尊香槟”则逐渐停止生产。

唐培里侬香槟王“臻致时刻P”分为：

第一个层次：唐培里侬香槟王“臻致时刻P1'”（Dom Pérignon P1'），用收成好的单一年份葡萄酿造，至少要精心酿制9年。这款香槟酒展现出完美和平衡。

第二个层次：唐培里侬香槟王“臻致时刻P2'”（Dom Pérignon P2'），用收成好的单一年份葡萄酿造，至少要精心酿制16年。这款香槟酒纯净优雅，馥郁悠长。

第三个层次：唐培里侬香槟王“臻致时刻P3′”（Dom Pérignon P3′）：用收成好的单一年份葡萄酿造，要经过漫长的25年精心酿制，以达到丰盈饱满的复杂层次感，进入一个精妙入神、翩然升华的境界，是极为罕见的香槟酒。“臻致时刻P3”香槟被英国伦敦葡萄酒搜寻网站Wine Searcher列为2016年全球最昂贵的50款葡萄酒之一。

2008年，酩悦酒庄与时装界人称「老佛爷」的卡尔·拉格菲尔德（Karl Lagerfeld）合作，以“至尊香槟”为主题，卡尔·拉格菲尔德大胆构思，将“至尊香槟”拍摄成一系列活人静画艺术（Tableaux vivants），为“至尊香槟”添加了浓浓的艺术色彩。

2010年5月20日，应酩悦酒庄总经理兼总酿酒师理查德·杰弗里（Richard Geoffroy）先生之邀，笔者出席了由酩悦酒庄在香港举办的唐·培里侬“至尊粉红香槟酒”（Dom Pérignon Rosé Oenothèque）品鉴晚宴，分别品尝了2000年、1998年和1971年三个年份。理查德·杰弗里先生还是一位美食家，当晚配酒的菜谱是由他亲自定制，从中东、黎巴嫩的清淡，印度、到东南亚的酸辣风味，通过与菜肴亲密无间的配合，让至尊粉红香槟酒得到了完美的表现。

当晚给人印象最深的是1971年“至尊粉红香槟酒”，它由50%霞多丽、50%黑皮诺葡萄混合酿成，金灿灿的黄色，闻起来有一股烤板栗、烤杏仁、榛子、烟熏肉、咖啡奶油糖果的浓郁香味，层层叠叠，持久不散。酸度和谐平衡，清新雅致，纯粹复杂，馥郁柔顺。这瓶香槟于2006年在酒庄装瓶，迄今已有45年了，状态依然十分生猛，是稀罕又难得的顶级香槟。

073

“白中白”－梅斯尼尔园，库克

Blanc de Blancs Clos du Mesnil, Krug

*

等级 特级，年份香槟酒

产地 法国，香槟地区

创立时间 1971 年

主要葡萄品种 霞多丽

年产量 15000 瓶（只在葡萄最好的年份生产）

上佳年份 2000、1998、1996、1995、1992、1990、1989、1988、1986、1985、1983、1982、1981、1979

德国人约翰–约瑟夫·库克（Johann-Joseph Krug）原来是香槟区当时的大酒厂雅克松酒庄（Jacquesson）的酿酒师。因发现英国顾客偏爱干香槟（Brut），1843年，库克便在兰斯市建立了一个小型香槟酒厂，专门生产干香槟销往英国。100多年来，库克香槟酒已形成了自己的独特风格。

库克酒庄旗下现有六款超凡的香槟：库克陈年香槟（Krug Grande Cuvee）、库克粉红香槟（Krug Rose）、库克年份香槟（Krug Vintage）、库克收藏家香槟（Krug Collection）、库克“白中白”–梅斯尼尔香槟（Krug Clos du Mesnil），以及库克罗曼尼钻石香槟（Krug Clos d'Ambonnay）。酒庄现任酿酒师是年轻的尼古拉斯·奥德伯（Nicolas Audebert）。

1971年，库克家族的第五代传人亨利·库克（Henri Krug）和弟弟雷米·库克（Remi Krug），在科特·布朗地区收购了一个成名于1689年、原名叫大蓝园（Clos Tarin）的小葡萄园，这个非常美丽且被石墙围着的葡萄园，位于久负盛名的梅斯尼尔–苏尔–奥戈尔村（Mesnil-sur-Oger）的心脏地带，紧挨着区内的一条小河，其土壤结构为白垩质土，面积为1.85公顷。库克兄弟俩花了8年的时间，整理葡萄园的地块和全部新植霞多丽葡萄树，并将园名改为梅斯尼尔园（Clos du Mesnil）。他们打破了库克家族自1843年以来以混合酿造方法酿造香槟酒的神圣法则，第一次用同一年份、单一葡萄园、单一霞多丽葡萄酿造香槟酒，并于1979年首次成功推出了让世界为之震惊的“白中白”（Blanc de Blanc）——梅斯尼尔园·库克干香槟酒（Clos du Mesnil）。这款香槟酒被英国伦敦葡萄酒搜寻网站Wine Searcher列为2014年全球最昂贵的50款葡萄酒之一，也是当年榜单中仅有的两款香槟酒。除生产梅斯尼尔园干香槟酒外，库克酒庄还采用其招牌式的慕尔提（Multi-Vintage）传统酿造法，勾兑精酿各种品牌的香槟酒。

与酩悦香槟酒庄一样，在1999年，库克酒庄也成为了法国LVMH集团酩悦–轩尼诗（Moët-Hennessy）的下属品牌。酒庄股权的变化并没有影响库克家族对香槟酒生产的控制，总裁仍由库克家族第六代掌门人——欧利维尔·库克（Olivier Krug）担任，负责管理运营酒庄。

梅斯尼尔园香槟酒的酿造非常讲究，葡萄在挤碎后，用小橡木桶发酵，再花上六年的时间在一个容积为205公升的大橡木桶里醇化，以此获得丰浓醇厚且极复杂的风格，然后装瓶上市。为了确保每一年新的香槟酒质量，库克酒庄专门成立了一个由七人组成的评酒委员会，每一款香槟酒出厂，都必须通过这个委员会的鉴定。

2009年11月13日晚，笔者受邀参加了由库克家族第六代传人欧利维尔·库克在香港凯悦酒店意大利餐厅举办的库克香槟酒晚宴，品尝了1988年、1995年的库克“白中白”–梅斯尼尔园年份香槟酒。欧利维尔先生先后分别介绍了其家族和库克系列香槟酒的酿造方法。他对笔者说，1998年是梅斯尼尔园一个非常有意义的年份，因为梅斯尼尔园的石头围墙为葡萄园已经整整工作了300年！

“白中白”–梅斯尼尔园香槟酒成熟时呈现出浅绿色中带着金黄的色泽，散发着香蕉、橘子、生姜、草莓、榛子、蜂蜜、烤面包、烟熏肉和矿物质的美丽香气，雄浑醇厚，活力澎湃，复杂多变的层次与清新爽口的味觉完美协调。

074

安柏内园，库克

CLOS D'AMBONNAY, KRUG

等级 特级，年份香槟酒

产地 法国，香槟地区

创立时间 1994 年

主要葡萄品种 黑皮诺

年产量 3000 瓶（只在葡萄最好的年份生产）

上佳年份 1998、1996、1995

在1992—2008年长达16年的时间内，库克酒庄和亨利·库克（Henri Krug）家族一直保守着一个秘密：库克酒庄的一款品质出众的香槟酒——安柏内园香槟（Clos d'Ambonnay）于2008年春天问世。

受到梅斯尼尔园（Clos du Mesnil）成功的启示，亨利·库克和雷米·库克兄弟以及亨利·库克的儿子欧利维尔·库克（Olivier Krug），他们一起在1994年收购了位于香槟区蒙塔哥勒·兰斯市（Montagne de Reims）安柏内村（Ambonnay）的安柏内园（Clos d'Ambonnay）。这个小型的特级葡萄园原来的主人是库克酒庄香槟酒的一位经销商。这个葡萄园的面积比梅斯尼尔园更小，只有0.685公顷。安柏内园三面有石墙围住，面朝南方，有利于葡萄藤吸取充足的阳光，使葡萄得到健康成长。本园种植的葡萄品种为黑皮诺。与梅斯尼尔园一样，这个袖珍般的葡萄园得到了库克家族的悉心照料。库克家族决定采用安柏内园1995年的纯黑皮诺葡萄，酿造第一批安柏内园香槟酒。这种酒的酿造方法与梅斯尼尔园香槟酒相差无几，只是发酵和醇化都是在小型的橡木桶里进行，而醇化期又比梅斯尼尔园香槟酒多一倍的时间，长达12年。

库克酒庄还在2005年用黑皮诺葡萄酿造了一款名为——库克珍酿·安柏内园香槟（Krug Pinot Noir Réservé Ambonnay）。

2007年10月，库克酒庄和其控股股东LVMH集团，邀请了全球60名葡萄酒专业人士，在酒庄参加了安柏内园香槟酒的新酒试酒会，而这款新香槟酒正式对外发售是在2008年春季。此前，库克酒庄1996年的梅斯尼尔园香槟酒的产量虽然达到8607标准瓶（750毫升）和602大瓶（1500毫升），标准瓶的出厂价定为800美元，非常昂贵。而这款新推出的安柏内园香槟酒，首个年份1995年的产量仅为250箱（3000瓶，只及梅斯尼尔园香槟酒产量的1/3），每一瓶都有独立的编号。这款被誉为罗曼尼－康帝的香槟，标准瓶的定价高达3000~3300美元，这恐怕是世界上最昂贵的香槟酒了。尽管如此，全球的“香槟痴们”仍是一瓶难求。这款香槟酒至今只有三个年份推上了市场，分别是：1998年、1996年、1995年。安柏内园香槟酒被英国伦敦葡萄酒搜寻网站Wine Searcher列为2016年全球最昂贵的50款葡萄酒之一，也是2016年榜单中仅有的三款香槟酒。

1995年安柏内园香槟酒（750毫升），现在还非常年轻，透着淡淡的金黄色泽，泛漾着优雅的金银花、紫罗兰、草莓、榛子、核桃、蜂蜜、烤面包的香气，酒精含量12%，浑厚浓郁，有极复杂的层次，刚劲而又纤细，酸度平衡，圆润幼滑，清新爽口，绵长高贵的余韵，使人心旷神怡。

075

“白中白”－梅斯尼尔园，沙龙

BRUT BLANC DE BLANCS CHAMPAGNE LE MESNIL, SALON

*

等级 特级，年份香槟酒

产地 法国，香槟地区

创立时间 1911 年

主要葡萄品种 霞多丽

年产量 约 2000 瓶（只在葡萄最好的年份生产）

上佳年份 2002、1999、1997、1996、1995、1990、1988、1985、1983、1982、1979

艾尤根－埃米·沙龙（Eugene-Aime Salon）出生于香槟区，原来经营皮草生意，年仅25岁时就已成为腰缠万贯的富豪。由于当时的香槟酒无法满足自己的口味，在1911年，他在梅斯尼尔－苏尔－奥戈尔村购买了一块葡萄园并开始酿造香槟酒，供自己饮用，并在1914年，以自己的名字命名建立了沙龙酒庄（Salon）。1921年，在朋友和家人的劝说下，艾尤根－埃米·沙龙第一次将沙龙香槟酒投放市场，随即沙龙香槟酒便获得了国内外行家们的高度评价，赢得了“梦幻香槟”的美誉。此后，沙龙香槟酒便驰名于世。艾尤根－埃米·沙龙是当地一位非常活跃的商界人物，曾担任过当地最高级美食俱乐部“百人俱乐部”的主席。艾尤根－埃米·沙龙于1943年去世后，他的家人在1963年将沙龙园卖给了伯勒丰（Besserat d Bellefon）家族。1989年，沙龙园被法国皮利耶集团（Laurent-Perrier）收购。

沙龙园坐落在梅斯尼尔－苏尔－奥戈尔村一个独特而又相对较凉爽的气候带，园中种植100%的霞多丽葡萄树，树龄平均55年，种植密度每公顷7500~10000株，葡萄的栽培及收获均以手工进行，在采收时要经过严格的分选。沙龙香槟酒的酿造过程精益求精，用100%的纯霞多丽葡萄酿造，故称为“白中白”－梅斯尼尔园（Brut Blanc de Blancs Champagne Le Mesnil）。发酵是在不锈钢桶里进行，但不进行苹果酸－乳酸发酵，以保持非常高的自然酸味，增加了它的与众不同之处。沙龙园只有在葡萄特别好的年份才生产这种被誉为“梦幻香槟”的沙龙香槟酒，从1911年成立至1997年的86年时间，投放到市场上的沙龙香槟酒只有33个年份，总数量也只有4万~5万瓶，在1997年以后的十年时间里，尚未发售过沙龙香槟酒。在沙龙酒庄的酒窖里，还经常存放着十几个年份的香槟酒。

沙龙“白中白”－梅斯尼尔园香槟酒的成熟期至少是10年，好的年份甚至可以珍酿半个世纪，曾被法国农业部授予100个百分点的评级。这款“白中白”香槟酒色泽稍带绿色，泡沫均匀，微酸清淡，滋味细腻，味道十足而爽口。

076

天然粉红水晶香槟，路易斯·王妃

CRISTAL BRUT ROSÉ DE CHAMPAGNE, LOUIS ROEDERER

*

等级 特级，年份香槟酒

产地 法国，香槟地区

创立时间 1833 年

主要葡萄品种 黑皮诺，霞多丽

年产量 20000 瓶（只在葡萄最好的年份生产）

上佳年份 2009、2006、2005、2004、2002、2000、1999、1996、1995、1990、1988、1986、1985、1982、1979、1976、1975

路易斯·王妃酒庄（Louis Roederer）位于大香槟区兰斯市（Reims），由杜·波伊斯（Du Pois）家族于1776年创立，后来被罗德乐（Roederer）家族收购。1833年，路易斯·罗德乐（Louis Roederer）继承了他叔叔拥有的罗德乐园，不久后，他将酒庄更名为——路易斯·王妃酒庄。经过路易斯·罗德乐家族几十年的努力，在1868年，路易斯·王妃香槟酒的销售量就已超过250万瓶，成为了香槟区的葡萄酒大厂，产品大部分出口到俄罗斯，成为了俄国沙皇的挚爱。1876年，应俄国沙皇亚历山大二世（Alexander，1818—188年）的要求，路易斯·王妃酒庄开始酿造"水晶香槟酒"（Cuvée Cristal），专供俄国皇宫享用。1917年，俄国革命爆发，路易斯·王妃水晶香槟酒的市场统治地位就戛然而止。第一次世界大战结束后的1924年，路易斯·王妃酒庄又重新恢复生产这种被誉为"世界上最古老的顶级香槟酒"。

目前，路易斯·王妃酒庄的大股东和管理人仍然是路易斯·罗德乐家族的后代——让-克劳德·罗扎德（Jean-Claude Rouzard）和弗雷德里克·罗扎德（Frédéric Rouzaud）。这个家族在波尔多已经拥有碧尚女爵酒庄、培堡（Château Pez）酒庄、欧博圣堡（Château Haut Beauséjour）酒庄，在普罗旺斯、葡萄牙和美国也拥有优质葡萄园。

2015年7月，法国《挑战者》杂志公布了2015年"法国500强富豪名单"排行榜，庄主让-克劳德·罗扎德家族以7亿欧元列第95位。

路易斯·王妃酒庄现有葡萄园202公顷，只种植霞多丽（Chardonnay）和黑皮诺（Pinot Noir）这两种法定葡萄。园内微型气候相当稳定，因此不管年份如何，其香槟酒都能保持一贯水准，年产各类香槟酒270万瓶，其中包括最昂贵的"天然粉红水晶香槟酒"（Cristal Brut Rose de Champagne）。这种香槟酒在酿造过程中使用先进技术和设备，用紫红色黑皮诺葡萄与白色霞多丽葡萄汁混合调配，灵活使用"苹果酸-乳酸发酵"与"非苹果酸-乳酸发酵"相结合的酿造技术，用大橡木桶发酵醇化，醇化期大约在12个月，装瓶后还要在瓶中继续藏酿3年。"天然粉红水晶香槟酒"的产量较少，每次产量不足20000瓶，价格很高，是一款让葡萄酒收藏家们极为重视的香槟酒。

笔者品尝了2000年路易斯·王妃酒庄的"天然粉红水晶香槟酒"，酒精含量12%，它色泽晶莹剔透，金黄色中又露出泛泛的紫红色，金银花、橙皮、香草、野菊花、烤面包、巧克力的香味如万筒般的变化，稍有一丝微辛辣感，酸度平衡，浓郁醇厚，复杂细腻，有如丝般的柔滑，绝对属于珍酿级佳酿。

077

珍酿香槟，波尔·科夫

BRUT CHAMPAGNE CUVÉE, BOËRL & KROFF

等级 特级，年份香槟酒

产地 法国，香槟地区

创立时间 1995 年

主要葡萄品种 黑皮诺为主，配以霞多丽、美尼尔·品诺（Pinot Meunier）

年产量 低于 4000 标准瓶（只在葡萄最好的年份生产）

上佳年份 2002、1998、1997、1996、1995

波尔·科夫（Boërl & Kroff）香槟酒庄坐落在香槟区南部的巴尔奥布河岸（Barse & Aube）的于维尔（Urville）镇，这里是法国香槟地区最负盛名的黑皮诺葡萄（Pinot Noir）产地。

于维尔镇有一家历史悠久的香槟名庄——德拉皮耶（Drappier）酒庄，它由德拉皮尔（Drappier）家族所有，这个酒庄曾专门为法国总统戴高乐（Charles de Gaulle）家族酿造香槟，同时也成为爱丽舍宫（Palais de l'lysée）的总统级香槟 。这个酒庄的现任总经理米歇尔·德拉皮耶（Michel Drappier）前几年曾作出过一个惊人的举动，他将德拉皮耶的一系列香槟酒放入地中海海底并持续数年，以测试水下香槟的陈酿效果。

1995年，米歇尔·德拉皮耶家族与波尔·科夫（Boërl & Kroff）酒庄的创始人帕特里克·沙巴特（Patrick Sabaté）和斯特凡·塞（Stéphane Sésé）签订协议，将德拉皮耶酒庄位于于维尔镇的两块优质葡萄田——埃格里斯园“Les Egrillées”（面积0.7公顷，黑皮诺葡萄树龄平均45年）和芒洛里特园“Monlouillet”（面积0.3公顷）转让给波尔·科夫酒庄。而波尔·科夫酒庄以这两块葡萄田（约1公顷）中最优质的黑皮诺葡萄用以酿造最优秀、最顶级的香槟酒 。2012年，中国内蒙古的一家公司获得了波尔·科夫酒庄的少数股份。

波尔·科夫酒庄所有香槟酒酿造均以黑皮诺葡萄为主（有的以100%黑皮诺葡萄酿造），配以少部分霞多丽葡萄和美尼尔·品诺葡萄（Pinot Meunier）酿造，这些果实全部产自于埃格里斯园和芒洛里特园。在香槟区，很少有酒厂像波尔·科夫酒庄用这样的葡萄配比来酿造香槟酒。与酩悦酒庄一样，葡萄在采摘后，分拣出的优质有机葡萄所压榨出来的“第一批次酿造的汁”来酿造“珍酿香槟”（Cuvée）。葡萄汁在可调节的温度下浸泡12~80小时，利用可控制的浸渍时间而获得所期望的芳香结构和颜色。

在酿造方法上，波尔·科夫酒庄使用最传统的纯天然酿造工艺，以无抽吸的自然力排渣法去除尾渣，用稀缺的高质量橡木桶醇化，时间长达10年以上。与其他香槟酒相比，这样做可减少三分之二的亚硫酸盐，并低于标准3倍，虽然费时耗财，也牺牲了数量及效率，但能确保每一瓶香槟酒的真正高品质。波尔·科夫香槟酒的瓶塞由5件高品质天然瓶塞组成，较传统香槟瓶塞多了两件。每瓶香槟都有一个与其配套的酒塞网丝扣，而大瓶装（1.5升）系列的酒塞网丝扣都是由18K金制成，在正常的储藏条件下，可以保存更长时间。每一瓶香槟酒皆有独立编号及除渣日期，手工贴上重磅羊皮纸制成的酒标，再装入以皮革包覆的光滑涂漆木箱，极尽奢华。

1995年是波尔·科夫香槟酒的第一个年份。这个酒庄的香槟酒系列有：年份香槟（Vintage）、无年份（Non-Vintage）、“B”系列（用100%黑皮诺葡萄酿造）。入瓶灌装主要以大瓶（Magnum，1.5升）和普通瓶（0.75升）为主，同时也根据不同客人的需求提供其他规格的瓶装。

2012年4月13日，笔者访问了波尔·科夫酒庄，在酒庄创始人之一——帕特里克·沙巴特（Patrick Sabaté）先生的亲自带领下，参观了的葡萄田、酿造车间和古老的酒窖。分别品尝了1995年波尔·科夫珍酿香槟（1.5升）、1998年波尔·科夫珍酿香槟（1.5升）、波尔·科夫粉红珍酿香槟（Champagne Boërl & Kroff Rosé Brut，1.5升）、1998年波尔·科夫无年份香槟（Boërl & Kroff Brut N.V.Brut，1.5升）、1997年和2000年波尔·科夫B香槟（B Boërl & Kroff Brut，0.75升）。

1998年波尔·科夫珍酿香槟酒由黑皮诺葡萄、霞多丽葡萄、美尼尔·品诺葡萄（Pinot Meunier）混合酿造，于2010年除渣。该款香槟呈透亮的金黄色，散发出青苹果、红石榴、草莓、杏仁、香草、樱桃、奶油蛋糕的丰韵香味和芬芳。酒体饱满密实，新鲜纯净，酸度平衡，有着神秘的深邃感，层次丰富复杂，细腻优雅，回味持久绵长。

第二章

意大利产区

Italy

*

078

梦芳蒂诺，珍酿酒，贾科莫·康特诺

Barolo Monfortino Riserva, Giacomo Conterno

等级 D.O.C.G.

产地 意大利，彼德蒙州，巴罗洛地区（Barolo，Piedmont，Italy）

创立时间 1908年

主要葡萄品种 纳比奥洛（Nebbiolo）

年产量 约10000瓶（只在最好的年份生产）

上佳年份 2010、2009、2008、2006、2005、2004、2002、2001、2000、1999、1998、1997、1996、1995、1990、1985、1982、1978、1974、1971、1967、1961

古时候，意大利就有“酒之国”（Oinotria）的美誉。今天，意大利仍然是全球主要的葡萄酒生产大国和消费大国之一。1963年，为了提升葡萄酒的竞争力，意大利政府效仿法国的“AOC”制度，颁布了意大利第一个“保证法定地区”D.O.C.G（Denominazione di Origine Controllata e Garantita）和“法定地区”D.O.C.（Denominazione di Origine Controllata）两个品质法定分级体系。但这两个体系在颁布后并未起到有效作用。1992年，意大利将葡萄酒的法定分级体系扩大到四个，即：① V.d.T.（Vim da Tavola），日常饮用的餐酒；② I.G.T.（Indicazione Geografica Tipica），稍高一个级别的地区餐酒；③ D.O.C.，优秀葡萄酒；④ D.O.C.G.，顶级葡萄酒。厂家如果是“保证法定地区”（D.O.C.G.）出产的顶级葡萄酒，就必须在瓶颈顶处加贴一桃红色保质封条。

截至2010年4月，在意大利20个主要的葡萄酒大产区中，有48个小产区的葡萄酒被列入D.O.C.G.级别，它们主要集中在位于意大利西北部与法国和瑞士接壤的阿尔卑斯山麓地区，其中彼德蒙州（Piedmonte）12个，中北部邻近地中海的托斯卡纳州（Tuscany）7个，北部的威尼托省（Veneto）5个。

今天的意大利，从皇室成员到普通百姓，许多人都在从事葡萄酒产业。意大利王子——亚历山德罗雅科布·邦康姆帕格尼·卢道斯（Alessandrojacopo Boncompagni Ludouisi）就是其中一员。2015年5月10日，笔者访问了王子拥有的位于罗马南部的费奥拉诺酒庄（Tenuta di Fiorano），受到王子和夫人的热情接待。这个酒庄生产品质颇为上乘的两款葡萄酒：

菲欧拉诺红酒（Fiorano Vino Rosso）和菲欧拉诺白酒（Fiorano Vino Bianco）。

彼德蒙州是意大利最著名、也是最主要的葡萄酒产地，它位于阿尔卑斯山南面，阳光充足，日夜温差大，空气湿润，十分适宜种植葡萄。巴罗洛（Barolo）、巴巴勒斯科（Barbaresco）是彼德蒙州的葡萄酒生产重镇。巴罗洛地区是全球“慢食运动”的发源地。巴罗洛、巴巴勒斯科的葡萄园均以种植纳比奥洛葡萄（Nebbiolo）和赤霞珠葡萄为主。

巴罗洛位于彼德蒙州阿尔巴市（d'Alba）附近，有6个主要的产酒村庄，分别是：摩拉村（La Morra）、巴罗洛村（Barolo）、郎世宁村（Castiglione）、法列多村（Falletto）、梦芳蒂诺·阿尔巴村（Monfortino d'Alba）、塞拉伦加·阿尔巴村（Serralunga d'Alba），这里的葡萄园处于海拔150~450米的山坡上，冬冷夏暖，秋天经常雾锁山谷，这种气候适宜造就优秀的葡萄酒。

贾科莫·康特诺（Giacomo Conterno）是巴罗洛最具代表性的伟大酒庄之一。1908年，乔瓦尼·康特诺（Giovanni Conterno）在山·久瑟佩（San Giuseppe）村开办了一个酿酒厂，他用采购来的葡萄酿酒，以木桶装出售多余的葡萄酒。大约在1920年，乔瓦尼·康特诺开始酿造梦芳蒂诺·珍酿酒（Barolo Monfortino Riserve），并以瓶装酒出售。1934年乔瓦尼·康特诺去世后，他的儿子贾科莫·康特诺（Giacomo Conterno）子承父业，并以自己的名字命名酒庄——贾科莫·康特诺酒庄。1961年贾科莫·康特诺去世，他的两个儿子乔瓦尼（Giovanni，与其祖父同名，下称小乔瓦尼）与奥尔多·康特诺（Aldo Conterno）继承了家业。1969年兄弟俩分家，小乔瓦尼继承了父亲的葡萄酒事业，致力于用现代科技加传统方法酿造梦芳蒂诺·珍酿酒；而弟弟奥尔多·康特诺则搬进了位于巴罗洛中心的布斯萨·索皮拉纳（Bussia Soprana）度假村。

在20世纪90年代，小乔瓦尼的儿子罗伯托·康特诺（Roberto Conterno）加入到了家族的葡萄酒事业中。2003年，小乔瓦尼去世，罗伯托·康特诺继承了父亲的葡萄酒事业，成为酒庄新的主人。实际上，在小乔瓦尼去世的数年前，罗伯托·康特诺就已经全面独立地经营和管理酒庄。

1974年，小乔瓦尼在巴罗洛中心梦芳蒂诺·阿尔巴村购买了一块名为卡斯齐纳·法兰茨（Cascina Francia）的葡萄园。此前，小乔瓦尼主要从当地采购葡萄酿酒。卡斯齐纳·法兰茨园位于海拔450米高、面朝西南的山坡上，阳光充足。葡萄园面积14.01公顷，土壤由多层沙子和黑色泥灰组成，葡萄树龄40多年，每公顷年产量3500公升。2008年，现任庄主罗伯托·康特诺在著名产区塞拉伦加（Serralunga）买下了科热塔园（Cerretta）。

从1978年至今，贾科莫·康特诺酒庄开始用自家葡萄园的葡萄酿酒，其中有两款举世闻名的巴罗洛酒——梦芳蒂诺·珍酿酒（Barolo Monfortino Riserva）、卡斯齐纳·法兰茨酒（Cascina Francia Barolo），另外还有一款品质不错的名为科热塔园酒（Cerretta Barolo），它的第一个年份是2010年。梦芳蒂诺·珍酿酒只会在葡萄质量最好的年份酿造。酿造这款珍酿酒选取来自卡斯齐纳·法兰茨园的优质葡萄，在开口的橡木桶内发酵，发酵在28~30℃高温下进行3~4周，然后用全新的、容积达4000~5000升的斯洛文尼亚（Slavonian）橡木桶醇化7年以上再装瓶（如1970年的梦芳蒂诺·珍酿酒在1985年才装瓶，在橡木桶里整整醇化了15年！）。另一款卡斯齐纳·法兰茨酒也要用橡木桶醇化4年后才能装瓶。

贾科莫·康特诺酒庄的梦芳蒂诺·珍酿酒产量稀少，价格昂贵，好年份的酒在市场上每瓶能卖到2000美元以上。1978年的梦芳蒂诺·珍酿酒（当年产量约9000瓶），深红宝石般的色泽，充满了桑果、百里香、核桃、黑醋栗、可可粉、烤烟、新皮革的香气，给人带来了一种飘逸而致远的复杂芬芳，酒精含量14%，单宁丰富，入口醇厚柔顺，细密优雅，兼具甘草、焦油和矿物质的风味，是货真价实的“巴罗洛酒王”。

079

罗科希·法列多，珍酿酒，巴鲁洛·凯科萨

BAROLO LE ROCCHE DEL FALLETTO, RISERVA, BRUNO GIACOSA

等级 D.O.C.G.

产地 意大利，彼德蒙州，巴罗洛地区（Barolo，Piedmont，Italy）

创立时间 1944 年

主要葡萄品种 纳比奥洛

年产量 10000 ~ 15000 瓶

上佳年份 2010、2009、2008、2007、2005、2004、2001、2000、2001、2000、1998、1997、1996、1990、1989、1985、1982、1978、1971、1967、1964、1961

巴鲁洛·凯科萨（Bruno Giacosa）现已80多岁，他的酒庄位于彼德蒙州的莱威市（Neive）。1944年，第二次世界大战联军轰炸了他就读的学校，他父亲便将他接回了家。此后，他加入到了家族的葡萄酒生意当中。在50多年的葡萄酒生涯中，巴鲁洛·凯科萨既尊重传统的酿酒方式，又不拒绝使用新技术，他对葡萄园里的纳比奥洛葡萄的栽培和酿酒工艺采用了一种非常简单的哲学，被彼德蒙州的同行们尊称为“纳比奥洛葡萄大师”。他自己曾说：“传统主义酿造哲学对于我们而言，意味着葡萄酒需要传递所采用葡萄的不同特性及风土条件。我们一直推行单一品种的葡萄酒，这使得我们的技术得到了提升，包括压榨方法、合理地使用泵出系统和发酵过程中出色的热处理技术。”

过去，巴鲁洛·凯科萨家族只从当地优秀的葡萄园购买葡萄酿酒。而现在，这个家族拥有自己面积为18.2公顷的葡萄园，其中有13公顷的葡萄园分别在巴罗洛地区和巴巴勒斯科地区，而位于巴罗洛地区的塞拉鲁加·阿尔巴园（Serralunga d'Alba）又是其中最好的葡萄园。

塞拉鲁加·阿尔巴葡萄园，坐落在巴罗洛地区海拔400米高度的山坡上，面朝正南和西南方向，日照充足，有较独特的微气候条件，这些都是保证葡萄品质的基础。本园种植的纳比奥洛葡萄树龄平均25年，种植密度为4500~5000株/公顷。40年前，巴鲁洛·凯科萨就率先在巴罗洛地区对纳比奥洛葡萄树进行整枝，以确保葡萄的生长质量。葡萄在成熟后才采摘并进行分选，分选后的葡萄被用来酿造法列多酒（Barolo Falletto）和罗科希·法列多珍酿酒（Barolo Le Rocche del Falletto，Riserva）。

无论是用外购的葡萄，还是用自家葡萄园的葡萄，在巴鲁洛·凯科萨高明的妙手中，都能酿出一流的葡萄酒。罗科希·法列多珍酿酒由纯纳比奥洛葡萄酿造。葡萄在挤破后，马上浸渍，发酵在不锈钢槽里进行，浸渍期和发酵期均为15~20天，再用橡木桶进行为期长达24~36个月的醇化，不经过滤直接装瓶，装瓶后，还要在瓶中继续藏酿6~12个月后才上市。

罗科希·法列多珍酿酒被酒评家们誉为意大利的“罗曼尼－康帝酒”。2000年的罗科希·法列多珍酿酒被《葡萄酒观察》杂志评为满分100分，罗伯特·帕克也给出99分的高分。意大利极少有像罗科希·法列多珍酿酒这样，同时被世界知名葡萄酒专业杂志和世界著名酒评家评为高分的葡萄酒。

这款酒色泽深红，略带橙色暗影，具有红色果类和黑果类、烟草、烟熏以及玫瑰和紫罗兰的芳香，展现了非凡的结构，高雅饱满，尾韵甘美绵长，单宁丰富，精致纯粹。

080

卡帕罗特园，珍酿酒，罗伯托·沃尔兹奥

BAROLO VECCHIE VITE DEI CAPALOT E DELLE BRUNATE, RISERSA, ROBERTO VOERZIO

*

等级 D.O.C.G.

产地 意大利，彼德蒙州，巴罗洛地区

创立时间 1987 年

主要葡萄品种 巴贝拉（Barbera）

年产量 1200 大瓶（Magnums，只在葡萄最好的年份生产）

上佳年份 2008、2007、2006、2004、2003、2001、2000

罗伯托·沃尔兹奥（Roberto Voerzio）是巴罗洛地区超一流的葡萄酒酿造者。他的葡萄园位于巴罗洛的摩拉村（La Morra）。尽管他拥有的葡萄园总面积不足9公顷，葡萄酒的产量也不大，但却是彼德蒙州葡萄酒业界的超级明星。

近十几年来，罗伯托·沃尔兹奥酿造了一系列完美、复杂而又令人着迷的巴贝拉（Barbera）葡萄酒，相信在意大利无人能撼动他的地位。他拥有几个著名的小型葡萄园：卡帕罗特园（Capalot）、布鲁内诺内特园（Brunate）、拉－塞拉园（La-Serra）、塞雷奎奥园（Cerequio）、莎梅萨园（Sarmassa di Braolo）等，在这些葡萄园中，又以卡帕罗特园最为杰出。在卡帕罗特园，种植的是单一葡萄品种——巴贝拉葡萄，葡萄树龄为55年，种植密度4000~6000株/公顷，罗伯托·沃尔兹奥只会在绝佳的年份才会用这个葡萄园的葡萄酿造卡帕罗特·珍酿酒（Barolo Vecchie Viti dei Capalot e delle Brunate，Riserva），而且每次的产量也只有1200大瓶（Magnums）。罗伯托·沃尔兹奥坚持以有机方式来种植葡萄园，他用近乎夸张的方法给葡萄藤剪枝“瘦身”，经常使葡萄在采摘之前就被剪掉了50%以上，每棵葡萄藤剩下4~5串葡萄，每棵葡萄藤上葡萄的产量大约为750克，这种产量只有当地顶级葡萄园的一半。

在追求酿造葡萄酒的最高境界方面，罗伯托·沃尔兹奥是一个近乎痴狂的人物，他以完美主义为目标来经营自己的酒庄。在葡萄的采摘方面，他坚持以葡萄达到充分成熟后才用人工采摘。在酿造方面，他用苹果酸－乳酸发酵，发酵在3~3.5吨的不锈钢桶里进行，温度在30~35℃之间，发酵时间持续两周。发酵结束后，葡萄酒转到容积为227公升的小橡木桶里进行为期20~28个月的醇化，然后将葡萄酒转入不锈钢桶里继续醇化几个月，装瓶前不过滤，装瓶后还要在酒庄的酒窖里存放12个月后才上市。

2007年2月6日，罗伯托·沃尔兹奥酒庄发布消息说，该酒庄将用2003年在巴罗洛地区自有葡萄园的葡萄酿造系列“珍酿酒”，这些“珍酿酒”要等到数年后的2013年才上市，厂家在2012年下半年之前都不会接受订单。罗伯托·沃尔兹奥先生在意大利葡萄酒业内的牛气可见一斑。

卡帕罗特·珍酿酒被意大利品酒师协会（AIS）评为最高级别的五串葡萄标志。它呈深紫色，边缘略带亮泽，具有浸泡了甘油似的黑樱桃和雪松的香味，酒体结构宽厚，单宁丰富，尾韵绵长。由于这款酒不是每年都生产，而且每次的产量不超过1200瓶，市面上非常罕见，是意大利目前最昂贵的葡萄酒之一。

*

081

索里·蒂丁，安格罗·嘉雅

SORÌ TILDÌN, BARBARESCO, ANGELO GAJA

等级 D.O.C.G.

产地 意大利，彼德蒙州，巴巴勒斯科地区（Barbaresco，Piedmont，Italy）

创立时间 1859 年

主要葡萄品种 纳比奥洛，巴贝拉

年产量 12000 瓶

上佳年份 2010、2009、2008、2007、2006、2005、2004、2001、2000、1998、1997、1996、1990、1989、1985、1982、1978、1971

巴巴勒斯科（Barbaresco）是一座世代以酿酒为业的小镇，现有600多人，1座教堂，1间百货店，4间餐厅，但却有100家酒庄，有42个品牌的D.O.C.葡萄酒和7个品牌的D.O.C.G.葡萄酒。

提到对现今意大利葡萄酒贡献最大的人，非安格罗·嘉雅（Angelo GaJa）莫属。嘉雅（GaJa）家族在公元17世纪由西班牙来到意大利定居。1859年，乔万尼·嘉雅（Giovanni GaJa）开始在彼德蒙州阿尔巴市（Alba）东北面的巴巴勒斯科镇开辟葡萄园并酿酒。与多数意大利的酒庄一样，嘉雅家族起初也并不太注重品质，酿造的大部分是品质平庸的葡萄酒。在嘉雅家族第五代掌门人安格罗·嘉雅继承祖业后，嘉雅酒庄的命运才得到了彻底改变。安格罗·嘉雅于1940年出生，在大学时曾学过酿酒，拥有经济学博士学位。他在1961年进入家族酒庄负责管理葡萄园，1970年接替退休的父亲全面管理酒庄。嘉雅酒庄现由家族的第五代传人佳亚·嘉雅（Gaia Gaja），被认为是意大利葡萄酒业界最具权威的女性。

嘉雅酒庄不断地收购葡萄园，现有葡萄园面积113.4公顷。其中最著名的是巴巴勒斯科地区的“一门三杰”的3个葡萄园：索里·蒂丁园（Sorì Tildìn）、索里·圣·洛伦佐园（Sorì San Lorenzo）、索里·鲁思园（Sorì Russi），另外还有巴罗洛地区的思佩思园（Sperss）等。这些园酒的品质非常接近，价格以索里·蒂丁园酒略高一些。

安格罗·嘉雅思想开放，大胆改革。受法国知名葡萄酒成功经验的启发，他将家族葡萄园里的纳比奥洛葡萄连根拔掉，改种从法国进口的优良葡萄品种赤霞珠葡萄藤，是彼德蒙州第一家种植这种葡萄的酒庄；他摒弃了原来重量不重质的家族信条，对葡萄园深耕细作，将葡萄种植密度削减至每公顷3500~4000株，通过整枝来控制葡萄的收获量，使得每公顷产酒控制在3500公升左右；他全面改造酿酒设施，增加电脑温控设备。安格罗·嘉雅的这些举措，使嘉雅葡萄酒迅速地达到了“世界等级”，极大地提高了意大利葡萄酒在世界葡萄酒市场上的地位。

安格罗·嘉雅从中欧地区购买木材制成木桶，他仿照勃艮第罗曼尼－康帝酒庄的做法，将木板自然风干三年后才制成桶。在酿造方面，索里·蒂丁酒由纳比奥洛葡萄和巴贝拉葡萄混合酿造。酿造采用现代技术，葡萄在挤碎后，要浸渍1周，在初次发酵时温度设定为30℃，用泵进行多次抽吸，再将发酵温度降至22℃，并继续抽吸7~10天，用容积为225公升全新的橡木桶醇化24个月，装瓶后还要在酒窖里藏酿12个月才可以上市。

索里·蒂丁酒深红宝石色泽，散发着黑莓、枣、李子、黑醋栗的香气，带有少许松露、烤烟和泥土的气息，酒精含量14%，酸度平衡，单宁丰富，浓郁醇厚，是安格罗·嘉雅家族最具魅力的佳酿。

082

布鲁内诺·蒙塔希诺，珍酿酒，比昂狄·山蒂

BRUNELLO DI MONTALCINO TENUTA GREPPO, RISERVA, BIONDI SANTI

等级 D.O.C.G.

产地 意大利，托斯卡纳州，蒙塔希诺（Montalcino，Tuscany，Italy）

创立时间 1840 年

主要葡萄品种 布鲁内诺（Brunello）

年产量 8000 瓶（只在葡萄最好的年份生产）

上佳年份 2008、2007、2006、2004、2001、1990、1988、1987、1985、1983、1981、1975、1971、1970、1968、1964、1961、1955、1945

1840 年，克莱门特·山蒂（Climente Santi）的女儿嫁给了比昂狄（Biondi）的儿子，两家都是当地的名门望族，门当户对。克莱门特·山蒂非常热爱种植葡萄树和酿酒，在当地拥有多个葡萄园，女儿的嫁妆就是当时已小有名气——位于蒙塔希诺（Montalcino）的格莱普（IL Gieppo）葡萄园。几年后，两个家族的第三代出生，这个小男孩就是日后为家族葡萄酒事业做出了不朽的贡献的菲鲁丘·比昂狄·山蒂（Ferruccio Biondi Santi）。1880 年，菲鲁丘·比昂狄·山蒂率先在格莱普园种植布鲁内诺（Brunello）葡萄品种（原名为大桑娇维塞——Sangiovese Grosso）。19 世纪末，在欧洲肆虐的蚜虫病给蒙塔希诺地区的葡萄带来了致命的灾害。菲鲁丘·比昂狄·山蒂细心地发现，他们葡萄园里种植的大桑娇维赛受到的损害远比另一种葡萄马斯喀特（Moscato）少。1888 年，他决定采用单一的布鲁内诺（大桑娇维赛）葡萄来酿造一款名为比昂狄·山蒂（Biondi Santi）的布鲁内诺葡萄酒（Brunello di Montalcino）。这款酒是布鲁内诺葡萄酒的鼻祖，它极具男性化风格，有超乎寻常的生命力。

时至今日，蒙塔希诺产区内其他酒庄广泛种植这种乍看起来不怎么起眼但色深味浓的布鲁内诺葡萄藤，酿出了不少各具特色的布鲁内诺葡萄酒。由于布鲁内诺葡萄酒品质出众，在 1980 年 7 月 1 日，蒙塔希诺产酒区获得了意大利首个 D.O.C.G. 顶级产酒区的荣誉。现在的蒙塔希诺产酒区，布满了大大小小共 260 个葡萄园，已成为托斯卡纳州重要的葡萄酒生产基地。

1917 年，菲鲁丘·比昂狄·山蒂仙逝，其子迪·比昂狄·山蒂（Tancredi Biondi Santi）从父亲手中接过葡萄园，并延续了家族的传统。迪·比昂狄·山蒂于 1969 年去世，他儿子弗兰哥·比昂狄·山蒂（Franco Biondi Santi）继承了家族产业。弗兰哥·比昂狄·山蒂先生在当地被当地誉为“布鲁内诺葡萄酒教父”，他曾说过，“我几乎是在酒窖里出生的，在五、六岁时就看到父亲酿酒的样子。是我的外祖父发现了布鲁内诺葡萄品种，我只是传承和发扬光大而已。”1991 年，弗兰哥·比昂狄·山蒂先生与儿子雅各布·比昂狄·山蒂（Jacopo Biondi Santi）失和，雅各布·比昂狄·山蒂负气地离开父亲，还与父亲打起了官司，他跑到托斯卡纳其他产区以自己的名字建立酒庄，经营葡萄酒事业。但终究是血浓于水，20 年后，雅各布·比昂狄·山蒂于 2011 年回到了家族酒庄，重新与年迈的父亲团聚。2013 年 4 月 12 日，91 岁高龄的弗兰哥·比昂狄·山蒂先生逝世，雅各布·比昂狄·山蒂继承了家族产业。

比昂狄·山蒂酒庄现有两个葡萄园：面积为12公顷的格莱普园（IL Greppo），还有近期收购的泊基欧·沙维园（Poggio Salvi）。葡萄田全部种植布鲁内诺葡萄。比昂狄·山蒂家族每年根据葡萄的收成状况，选择葡萄收成最好的年份生产布鲁内诺·蒙塔希诺珍酿酒（Brunello di Montalcino Tenuta Greppo，Riserva），至今的100多年来，仅有33个年份酿造了这款佳酿，而且每次的产量不超过8000瓶。2015年1月，庄主雅各布·比昂狄·山蒂宣布放弃酿造2014年鲁内诺·蒙塔希诺珍酿酒，因为这一年的葡萄受到病虫害比较严重。在葡萄品质欠佳的年份，酒庄只生产副牌酒——布鲁内诺·蒙塔希诺·安那塔酒（Brunello di Montalcino，Annata）。葡萄在成熟后，酒庄会派工人去采摘。不同于意大利其他酒厂，他们没有不锈钢桶和其他现代化设备，仍然采用非常传统的酿造工艺，发酵后要用15天的时间浸皮，新酒用六成新的法国橡木大桶醇化24~60个月，在即将成熟时转入由斯洛文尼亚进口的橡木桶里继续醇化，这样做是防止其他味道混入酒中。这款酒的完全成熟期至少需要10年以上。

比昂狄·山蒂酒庄在格莱普园有一个非常出名的地下酒窖，这里珍藏了比昂狄·山蒂家族酿造的系列佳酿，有的已尘封了100多年。这个酒窖珍藏着1888、1895、1927、1955、1964等年份的比昂狄·山蒂布鲁内诺·蒙塔希诺珍酿酒。1994年，弗兰哥·比昂狄·山蒂先生请来全球16位著名的葡萄酒杂志评论家，在酒庄举行“1888 – 1988年横跨百年比昂狄·山蒂布鲁内诺·蒙塔希诺珍酿酒垂直品鉴晚宴”，其中1888年、1891年的老酒丝毫没有呈现出老态，而且柔滑细腻，震惊了在场的所有人，也震惊了世界葡萄酒业界！这款佳酿还经常出现在世界各地葡萄酒的拍卖会上，一瓶1891年比昂狄·山蒂布鲁内诺·蒙塔希诺珍酿酒，拍卖价格竟达到了匪夷所思的25000欧元，成为意大利最昂贵的葡萄酒！美国《葡萄酒观察家》杂志评选的20世纪12种世界最伟大的红葡萄酒中，1888年的比昂狄·山蒂布鲁内诺·蒙塔希诺珍酿酒是意大利唯一入选的红酒。这款佳酿上述的表现，奠定了比昂狄·山蒂家族在意大利葡萄酒业界的江湖地位。

比昂狄·山蒂布鲁内诺·蒙塔希诺珍酿酒的酒标设计非常独特，黑底印上浅黄金色字体，清晰易辨。2015年12月，笔者品尝过1955年的这款珍酿酒，虽然过了60年，但它的状态依然十分出色。酒的色泽介于石榴红与砖红色之间，散发出黑醋栗、李子、樱桃的果香和矿物质、泥土、雪松木的气息，单宁饱满，酒体浑厚，浓郁中带点辛辣感，口感柔顺，美妙高雅，是不可多得的珍酿！

083

萨斯凯亚，圣圭托

SASSICAIA, TENUTA SAN GUIDO

*

等级 D.O.C. Bolgheri Sassicaia

产地 意大利，托斯卡纳州，博格利（Bolgheri，Tuscany，Italy）

创立时间 1965 年

主要葡萄品种 赤霞珠，品丽珠

年产量 200000 瓶

上佳年份 2011、2010、2008、2006、2004、2001、1998、1997、1995、1993、1990、1988、1985

马里奥·罗切特（Marchese Mario Incisa Della Rocchetta）侯爵是意大利名门望族，1920年出生于比萨（Pisa），年轻时是欧洲的风流倜傥之辈。他的父亲曾梦想在比萨市附近种植从波尔多引进的优质赤霞珠葡萄树，酿造出如波尔多的佳酿。1942 年，马里奥秉承父愿，在托斯卡纳州卡斯蒂昂杰洛城堡（Castiglioncello）附近的一个石坡上，开垦了 1 公顷园地，从法国引进赤霞珠葡萄藤种植，酿制葡萄酒。但由于经验不足，他酿造的葡萄酒单宁太重，味道太涩，难以入喉，他的这次尝试以失败而告终。

1965 年，马里奥决定改弦易辙，他不顾家人反对，通过自己的朋友、法国木桐酒庄的主人菲利普男爵的帮助，在托斯卡纳州的博格利（Bolgheri）这个离地中海只有 13 公里的地方，开垦了一块葡萄园，种植赤霞珠葡萄和品丽珠葡萄，并建立了圣圭托酒庄（Tenuta San Guido）。由于本园的土壤以碎石子和大石块为主，而当地的方言“萨斯凯亚”（Sassicaia）是“石地”的意思，故本园取名为萨斯凯亚园。本园坐落在一个高约 350 米的山坡上，朝东北方向，离海较近，气候有点像波尔多。1967 年，马里奥开始以波尔多葡萄酒为原型，用赤霞珠葡萄和品丽珠葡萄混合酿造萨斯凯亚酒。1968 年，首个年份的萨斯凯亚酒上市，当时的产量只有 5000 瓶。同年，马里奥的外甥、意大利著名的酿酒师彼埃罗·安东尼（Marchese Piero Antinori）开始为萨斯凯亚酒做宣传，并经销萨斯凯亚酒。1983 年，84 岁高龄的马里奥侯爵去世后，家族事业由其儿子尼古拉·罗切特（Niccolo Incisa Della Rocchetta）继承和管理。

现在，尼古拉·罗切特家族拥有 75 公顷葡萄园，种植 85% 的赤霞珠、15% 品丽珠葡萄品种，年产萨斯凯亚酒 20 万瓶，萨斯凯亚副牌酒——“萨斯凯亚小教堂”（Guidalbertoli）15 万瓶，萨斯凯亚三牌酒——“萨斯凯亚赛马”（Le Difese）12 万瓶。

萨斯凯亚酒成名于 1978 年。当年，英国《品醇客》（Decanter）葡萄酒杂志在伦敦举办世界赤霞珠葡萄酒“盲评赛”，五位评委中有两位首选萨斯凯亚酒为年度的全世界最佳赤霞珠葡萄酒，从来自 11 个国家 33 个顶级品牌的红酒中脱颖而出。此后，萨斯凯亚酒开始走红意大利和世界酒坛，马里奥父亲 40 多年前的夙愿终于在他自己手中得以实现。

马里奥意志坚定，富有创新精神，他拒绝按意大利的传统酿造方法酿造葡萄酒。他酿造的萨斯凯亚酒，由于违反了意大利相关法规，只能定为日常餐酒（Vino da tavola），而不是顶级的 D.O.C.G.。由于萨斯凯亚酒的品质太精彩，意大利官方不得不于 1994 年为它特设了一个独一无二的产区，即 DOC 博格利——萨斯凯亚（DOC Bolgheri Sassicaia）。

这个法定产区只有一个葡萄园，只标注于一款酒，就是——萨斯凯亚。这款酒在国内外极受欢迎，被誉为意大利的“木桐酒”。

2011年11月16日，笔者应邀出席了“世界白金家族葡萄酒联盟”在香港举行的年会，见到联盟成员之一的尼古拉·罗切特先生，他向笔者介绍了圣圭托酒庄情况和萨斯凯亚酒。萨斯凯亚园的葡萄树龄平均为35年，每公顷种植4000~5000株，每株葡萄的平均产量为1公升。萨斯凯亚酒的酿造工艺复杂，葡萄在榨汁后立即进行混合，并做浸渍处理14天，发酵在带有温控器的不锈钢大桶里进行，发酵完成后，在法国的橡木桶里醇化24个月，装瓶后还要继续在酒窖里藏酿12~16个月后再上市。尼古拉·罗切特先生对萨斯凯亚酒充满着信心，他认为同一产区奥纳亚酒庄（Dell'Ornellaia）生产的另两款世界名酒——奥纳亚酒（Tenuta Dell'Ornellaia）与马赛多酒（Masseto）只是萨斯凯亚酒的翻版而已。尼古拉·罗切特先生年逾古稀，只有一个女儿，20年前他卸任了酒庄酿酒师职务，聘请塞巴克里斯蒂安·罗萨博士（Sebastiano Rosa）作为酒庄酿酒师，1995年是塞巴克里斯蒂安·罗萨博士酿造萨斯凯亚酒的第一个年份。

成熟后的萨斯凯亚酒呈深红色泽，含有橡木、干草、烟草与黑葡萄干的香气，单宁饱满，口味稍带酸辣，浓郁醇厚，有一种高贵的神秘感。

084

马赛多，奥纳亚

MASSETO, TOSCANA, TENUTA DELL'ORNELLAIA

*

等级 I.G.T.

产地 意大利，托斯卡纳州，博格利（Bolgheri，Tuscany，Italy）

创立时间 1981 年

主要葡萄品种 梅洛

年产量 约 35000 瓶

上佳年份 2011、2010、2009、2008、2007、2006、2004、2001、1998、1997、1990、1989、1988

马赛多（Masseto）葡萄园距离托斯卡纳州（Tuscany）首府佛罗伦萨市（Florence）96 公里的博格利（Bogheri）镇北部，占地面积 7 公顷，现在是奥纳亚酒庄（Tenuta Dell'Ornellaia）的旗舰名酒。

佛罗伦萨市是意大利文艺复兴时期的发祥地，周边有许多历史名城，如比萨（Pisa）等。

奥纳亚酒庄生产的佳酿风靡世界，它的成功得益于安东尼（Antinori）家族。安东尼家族在 1188 年以前是贸易商，在 1285 年加入了当地的丝业会馆，后来又成为银行业会馆成员。后来，生产和销售葡萄酒成为这个家族的主要产业。1385 年，安东尼家族企业成立。1506 年，汤马萨・安东尼（Niccolo di Tommasa Antinori）买下了距托斯卡纳州佛罗伦萨市南面 96 公里处的托那堡尼村（Via de Tornabuoni）的一块无名土地，并从佛罗伦萨市郊区搬来这里居住。这里原是个无名的地方，今天的地名是用帕拉哲・安东尼（Palazzo Antinori）家族的姓氏命名的。1898 年，汤马萨・安东尼家族投入了许多人力和物力，将这片土地重新整理，使葡萄园焕然一新，与此同时，他们把这个家族企业改造成了一个有组织的现代化企业。在 800 多年的时间里，这个家族的传统一直保持不变，可以说这是全世界从事葡萄酒业历史最悠久的一个家族了。现在，安东尼家族拥有广阔的葡萄园，他们生产的葡萄酒，已成了托斯卡纳州葡萄酒的“标本”。1966 年，安东尼家族的第 26 代掌门人彼埃罗・安东尼（Marchesi Piero Antinori）接管了祖业。他是一位非常有远见的革新者，被誉为意大利葡萄酒行业的“质量改革之父”。他没有丢掉传统，也没有受制于传统。受意大利其他酒庄的影响，彼埃罗从法国引进赤霞珠和品丽珠等葡萄品种在狄格纳勒洛园种植，加上原来种植的意大利本土葡萄品种桑娇维赛（Sangiovese），本园共有三种葡萄。在葡萄酒的酿造过程中，彼埃罗独具匠心，他用三种葡萄“混合调配酿造”，使狄格纳勒洛酒获得了巨大的成功。他于 1978 年开辟一个新的葡萄园，生产意大利名贵佳酿——索莱亚酒（Solaia）。

奥纳亚酒庄由路德维克・安东尼（Marchese Lodovico Antinori）创建，他的哥哥是意大利葡萄酒行业的“质量改革之父”彼埃罗・安东尼。路德维克・安东尼在家族葡萄酒事业中工作了多年。1981 年，他离开了家族，开始自己创业，建立了奥纳亚酒庄，生产奥纳亚（Ornellaia）与马赛多（Masseto）葡萄酒品牌。为了提高葡萄酒品质，他聘请美国加州纳帕河谷地区（Napa River Valley）葡萄酒先驱罗伯特・蒙大维（Robert Mondavi）为酿酒顾问，后来，罗伯特・蒙大维买下了酒庄 50% 股份。2005 年，具有悠久历史的花思蝶（Frescobaldi）家族收购了奥纳亚酒庄 68.15% 股份，成为了酒庄的控股股东。酒庄的其他股东为：美国一家投资公司持有 25.8%，奥纳亚酒庄 CEO 乔瓦尼・格德斯・德・菲里凯亚（Giovanni Geddes de Filicaia）持有 4.15%，罗伯特・蒙大维的儿子持有 1.9%。

花思蝶家族在意大利非常有名。家族成员中，有杰出的作家、探险家、音乐家、金融家和政治家。这个家族是意大利托斯卡纳地区最古老的葡萄酒世家之一，在 14 世纪已经开始种植葡萄和酿酒。从 15 和 16 世纪开始，他们就向罗马教皇和英王亨利八世提供御用酒。时至今日，花思蝶家族仍是控制意大利葡萄酒产业的五大家族之一，他们拥有的葡萄园面积达到 1200 公顷，是托斯卡纳地区最大的葡萄酒生产商，产品销往 80 多个国家和地区。除生产奥纳亚酒与马赛多酒外，花思蝶家族还生产一系列干红葡萄酒，如：麓鹊酒（Luce）、Le Serre Nuove Dell'Ornellaia、Le SVolte Dell'Ornellaia、Varia Zioni in Rosso，意大利干白酒 Poggio Alle Gazze，甜白酒 Ornus Dell'Ornellaia（每年只生产 300 瓶），类似于干邑的 Eligo Dell'Ornellaia（酒精度达 40%）等。

2015 年 5 月 11 日，酒庄 CEO 乔瓦尼·格德斯·德·菲里凯亚先生和他的女婿——莱蒙多·罗马尼（Raimondo Romani）先生特意从佛罗伦萨赶到马赛多庄园，安排笔者一行当晚住在庄园，并主持晚宴热情款待，品尝了花思蝶家族的系列佳酿。乔瓦尼·格德斯·德·菲里凯亚先生向笔者介绍说，从 2005 年开始，奥纳亚酒庄将马赛多酒与奥纳亚酒分开酿造，现在准备在马赛多葡萄园中心一个废弃的砖瓦厂修建马赛多酒庄的酿酒车间和酒窖。从 2006 年开始，马赛多酒采用波尔多的葡萄酒销售系统销售，但不卖酒花。

2015 年 5 月 14 日，笔者驱车前往托斯卡纳另一葡萄酒著名产地——蒙塔希诺（Montalcino）地区，来到花思蝶家族具有 1000 多年历史的古堡，受到花思蝶家族的荣誉主席莱昂纳多·花思蝶（Leonardo Frescobaldi）先生的盛情款待。莱昂纳多·花思蝶老先生虽然年逾八旬，但身心健康，步伐矫健，他亲自领着笔者参观酒庄又深又大的酒窖，还带领笔者驱车前往他的葡萄园。他在葡萄园的最佳位置划出一片地，用于试验性种植其他的一些葡萄品种，他的这一做法得到同行的赞许。老先生非常关注中国，对中国情有独钟，从 1987 年起他几乎每年都来中国。

马赛多园面积 7 公顷，全部种植梅洛葡萄，平均树龄 20 年。这个葡萄园位于一个坡度平缓的小山上，葡萄园的土壤成分复杂，有各类型不同的黏土，葡萄园的中心部分含有较高比例的岩石层，这有利于产生更奇异、更芳香醇厚的葡萄酒。

1986 年是马赛多酒的第一个年份，酒名叫梅洛·奥纳亚（Merlot Dell'Ornellaia），1987 年改叫马赛多。这款酒用单一梅洛葡萄酿造，在意大利葡萄酒中是少有的。每年的 9 月中旬，酒庄会让工人用每个装 15 公斤葡萄的篮子去采摘葡萄，采摘后的葡萄要去梗。由于山坡比较高，位于山坡上、中、下不同高度葡萄的特性不完全一样，因此要分开发酵。压榨后的葡萄汁有些会用带有温控装置的不锈钢桶发酵，有些会用带有温控装置的小橡木桶发酵，发酵的温度在 25~28℃之间，发酵的时间为 10~15 天。发酵完成后，要用全新的法国橡木桶醇化两年，然后进行混调，再用橡木桶醇化一年后装瓶上市。这款酒年产量最多的年份是 1999 年，达 37000 瓶；最少的年份是 2003 年，不足 21000 瓶。

马赛多酒由于采用了 100% 的梅洛酿造，不符合意大利产区法规定，因此不得不归类于稍高级别的地区餐酒 I.G.T.（Indicazione Geograficha Tipica）。尽管如此，花思蝶家族的许多佳酿得到了世界葡萄酒评论家的广泛认可，美国《葡萄酒观察家》杂志在评选 2001 年葡萄酒 TOP100 时，将 1998 年奥纳亚酒列为第一名。而马赛多更是成为了意大利葡萄酒中的一匹黑马，有“超级托斯卡纳”葡萄酒（Super Tuscany）的誉称，被誉为“意大利的柏图斯酒”。

成熟后的马赛多酒呈深紫红色，散发出郁郁葱葱的草莓、黑醋栗、黑樱桃、黑胡椒香味与烟草、甘草、巧克力的韵味，酒身浑厚强劲，结构密实，单宁饱满细腻，美妙而华丽，余韵优雅绵长。

085

阿马罗尼·瓦尔波利切拉·罗多莱塔山园，达尔·佛诺·罗密奥

AMARONE DELLA VALPOLICELLA VIGNETO DI MONTE LODOLETTA, DAL FORNO ROMANO

等级 D.O.C.

产地 意大利，威尼托省，威罗那市（Verona，Veneto，Italy）

创立时间 1983年

主要葡萄品种 科尔维纳（Corvina），克罗蒂纳（Croatina），蓉丁尔拉（Rondinella）、欧塞雷塔（Oseletta）

年产量 10000瓶（只在最好的年份生产）

上佳年份 2008、2006、2004、2003、2002、2001、1997、1996、1995、1994、1990、1989

威罗那（Verona）位于意大利东北部，是意大利威尼托省（Veneto，该省现有5种葡萄酒被列入D.O.C.G.级别）的一个城市，是威尼斯（Venezia）到米兰（Milano）的必经之地。1992年，笔者第一次参观了该区的葡萄园。威罗那是意大利著名的浪漫古城，是罗密欧（Casa di Romeo）和朱丽叶（Casa di Giulielta）的故乡，这里坐落着世界著名的三大古斗兽场之一（另外两个分别在罗马、北非的突尼斯）。

威罗那还是一座葡萄酒之城。这里气候凉爽并具有多样性，是种植葡萄的理想地方。这里是著名的白葡萄酒——苏阿威酒（Soave）的发源地，意大利70%的白葡萄酒产自此地。位于威罗那市东北部10公里处的拉克·加尔达（Lake Garda）丘陵地带是一处旅游胜地，这里的瓦尔波利切拉（Valpolicella）葡萄酒产区中，有两个意大利顶级的葡萄酒庄，一个是达尔·佛诺·罗密奥酒庄（Dal Forno Romano），而另一个是昆达莱利·朱塞佩酒庄（Quintarelli Giuseppe），这两家酒庄都以生产阿马罗尼·瓦尔波利切拉红葡萄酒（Amarone Della Valpolicella）而闻名于世。

阿马罗尼·瓦尔波利切拉酒的酿造方法很特别，它的工艺源于中世纪的希腊。每年9月末，葡萄在摘下后，要放在木（竹）架上经过3~6个月的风（晾）干，使其变成半干葡萄，这样会增加葡萄的糖分，发酵后可以提高葡萄酒的酒精度。在来年初，半干葡萄经压榨后，葡萄汁要进行长达30~60天的发酵，醇化期一般在2年以上。这种酒很浓郁，酒精度通常为16%甚至更高，收结时有稍稍的微苦感。在意大利文中，阿马罗（Amaro）是味道苦涩的意思。顾名思义，在瓦尔波利切拉生产的这种世界上独一无二的阿马罗尼酒，被人们戏称为“苦酒”。

与意大利近千年的悠久酿酒史相比，达尔·佛诺·罗密奥酒庄虽然历经了几代人传承，但也只有100多年的历史。此前，这个酒庄在当地一直默默无闻。1983年，家族的第四代掌门人罗密奥·达尔·佛诺（Romano Dal Forno）彻底改变了这种局面。在他的努力下，这个酒庄生产的阿马罗尼·瓦尔波利切拉·罗多莱塔山园酒（Amarone Della Valpolicella Vigneto di Monte Lodolett）在短短的十多年时间内，就迅速地红遍了意大利和全世界，成为许多葡萄酒收藏家梦寐以求的猎物。现在，罗密奥·达尔·佛诺与他的三个儿子马克（Marco）、卢卡（Luca）和米歇尔（Michele）一同打理酒庄。

达尔·佛诺·罗密奥酒庄的酿酒车间依山而建，其拥有的罗多莱塔山园（Vigneto di Monte Lodoletta）位于群山怀抱之中，面积为12.5公顷，葡萄树龄25年，种植密度每公顷13000株左右。为了扩大规模，佛诺·罗密奥在不久前还租用了自己女婿的8公顷葡萄园和自己表妹的5公顷葡萄园。

罗密奥·达尔·佛诺1957年出生于一个酿酒世家。1979年，在他年仅22岁时，遇到了当地著名酿酒师贵斯皮（Giuseppe Quintarelli），他得到很多启发，决心要酿造最好的葡萄酒。也是在同一年，他接手了酒庄的经营管理重任。1983年，他推出了自己第一

个年份的葡萄酒，市场反应良好。由于自己既不是酿酒师，也不是农艺师，他必须一面学习酿酒和农艺课程，一面改良自己的葡萄园。他曾尝试着削减葡萄的产量，但收效并不理想。通过不断辛勤的学习，他终于掌握了葡萄树的改良技巧，使葡萄树结出了理想的果实。由于罗多莱塔山园位处瓦尔波利切拉（Valpolicella）的拉・瓦尔德拉斯山（La Val d'Illasi）的谷底，这里环境并不适宜种植当地传统的莫里纳罗葡萄（Molinarao）。为此，在1991年，他拔掉了园中部分的莫里纳罗葡萄藤，重新种植了另一种当地原生的欧塞雷塔葡萄（Oseletta）。这种葡萄果粒非常小，而且一串葡萄只有几颗果实，产量很少，但无论颜色、酸度、单宁都比莫里纳罗葡萄要高。在经无数次的反复试验后，这种葡萄终于成为了阿马罗尼・瓦尔波利切拉・罗多莱塔山园酒（Amarone Della Valpolicella Vigneto di Monte Lodolett）的核心成分，其结构复杂，有让人无法想象的浓郁颜色和香味，完全可以与意大利另一种著名的布鲁内诺葡萄酒（Brunello）相匹敌。现在，整个瓦尔波利切拉产区，都开始种植欧塞雷塔葡萄。

起初，罗密奥・达尔・佛诺只用手工工艺而不是使用酿造设备酿酒。直到1990年，他才冒险投资了13亿里拉的资金，完全革新了酿造设施，大幅度提升了葡萄酒的品质。达尔佛诺・罗密奥酒庄生产的阿马罗尼・瓦尔波利切拉・罗多莱塔山园酒以来自罗多莱塔山园园的科尔维纳葡萄为主。庄主对葡萄的要求非常高，采摘后的葡萄只有少量的能酿酒，因此每100公斤的葡萄只能产出15公升阿马罗尼・瓦尔波利切拉・罗多莱塔山园酒。此酒由科尔维纳葡萄、克罗蒂纳（Croatina）葡萄、蓉丁尔拉（Rondinella）葡萄、欧塞雷塔葡萄混合酿造成。葡萄在破碎之后，要在温度可控的容器里经过为期4~6周的发酵后，再转到由法国进口、容量为225升的全新橡木桶里进行长达36~48个月的醇化期。酒在装瓶后还要继续醇化1年后才上市。

2010年，阿马罗尼・德尔拉・瓦尔波利切拉产区（Amarone Della Valpolicella）与意大利其他四个产酒区一道，荣升为意大利顶级的D.O.C.G.级酒产区，而阿马罗尼・瓦尔波利切拉酒又是这个产酒区最具代表性的一款D.O.C.G.级酒，每瓶价格高过300欧元，是意大利少数顶级的高价葡萄酒之一。尽管如此，这款酒还常常处于一种“有价无货”的状态，因为每年产量只有10000瓶，有太多的市场需求。

阿马罗尼・瓦尔波利切拉・罗多莱塔山园酒的颜色近乎于黑色的佳酿，含有浓郁的樱桃、香草和胡椒的芬芳，单宁丰富，浓郁浑厚，细腻柔顺，复杂的结构尤为突出，在收结时略带微苦感，回味悠长。需注意的是，此酒要10年以上才能成熟。

第三章

西班牙产区

Spain

086

维加·西西里亚，特级珍酿酒

Ribera del Duero Unico, Gran Reserva, Bodegas Vega Sicilia

等级 DOCa

产地 西班牙，都罗河，里奥哈（La Rioja，Ribera del Duero，Spain）

创立时间 1864年

主要葡萄品种 丹魄（Tempranillo），赤霞珠，梅洛

年产量 40000 ~ 100000瓶

上佳年份 2005、2004、2003、2002、1996、1994、1991、1990、1989、1987、1986、1985、1983、1982、1981、1976、1975、1974、1970、1968、1966、1964、1962

西班牙是一个产酒历史悠久的国家，葡萄种植面积居世界第一位，达160万公顷；葡萄酒产量位居世界第三，仅次于法国和意大利。西班牙有两大主要葡萄酒产区，分别是：都罗河地区（Ribera del Duero）的里奥哈（La Rioja），加泰罗尼亚地区（Cataluña）的普里奥拉（Priorat）。

1926年，西班牙政府颁布了“原产地名称保护地区”（Denominación de Origen，简称“DO”）规定，这个规定类似于法国的“AOC”。第一个获得原产地名称保护地区的是里奥哈（La Rioja）地区，1991年该地区更上一层楼，第一个获得政府认证的最高级别“认证的原产地名称保护地区”（Denominación de Origen Calificada，简称“DOC”）称号。2004年8月，西班牙又修改了葡萄酒分级法规定，分为五等级，由各自治区域的管理机构执行。这五个等级（从低到高）分别是：

①日常餐酒（“VdM”，Vino de Mesa）；②地区餐酒（“VdlT”，Vino de la Tierra）；③优良地区餐酒（“VCPRD”，Vino de Calidad Producido en Región Determinada）；④法定产区酒（“DO”，Denominación de Orige）；⑤优质法定产区酒（“DOCa/DOQ”，Denominación de Origen Calificada、Denominación d'Origen Qualificada in Catalan，其中，“DOQ”用于加泰罗尼亚地区）。

西班牙葡萄酒的陈年时间有5个不同等级：年份酒（Vino de Cosecha），新酒（Joven），第一或第二年上市，取决于葡萄酒在橡木桶和瓶中的醇化情况；陈酿红葡萄酒（“Vino de Crianza”或“Crianza”）在第三年上市，在橡木桶醇化6个月，其中里奥哈和杜埃罗河岸的要求至少要在橡木桶醇化一年，装瓶后还要醇化一年；陈酿白、陈酿玫瑰红要求在橡木桶醇化至少6个月，第二或第三年上市；珍酿红葡萄酒（Reserva），选择极好潜质的葡萄酒酿制，在第四年上市，在橡木桶醇化至少一年，在瓶中醇化两年；特级珍酿红葡萄酒（Gran Reserva），只有少数且杰出的年份才酿制，在第六年上市，在橡木桶醇化至少两年，在瓶中醇化三年。

在西班牙，有一支几乎人人都能叫得出名字的葡萄酒，它就是由维加·西西里亚（Bodegas Vega Sicilia）公司酿造、有西班牙第一名酿之称的维加·西西里亚特级珍酿酒（Ribera del Duero Unico，Gran Reserva），“Unico”在西班牙语里是“唯一、特别”的意思。维加·西西里亚公司是西班牙最著名的葡萄酒生产商，它还是西班牙的饮料大王。

1864年，富有的多·艾洛·勒坎达（Dom Eloy Lecanda）家族在马德里（Madrid）西北面的都罗河区（Ribera del Duero）购买了一片园地，取名为维加·西西里亚园（Vega Sicilia）。维加园坐落在都罗河南岸一个高700米的山坡上，冬天寒冷，春有霜冻，但阳光充足，温差较大，有利于葡萄生长。本园的土壤属灰质性黏土。园中的葡萄树龄平均30年，有的已达70年，种植密度较低，每公顷为2200株，产量极低，每公顷产量在700~2100公升之间（比西班牙葡萄园的平均产量低20%）。除生产极品的维加·西西里亚特级珍酿酒外，本园还生产其他高品质的葡萄酒。

早在140多年前，多·艾洛·勒坎达家族就从法国波尔多引进赤霞珠、梅洛和马贝克（Malbec）等葡萄苗在维加园种植，以补充本地的主要葡萄品种丹魄（Tempranillo）的不足。18世纪末，本园开始出产名为“里奥哈”（Rioja）的葡萄酒，但产量很少。在20世纪初，本园出产的葡萄酒名称改为了现名——维加·西西里亚。维加·西西里亚酒是西班牙成名较早的佳酿，但在当时它并未得到行家的认同。在20世纪70年代的一次国际葡萄酒展览会上，维加·西西里亚酒才得到了酒评家们的高度评价，获得了巨大成功。从此后，西西里亚酒便一举成为了西班牙的代表性佳酿。

1962年，维加园易主，为阿瓦雷斯（Álvarez）家族所有。在20世纪40－60年代，阿纳多（Don Lesus Anadon）一直担任维加园的总酿酒师，并为阿尔瓦雷斯家族收购维加园提供了许多意见。阿尔瓦雷斯入主本园后，采取了一系列改革措施，包括制定本园长远的发展规划，并聘请著名的年轻酿酒师加勒卡（Mariano Carcia）为阿纳多的助手等。

维加园一直遵循传统的酿造技术，生产各种佳酿，其中尤以维加·西西里亚珍酿酒的酿造过程最为讲究。维加·西西里亚特级珍酿酒由丹魄葡萄、赤霞珠葡萄和梅洛葡萄混合酿造，葡萄压榨后，在不锈钢桶里和环氧化合物混凝土槽中进行发酵，并做乳酸发酵处理，之后用由美国进口的小橡木桶醇化2~4年，然后再转到法国的大橡木桶里进行混合及沉淀处理，装瓶后还要藏酿1~4年才可上市。有报道称，有的年份（如1970年）的维加·西西里亚特级珍酿酒曾在大橡木桶里醇化了16年！

维加·西西里亚特级珍酿酒通常为华丽的深红宝石色泽，富有香草、丁香花的花香和甜樱桃、黑醋栗、巧克力、黑胡椒、烟雾、泥土的气息，有时还会带点辛辣味，浓郁幼滑，层次丰富，非常精彩。

087

平古斯

DOMINIO DE PINGUS, RIBERA DEL DUERO

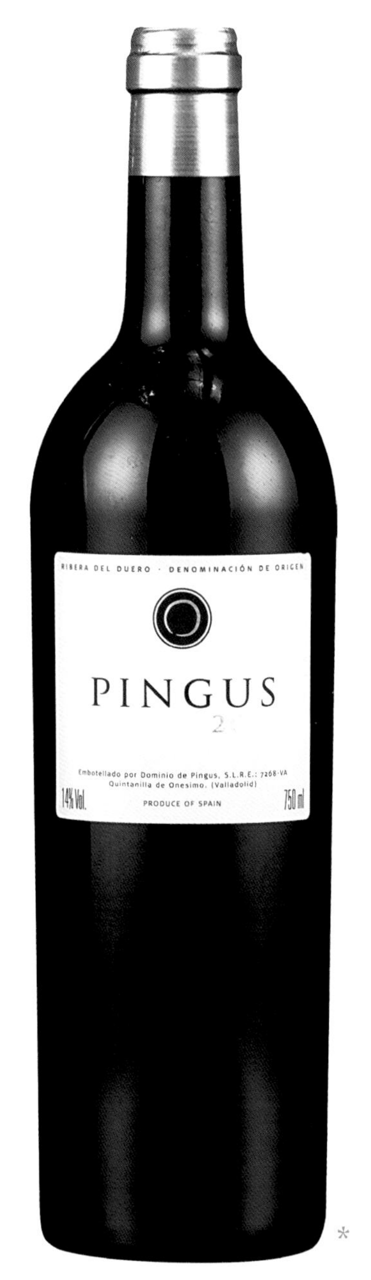

等级 DOCa

产地 西班牙，都罗河，里奥哈

创立时间 1995 年

主要葡萄品种 丹魄

年产量 3700 ~ 6800 瓶

上佳年份 2012、2011、2010、2009、2008、2007、2006、2005、2004、2003、2001、2000、1998、1995

最近20年来，在西班牙不断出现一些品质顶尖的葡萄酒新星，如平古斯酒庄（Dominio de Pingus）和艾米塔酒（L'Ermita）等，而平古斯酒又是其中的佼佼者，酒庄主人彼特·斯赛克（Peter Sisseck）还获得葡萄酒大师协会（Institute of Masters of Wine）首届酿酒师大奖（Winemakers Award）。

1995年，一个名叫彼特·斯赛克的丹麦年轻人，他在西班牙旅行时，收购了位于里奥哈一个面积为4.5公顷的古老葡萄园——平古斯酒庄。这个葡萄园位于名园荟萃的都罗河的河谷地区中心地带，距离著名的维加·西西里亚酒庄（Vega Sicilia）不足2公里，土壤结构主要为砾石土，园中种植的是丹魄葡萄，这些葡萄树非常古老，平均树龄超过80年，每公顷种植3000~4000株，每公顷葡萄酒产量在800~1200公升之间。

彼特·斯赛克出生于1962年，在大学期间学习的是农机与酿酒学，曾跟随其叔叔德尔斯（Peter Vinding Diers）在波尔多的格拉夫产区学习酿造白葡萄酒，而后又独自一人远赴美国加州，在酿酒师泽尔马（Zelma Zong）的门下进修酿酒技术。随后，彼特·斯赛克于1990年到了西班牙的杜埃罗河岸，在那里，他从酿酒顾问做起。为了收购平古斯园，他加入了西班牙国籍。在收购了平古斯园后，为了全身心地投入到园务和酿酒工作中去，他定居于都罗河谷。他是一个不干涉主义者，对葡萄园不施农药，使用有机肥，让葡萄自然生长，使果实充分表达出区域的特征，彼特·斯赛克要用这种方法酿造出一种世界级纯天然的丹魄葡萄酒。在葡萄成熟后，他会选择一个合适的时间采摘，葡萄在采摘后要进行非常严格的挑选，采用人工去梗处理，只使用完整无缺高品质的葡萄酿酒。葡萄在挤碎后，进行冷浸渍处理14天，冷浸渍处理结束后，在小型开口的木桶里进行发酵，使用天然酵母发酵，发酵温度不超过28℃，然后要在100%新的法国橡木桶醇化14~23个月，不添加任何澄清剂或进行任何过滤处理装瓶。彼特将淘汰下来达不到平古斯酒的酿造要求的葡萄，用来酿造副牌酒——富洛尔·平古斯酒（Flor de Pingus），这种副牌酒的年产量为40000瓶。

在收购平古斯园后的当年，彼特·斯赛克就推出了由他自己生产的平古斯酒（1995年），著名酒评家罗伯特·帕克给予了98~100分的高分，它一上市就引起了全球葡萄酒爱好者的追捧。平古斯酒产量稀少，每年只有3700~6800瓶，每瓶的价格超4500港元。笔者于2007年11月在伦敦的一家酒行看到，2004年的平古斯酒每瓶标价达600英镑（约合人民币9600元），超过了同年份的拉菲酒。一个历史只有十几年的酒庄生产的新酒能有如此高的价格，只能说它是卓越品质的体现。

2010年5月5日，笔者在出席香港举办的平古斯酒专题晚宴中，与彼特·斯赛克先生进行了交谈。看起来彼特·斯赛克先生像个艺术家，他对西班牙特别是里奥哈的葡萄酒情有独钟。他对葡萄种植、采收、酿造过程一丝不苟，认为自己是一个新派的里奥哈代表。是晚，我们品尝了2007年、2004年、2003年、2001年的平古斯酒。这其中给人印象最深的是2004年平古斯酒。这款酒近乎黑色，带着亚洲香料、薰衣草、黑松露、黑樱桃和黑莓的花果香味。单宁密集丰富，醇厚雅致，风格迷人，是一款不容错过的佳酿。

*

088

艾米塔，阿瓦罗·帕拉修

L'ERMITA, ÁLVARO PALACIOS

等级 DOCa / DOQ

产地 西班牙，加泰罗尼亚，普里奥拉（Priorat，Cataluña ，Spain）

创立时间 1989 年

主要葡萄品种 歌海娜（Granacha）、赤霞珠、卡利浓（Cariñena）

年产量 700 ～ 2500 瓶

上佳年份 2013、2012、2011、2010、2009、2008、2007、2005、2004、2003、2001、2000、1998、1996、1994

位于加泰罗尼亚（Cataluña）自治州的普里奥拉（Priorat），是西班牙第二个著名的葡萄酒产区，这个产区的一些葡萄酒可与里奥哈（La Rioja）的佳酿媲美。而阿瓦罗·帕拉修酒庄（Álvaro Palacios）庄主阿瓦罗·帕拉修先生又是普里奥拉葡萄酒产区的开路先锋。

普里奥拉在100多年前曾经盛产葡萄酒。第二次世界大战后由于大力推进城市化建设，当地的年轻人都去了巴塞罗那等城市，导致葡萄田荒废。1975年初，当地开始恢复传统的葡萄酒产业。1989年，阿瓦罗·帕拉修先生与来自西班牙各地的四位年轻酿酒师组成了一个合作社，共建一个酿酒厂酿酒，并以“Clos”来命名他们的葡萄酒：Daphne Glorian（Clos iTerrasses）、René Barbier Junier（Clos Mongador）、Carlos Pastrana（Clos de l'Obac）、Álvaro Palacios（Clos Dofi），以及Josep Lluis Pérez（Clos Martinet）。这些葡萄酒广受好评，在国际市场大放异彩，很快被抢购一空，这为复兴这个过去默默无名的普里奥拉产酒区作出了重要贡献。后来，这些成员各自独立，拥有自己的葡萄园、酿造并装瓶，他们都是新派普里奥拉（Los Nuevos Prioratos）的开拓者。由于他们的努力，使得普里奥拉产区在继里奥哈之后，于2003年成为西班牙的第二个最高的DOCa保证法定产区等级。要提醒读者注意的是，里奥哈出产的优质法定葡萄酒的酒标上会注明“DOCa”（Denominacion de Origen Calificada）等级，而普里奥拉出产的优质法定葡萄酒的酒标上会标注“DOCa/DOQ”（Denominación d'Origen Qualificada in Catalan）字样。其实这两者都一样，只是前者用了西班牙文，而后者用的是加泰罗尼亚文。

在西班牙，还一种非常有名的卡瓦（Cava）气泡酒，这种酒在加泰罗尼亚自治区巴塞罗那市郊区生产，在西班牙其他地区也可以生产，但葡萄园和酒厂的管治水准必须得到政府部门的批准。卡瓦酒的酿酒法规不仅对各葡萄园进行控制和管理，对酿造方法也有严格的约束力。卡瓦酒主要由用马卡贝奥（Macabeo）、沙雷－洛（Xarel-lo）、帕雷拉达（Parellada）等葡萄品种酿制而成。有时可将上述三种葡萄按5:3:2的比例自行调配。在加泰罗尼亚境内，也有酒庄用霞多丽葡萄酿造卡瓦酒，这种葡萄所占的比例可有时达到90%。桃红卡瓦酒用红加纳查（Garnache Tintorera）和蒙纳斯翠尔（Monstrell）葡萄酿造。卡瓦酒所使用的葡萄经过严格挑选，而且为避免葡萄沾染秋季的热气，通常都是在清晨进行采摘工作。葡萄在压榨过程中要十分小心，葡萄汁倒入不锈钢桶进行低温发酵，由酿酒师品尝后以确定其品质，并有选择地进行调配。调配完成后装瓶，并在酒窖中至少放置9个月。最好的卡瓦酒通常会在上市前再醇化2~3年。根据政府法律规定，卡瓦气泡酒分为两类，即白葡萄气泡酒和玫瑰红气泡酒，前者可按照含糖量另行划分，其糖分最低的卡瓦酒被称作Extra Brut，其后随糖分增加，依次序分为Brut、Extra Seco、Seco、Semi-Seco和Dulce等几大类。其中，Cava Dulce（卡瓦甜酒）糖分很高，口感很甜。出口市场上最常见的是Brut和Semi-Seco。2014年10月29日，笔者访问了生产卡瓦气泡酒的鼻祖——拉文图斯酒庄（Raventós i Blanc）。这家酒庄成立于1497年，至今已有500多年历史。1872年他们开始生产气泡酒，于1984年正式命名为卡瓦气泡酒，这是西班牙第一个生产卡瓦气泡酒的厂家。现在，卡瓦酒在西班牙有很多厂家生产，品质也参差不齐，导致泛滥。为了避免尴尬，拉文图斯酒庄于2012年决定停止生产卡瓦气泡酒，改为生产名为孔卡（Conca）的气泡酒，这种酒生产要求更高，用70~80年的老藤葡萄果实酿造，产量非常低，装瓶后还要在瓶中醇化48个月才可出厂。

在普里奥拉，有一位不得不提的年轻女酿酒师——艾斯特·茵（Ester Nin），她来自西班牙佩内得斯（Penedés），生长在酒农家庭，早在五岁时，便已经在葡萄园里玩耍。主修酿酒学与生物学的她，一毕业便开始积极参与西班牙各地的酿酒计划。几年后，她自己在普里奥拉的Porrera村，购买了一块不到1.5公顷的极陡坡老藤葡萄园，建立了艾斯特·茵家族酒庄（Familia Nin Ortiz）。酒庄的第一支酒“Nit de Nin”的第一个年份是2004年，一上市就一鸣惊人，获得《葡萄酒倡导家》杂志Wine Advocate的98分。同时，她与普里奥拉五大名庄之一的克罗斯·迪拉西斯酒庄（Clos i Terrasses）女庄主Daphne Glorian合作酿制“Clos Erasmus”顶级红酒，第一个年份也是2004年，成为极少数获得著名酒评家罗伯特·帕克给予满分100分的西班牙酒。2014年11月8日，笔者在香港与艾斯特·茵夫妇共进晚餐，给人的印象是他们都精明能干而又低调务实，艾斯特·茵负责酿酒，双手长满老茧的丈夫负责葡萄园耕作。由于艾斯特·茵酿造的葡萄酒表现精湛、质量上乘，因此她的声名大噪，得到罗伯特·帕克的大力赞赏，并称其为世界上少有的杰出女酿酒师。

普里奥拉葡萄酒种植面积约2200公顷，不足里奥哈葡萄种植面积的十分之一。这里分为普里奥拉（Priorat）和梦山（Montsant）两个不同区域，二者相邻。普里奥拉山高石多，土质偏瘦，冬天相对寒冷；梦山的土质为石头加黏土。

2014年10月28日，笔者访问了阿瓦罗·帕拉修酒庄，庄主兼酿酒师阿瓦罗·帕拉修先生在酒庄热情接待了笔者。他亲自开车上山带着笔者参观葡萄园、酿酒车间和酒窖，分别品尝了酒庄的几个不同年份的葡萄酒。他是普里奥拉最受人瞩目人物，今年50岁，热情奔放。他出生于里奥哈著名的葡萄酒世家——帕拉修－雷蒙德酒庄（Bodegas Palacios Remondo），年轻时曾在法国知名的柏图斯酒庄和卓龙酒庄（Château Trotanoy）学习酿酒技术。他没有继承家族葡萄酒事业，于30多年前来到离里奥哈350公里靠近地中海的普里奥拉，这里的石质土壤和古老高质量的葡萄藤给他留下了深刻的印象，他决定在这里发展自己的葡萄酒事业。1989 年，他用自己名字命名酒庄。他对葡萄种植、采收、葡萄酒酿造过程十分重视，并对当地的原始葡萄藤情有独钟，因此他的葡萄田里的葡萄藤大多是用当地老藤嫁接的。由他酿造的葡萄酒曾多次入选葡萄酒观察家 Wine Spectator Top 100 Wines 百大葡萄酒名单，他因此成为西班牙国宝级酿酒师，被全球最具权威和影响力的酒类杂志品醇客 Decanter 评选为近代 50 大最具影响力的世界级酿酒师。

阿瓦罗·帕拉修家族购买了一些位于普里奥拉的优质葡萄田，总面积 12 公顷，分布于艾米塔（L'Ermita）和多菲（Finca Dofi）两个小产区，葡萄园位于坡度非常陡的山地上，土壤中几乎由小石块组成，下面是大板块的岩石，葡萄果实中的矿物质丰富。这种土壤易夏热冬冷，葡萄藤种植的要求非常高。如 2013 年的夏天非常炎热，庄主用一种特殊的液体（天然）来给葡萄树降温。葡萄园用马耕田，收获时采用人工，顶级酒的葡萄采摘后用法国进口的分选机（庄主说每台的价格相当于一辆法拉利跑车）进行分拣，葡萄的筛选率高达 25%~30%，低温浸皮 45 天，采用天然发酵（不用发酵剂）和低温发酵，用 50% 的新橡木桶醇化 20 个月后装瓶。庄主每年会从附近的 90 户葡萄农家中收购葡萄酿酒。这个酒庄现有葡萄园生产 7 款不同品牌的红酒。

现在，阿瓦罗·帕拉修家族通过开拓、收购等手段拥有了三个不同特色的酒庄，分别是位于普里奥拉产区的阿瓦罗·帕拉修酒庄，位于别尔索（Bierzo）产区的 Descendientesde J. Palacios 酒庄，以及位于里奥哈的 Palacios Remondo 酒庄。当然，其中最著名的是他们的旗舰酒、被誉为新一代西班牙酒皇的艾米塔酒（L'Ermita）。

艾米塔（L'Ermita）在西班牙语中是“隐居地”的意思。位于普里奥拉山顶上一座名为艾米塔（L'Ermita）的修女寺院，建于 1300 年，至今已有 700 多年历史，现在还在使用。由于寺院周围全部是阿瓦罗·帕拉修酒庄的葡萄园，庄主阿瓦罗·帕拉修便将这块葡萄园取名为艾米塔园。艾米塔酒由有 65 年以上树龄的歌海娜葡萄、25 年以上树龄的赤霞珠葡萄，以及少许的卡利浓葡萄（Cariñena）混合酿造，在法国新橡木桶中陈放 16~20 个月，未过滤装瓶而成。这款酒于 1993 年开始生产，产量稀少，最多的年份也不足 3000 瓶，而 2013 年只有区区的 700 瓶，而且价格并直逼法国五大酒庄的顶级名酒。

2014 年 10 月 28 日，在阿瓦罗·帕拉修先生的陪同下，笔者在酒庄分别品尝了 2010—2013 年的艾米塔酒以及酒庄的其他酒款。不得不说的是，每个年份的艾米塔酒都具有浓郁深厚、层次复杂的特点。其中尤以 2010 年最为突出，丰富的浆果红色，充满着奶油和香草韵味，还有中草药和柑橘皮的复合香味。口感甜美，果香浓郁，矿物质丰富，酸度平衡，有较高的集中度和优雅的整体感，余韵柔滑绵长。

第四章

葡萄牙产区

Portugal

089

诺瓦尔，“国家级”年份迟装波特酒，LBV

QUINTA DO NOVAL, VINTAGE PORT NACIONAL, LBV

等级 年份迟装波特酒（LBV）

产地 葡萄牙，波尔图市（Porto，Portugal）

创立时间 1894年

主要葡萄品种 图里加（Touriga Nacional）

年产量 2000瓶（只在葡萄最好的年份生产）

上佳年份 2011、2004、2003、2000、1997、1994、1967、1966、1963、1962

发源于西班牙的都罗河（Douro River）在葡萄牙境内流入北大西洋（North Atlantic Ocean）。在都罗河入海口处的北面有一个海港城市——波尔图市（Porto），是葡萄牙著名的货物集散地，也是世界最著名的饭后甜酒波特酒（Port）的故乡。

波特酒与西班牙的雪利酒、法国的香槟酒一样，被列为“再加工”酒，即在葡萄酒发酵过程尚未完全结束时，加入适量的酒精使发酵中止，并使尚未发酵完的糖分留下。波特酒就是这样一种酒精度较高、糖分较重的葡萄酒。根据葡萄牙相关法规，波特酒可分为：最基本的两年木桶窖藏、颜色为红宝石色的“红宝波特”（Ruby）；经过多年窖藏的“陈年波特”（Tawny）；用特定年份葡萄酿成的“年份波特”（Vintage Port）；以及用特定年份葡萄酿成并经六年以上窖藏的“迟装瓶波特”（LBV）。

葡萄牙最著名的顶级佳酿是诺瓦尔“国家级”年份迟装波特酒“LBV”（Quinta do Noval，Vintage Port Nacional，LBV）。诺瓦尔葡萄园（Quinta do Noval）的名字最早于1715年出现在当地的地政局，它由诺瓦尔（Noval）家族所有。1894年，因都罗河流域的葡萄园频遭害虫侵害，诺瓦尔园被卖给了波尔图市著名的运输商思尔瓦（Antonio Jose da Silva）家族。思尔瓦家族入主本园后，对葡萄园做了全面的整治，重新种植葡萄苗，将古老狭窄的梯田式种植方法改为今天的围圈式种植，使得葡萄可以充分享受日照阳光。思尔瓦家族还改变了传统的销售方式，在英国的牛津、剑桥及高级私人俱乐部直接面向客户推广诺瓦尔波特酒。20世纪20年代，诺瓦尔园第一次在葡萄牙推出瓶装“年份波特”酒（Vintage Port），1958年又率先在葡萄牙生产“年份迟装波特酒”（LBV）。

诺瓦尔“国家级”园坐落在都罗河入海口的一个高山坡上，面积为2公顷，园中种植的是非嫁接的图里加葡萄树（Touriga Nacional），这些葡萄树龄很高，产量很低，每公顷仅产诺瓦尔“国家级”年份迟装波特酒“LBV”750公升，年产量只有2000瓶左右，而且价格甚高。酿造这种酒的葡萄均产自诺瓦尔“国家级”园，每10年中只有2~3个年份的葡萄才能达到酿制“国家级”年份迟装波特酒“LBV”的标准。

1981年，一场悲惨的大火吞没了诺瓦尔公司的宿舍和酿造车间，毁坏了350000公升库存的葡萄酒，以及两个世纪以来珍贵的酿酒记录。这时候，思尔瓦的曾甥孙扎勒尔（Teresa Van Zeller）接手了这个千疮百孔的家族生意。1982年，扎勒尔领导诺瓦尔公司在港口附近的奎尼达地区（Lodge at Quinta）重建了一个大型酒窖，使诺瓦尔公司迅速恢复了生机。1993年5月，扎勒尔家族将诺瓦尔园卖给了法国AXA保险集团（AXA Millesimes）。1993年10月，AXA公司聘请英国人塞尔（Christian Seely）为诺瓦尔园的总经理。1994年，AXA公司开始对诺瓦尔园进行大规模技术改造，包括对葡萄园进行修整，重新种植葡萄苗，建立新的酿酒车间，改善酒窖的储存环境等，以进一步提升葡萄酒的品质。

诺瓦尔园出产的“国家级”年份迟装波特酒“LBV”，采用纯图里加葡萄酿造，这种酒在酿造过程中的要求十分高，采用传统与现代化相结合的酿造技术，葡萄在采摘后要进行人工分选，用传统的踩踏破碎的方法，但卫生标准十分严格，在完成发酵后，要用木桶醇化24个月，装瓶后还要在酒窖里继续藏酿6年以上才可上市。这款酒被英国伦敦葡萄酒搜寻网站Wine Searcher列为2014年全球最昂贵的50款葡萄酒之一。

诺瓦尔“国家级”年份迟装波特酒“LBV”呈深紫色，充满甘草及香料气息，口感酸甜，酒体醇厚，味道优美。

第五章

德国产区

Germany

090

沙兹堡，“干浆葡萄精选迟摘”酒，伊贡·慕勒

SCHARZHOFBERG, TROCKENBEERENAUSLESE, EGON MÜLLER

*

等级 Q·m·P

产地 德国，莫塞尔河谷地区，沙兹堡山（Scharzhofberg，Mosel River Valley，Germany）

创立时间 1797 年

主要葡萄品种 雷司令（Riesling）

年产量 120 ~ 300 瓶（只在葡萄最好的年份生产）

上佳年份 2011、2010、2009、2005、1999、1997、1994、1990、1989、1976、1975、1971、1959

相比于欧洲的产酒大国意大利、西班牙和法国，德国葡萄酒的产量不算大，但酿酒历史已有1000多年，是一个拥有古老酿酒历史的国家，特别是甜白葡萄酒早就驰名于世。

在莱茵河（Rhine River）的支流莫塞尔河谷（Mosel River Valley）中部地区的右岸，聚集着德国最好的葡萄园，这里出产世界上最名贵的甜白葡萄酒。在德国约有15个主要葡萄酒产区，150多个酒村（Grosslagen），2600多个葡萄园，葡萄园种植的葡萄品种呈多元化，但主要品种以雷司令葡萄（Riesling）为主。在德国，甜白葡萄酒品质的分级标准主要有：一是于1971年开始执行的“著名产地优质高级葡萄酒”（Qualitatsweinmit Pradikats，简称Q·m·P），这是高级葡萄酒的标准，禁止在葡萄酒中加糖；二是“优质葡萄酒”（Qualitatswein bestimmter Anbaugebiete，简称Q·b·A），这是普通餐前酒的标准，可以在葡萄酒中加糖。另外还有“德国优质葡萄酒生产协会”（Verband Deutscher Pradikatsund Qualitatsweinguter，简称V·D·P）。Q·m·P和Q·b·A是德国的官方分级标准，而V·D·P则是德国优质葡萄酒生产商组织，它用一只黑鹰的头作为标志。到2003年，德国已有64%的酒庄通过了Q·m·P标准认证。

Q·m·P分级标准是依照葡萄的成熟度和甜度来划分的，由低到高共分为六个等级：

1. 小房酒（Kabinett），Kabinett的意思是小屋或小房间。这种酒是用正常成熟的葡萄酿成，较清淡，微甜，有时会有微涩的口感，是Q·m·P分级标准中品质最低的酒。

2. 迟摘酒（Spätlese），在葡萄成熟后的7~10天内采摘，使果实甜度和香味加重，品质稍高于小房酒。

3. 逐串精选迟摘酒（Auslese），以迟摘等级葡萄（Spätlese）的为基础，将未成熟的果实剔除。

4. 逐粒精选（Beerenauslese，简称BA），超过迟摘阶段，让葡萄长出贵腐菌（Noble rot）之后，才将长出贵腐菌和过熟的葡萄逐粒采摘。

5. 冰酒（Eiswein），等到首次下雪天的当天早晨才进行葡萄采摘。此时葡萄成熟度已经达到BA（逐粒精选）的程度，葡萄内部的水分已经结冰，通过压榨去除冰块，剩下浓缩的果汁进行酿酒。

6. 干浆葡萄精选迟摘酒（Trockenbeerenauslese，简称TBA），待每颗葡萄都感染霉菌且完全自然枯萎后才采摘。TBA酒也叫“宝徽”酒（Botrytis Cinerea），酿造这种酒的葡萄必须长有一种天然灰色的霉菌（Cinerea），葡萄被这种霉菌感染后，表皮会有许多肉眼看不见的微孔，葡萄中的水分绝大部分被吸干，葡萄最后变成枯萎状态，是Q·m·P分级标准中品质最高的酒。这种酒由于糖分浓度非常高，很难进行正常的发酵，所以酒精度不超过6°，并且需要陈年10年以上。此外，还一款叫“优质餐酒”（Qualitätswein），它未列入Q·m·P等级的酒，清淡微甜，有时带涩感。

莱茵河支流莫塞尔河（Mosel River）流经的德国古老城市特列尔市（Trier），是古罗马国的最北边、最重要的城市之一。革命导师马克思于1818年就诞生在这里。特列尔市每年举办一次雷司令葡萄酒拍卖会（The Grosser Ring Auction），很多德国名酒通过这里的拍卖会流向世界各地。

在离特列尔市半小时车程的维庭根镇（Wiltingen）的东南方，有一座名为沙兹堡（Scharzhofberg）很陡的小山，其坡度达50°以上，由山顶而下，有一片德国最著名的葡萄园。这片葡萄园最初可能是由古罗马人开垦的，当时属于建于公元700年的马特勒斯修道院（St·Marien ad Martyres）。法国大革命后，革命政府占领了莱茵河西岸地区，没收了该地区所有教会的财产（当然包括葡萄园在内）并予出售。

1797年，伊贡·慕勒一世（Egon Müller Ⅰ）的曾祖父柯西（Jean-Jacques Koch）从法国革命政府手中，购得了一个位于沙兹堡坡山上的酒园，柯西在去世前，将这个小酒园分给了他的子女们继承。1880年，伊贡·慕勒一世继承了这个面积为8.5公顷葡萄园，建立了伊贡·慕勒酒庄。1990年，从盖森海姆（Geisenheim）葡萄酒学院毕业的伊贡·慕勒四世（Egon Müller Ⅳ），继承了这个拥有200多年历史的著名家族酒庄。伊贡·慕勒四世年近50岁，文质彬彬，为人谦和，他与他的妻子和女儿共同经营着这个举世闻名的酒庄。尽管伊贡·慕勒酒庄有200多年的历史，但在1959年以前，伊贡·慕勒家族并不酿造TBA酒。伊贡·慕勒四世对笔者说，“如果你遇到1959年以前的伊贡·慕勒TBA酒，那绝对是假酒。”

伊贡·慕勒家族现有面积近86公顷的葡萄园分别在维庭根镇的库柏（Braune Kupp）等地，其中以沙兹堡山8.5公顷的优质葡萄园最著名，每年共生产约90000瓶各种优质的葡萄酒。伊贡·慕勒四世的妻子在斯洛伐克（Slovak）也有自己的酒庄——贝拉堡酒庄（Chateau Bela）和葡萄园，用雷司令葡萄分别生产TBA酒、冰酒和甜白葡萄酒。

伊贡·慕勒沙兹堡山园位于面朝东南的陡坡上，从山脚到山顶的坡度足有50°以上，土壤中大部分是由大岩块和石块组成，这种土壤结构有利于排水。园中种植的葡萄品种均为雷司令，树龄平均40~50年，种植密度每公顷为5000~6000株。每年冬天，葡萄树都要剪枝，每株只保留两个芽枝。这个古老酒园的葡萄藤成活率较低，需要用原始的方法来耕种，每年都要翻耕数遍，10多年以来未使用过杀虫剂，只用有机肥料，葡萄通常在10~11月份天气寒冷后才用人工采摘。伊贡·慕勒TBA酒由纯雷司令葡萄酿造，葡萄在采摘并分选后立即压榨，葡萄汁要经过24小时的沉淀，使用天然酵母在容积为1000公升的旧橡木桶或不锈钢桶里发酵，发酵期要持续到第二年的1月份，在糖分尚未完全被发酵掉时中止发酵，发酵结束后的2~4周内要进行倒桶，然后在木桶里醇化大约4~6个月，期间还要用硅藻土进行过滤，但无需澄清，装瓶在下一年的2~6月间进行，装瓶前还需进行一次消毒过滤。

一般来说，伊贡·慕勒TBA酒每10年份中只有3个年份才能生产，自1959年首瓶TBA酒问世到2005年的近50年，只有十几个年份生产过这种酒，而且产量极少，每次的产量在120~300瓶之间，历次的总产量加起来也不超过4000瓶，在市场上流通的更是不足2000瓶。这款酒可以轻易地放上20~30年，有的甚至达到100年或更长。在德国的甜白葡萄酒排名中，伊贡·慕勒TBA酒始终保持着第一的位置。在特列尔市一年一度的雷司令葡萄酒拍卖会上，这款酒经常被人喊出每瓶超过3000美元天价。如果你想得到这款世界上最昂贵且“长寿命”的甜白葡萄酒，除了要腰缠万贯外，还得试试你的运气。这款美酒被英国伦敦葡萄酒搜寻网站Wine Searcher列入2016年全球最昂贵的50款葡萄酒榜单第四位，列甜白葡萄酒第一位；同时，伊贡·慕勒酒庄的冰酒（Eiswein）也被列入2016年全球最昂贵的50款葡萄酒榜单之中。

2012年4月5－6日，在德国小镇维庭根的伊贡·慕勒酒庄总部，庄主伊贡·慕勒四世和夫人热情接待了笔者一行。在两天的时间里，伊贡·慕勒四世夫妇亲自陪着笔者参观葡萄园等。由于葡萄园的坡度太陡，庄主在山脚到山顶之间架起了缆索（有点像空中缆车），工人坐在缆车上耕作、除草、施肥等。伊贡·慕勒酒庄的酿酒车间并不大，看起来很简陋，甚至有点陈旧，有些设备用了几十年。酒窖更不像波尔多酒庄的酒窖那样硕大豪华，人见人爱且数千美元一瓶陈年的TBA、BA和冰酒（Eiswein）就堆放在酿酒车间旁边阴暗潮湿的角落里。

在我们到达酒庄的当晚，主人在家里为笔者一行准备了丰盛的晚宴，品尝了伊贡·慕勒酒庄1971年、1975年、1976年的TBA，以及1990年和1994年的BA等佳酿。其中，给笔者印象最深的是1971年TBA。这款酒的色泽像淡淡的普洱茶，晶莹剔透，给人一种奢侈绚丽的感觉。充满着令人难以置信的葡萄干、香草、橙皮、蒸梨、蜂蜜、茴香、八角、肉桂的浓郁香味，以及一丝的奶油韵味，洋洋洒洒，萦绕不散。单宁丰腴饱满，新鲜纯净，酒质健硕浓郁，展示着澎湃活力。尽管还有点内敛，但依然细腻馥郁，风采照人。口腔中犹如涂了一层橄榄油般，黏稠而又幼滑，酸度有着完美的平衡性，比蜜糖还要甜，缠结的余韵持久延绵。这款酒虽然已经过了41年，依然年轻，相信还可以窖藏50年。世上难道还有比这更甜美的琼浆玉液？

091

日冕园“干浆葡萄精选迟摘”酒，杰·杰·普鲁

WEHLENER SONNENUHR, TROCKENBEERENAUSLESE, JOH·JOS·PRÜM

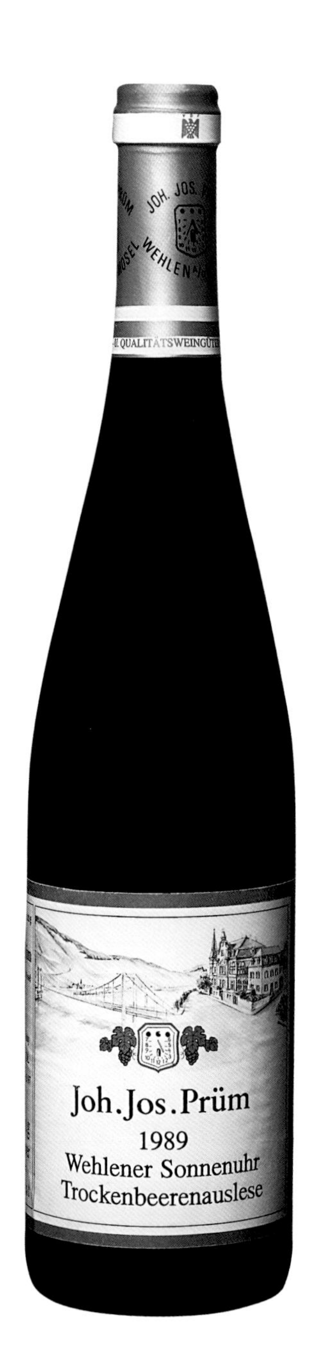

等级 Q·m·P

产地 德国，莫塞尔河谷地区，柏恩卡斯特（Bernkastel，Mosel River Valley，Germany）

创立时间 1911 年

主要葡萄品种 雷司令

年产量 150 瓶（只在葡萄最好的年份生产）

上佳年份 2001、1999、1997、1995、1994、1989、1988、1983、1976、1971、1949

1156 年，普鲁（Prüm）家族祖先来到德国西部莫塞河谷伯恩卡斯特镇（Bernkastel）一个叫维莱（wehlen）的山谷居住，这个地方就是今天的维莱村。900 多年来，普鲁家族一直居住在这里。

公元 19 世纪，家族成员基多库・普鲁（Jodocus Prüm）在这里种植葡萄树并酿造葡萄酒，他们酿造的葡萄酒自那时起就闻名于德国。后来，基多库・普鲁的大儿子约翰・约瑟夫・普鲁（Johann Josef Prüm）在这里建立起了著名的杰・杰・普鲁酒庄（Weingut Joh・Jos・Prüm，原名叫 S.A Prüm），并于 1911 年开始收购葡萄园。第一次世界大战后的 1920 年，约瑟夫的儿子塞巴克里斯蒂安・普鲁（Sebastian Prüm）进入酒庄工作。1969 年，塞巴克里斯蒂安去世，他儿子曼弗雷德・普鲁博士（Dr. Manfred Prüm）继承了家业。2003 年，曼弗雷德・普鲁的女儿卡塔琳娜・普鲁博士（Dr. Katharina Prüm）也加入到酒庄，担任公关经理。

杰・杰・普鲁是一个带有传奇色彩的酒庄，为了保密，他们的酒窖从不允许外人进入。酒庄现拥有四个葡萄园，面积共 22 公顷，分布在莫塞尔（Mosel）山顶部中间的最好位置，分别是：日冕园（Wehlener Sonnenuhr）、天国园（Graacher Himmelreich）、泽尔丁园（Zeltinger Sonnenuhr）、贵族园（Bernkasteler Badstube），这些葡萄园全部种植雷司令葡萄，而且大多数是老藤。在这些葡萄园中，又以日冕园最为著名。

日冕园朝东南方向，与周围的葡萄园一样，土壤以板岩土结构为主，雷司令葡萄树龄平均 60 多年，还有超百年的原种未嫁接过的葡萄树，这些葡萄树种植密度每公顷为 7500 株，普鲁酒庄每年会在葡萄园中施少量的化肥和杀虫剂。园主曼弗雷德会根据每年葡萄的收成状况来决定是否生产“干浆葡萄精选迟摘”TBA 酒（Trockenbeerenauslese），好年份才会生产 TBA 酒。

曼弗雷德经常说，他们试图对酒庄的部分酿造设备进行现代化更新，但不会改变祖传下来的传统酿造方法。葡萄的采收时间要比莫塞尔河谷多数酒庄晚一些，目的是让葡萄充分熟透。葡萄在人工采摘后要分选，葡萄在挤碎后，在一个由不锈钢和玻璃组成的容器里利用当地野生酵母进行发酵，发酵结束后，移到传统的容积为1000公升的橡木桶里醇化，于来年的七月份装瓶。

要提醒读者注意的是，杰·杰·普鲁酒庄有三款产地不同但品质都非常好的TBA酒，它们分别是日冕园TBA酒（Wehlener Sonnenuhr Trockenbeerenauslese）、天国园TBA酒（Graacher Himmelreich Trockenbeerenauslese）、泽尔丁园TBA酒（Wehlener Zeltinger Sonnenuhr Trockenbeerenauslese），这三款TBA酒每次的产量均不超过150瓶。这其中日冕园TBA酒更一瓶难求，其价格也高过天国园和泽尔丁园的TBA酒，它是德国最好的甜白酒之一，也是全世界葡萄酒收藏者苦苦寻觅的“液体黄金”。由老庄主塞巴克里斯蒂安·普鲁酿造的1949年日冕园TBA酒，在1974年被拍卖到1500马克（652美元），这在当时来说是个天价！与伊贡·慕勒酒庄一样，英国伦敦葡萄酒搜寻网站Wine Searcher也将杰·杰·普鲁酒庄的日冕园TBA酒、日冕园BA酒（Wehlener Sonnenuhr Riesling Beerenauslese）双双列入2016年全球最昂贵的50款葡萄酒榜单之中。

日冕园TBA酒的特点是具有独特的果味和酸度，持久的青春和新鲜感，复杂的性格中透着清晰质地。2014年7月6日，笔者品尝过1989年日冕园TBA酒，它展现出瑰丽动人的浅金黄色。尽管装瓶已25年，但在品饮时仍然相当封闭。在开瓶2小时后，才慢慢溢出郁郁葱葱的中草药、蜂蜜、杏仁、蜜桃、梨、柚子皮、薰衣草的香味，中间还带有一缕汽油的气息，这些气息缠结在一起，似乎没完没了，持久不散。单宁丰满幼滑，新鲜纯粹，酒质浓郁浑厚，充满活力。口感柔顺馥郁，和谐平衡，余韵环绕。

092

金盖“干浆葡萄精选迟摘”酒，约翰山堡

TROCKENBEERENAUSLESE GOLD CAP RHEINGAU GOLDLACK, SCHLOSS JOHANNISBERG

等级 Q · m · P

产地 德国，黑森州，莱茵高地区莱茵河谷（Rhine River Rheingau，Hesse，Germany）

创立时间 公元 720 年

主要葡萄品种 雷司令

年产量 约 150 瓶（只在葡萄最好的年份生产）

上佳年份 2011、2009、2007、2006、2005、1993、1953

德国是地球上可以种植葡萄的最北之地，与冰天雪地的加拿大以及西伯利亚一样，位于北纬50° 。当地北上的莱茵河（Rhine River）在这里突然拐了个弯向西流去，其中有一段约20公里的狭长地段叫莱茵高（Rheingau），而恰恰就是这一段河流起到了调节气候的作用，再加上北部高耸的陶努斯山脉（Taunusberg），也为莱茵高朝南的斜坡阻挡住了寒冷的北风。因此，莱茵高地区的气候温和，属于全德国平均气温最高的地区之一。这种温和的气候非常适合生长雷司令葡萄。莱茵高是德国第8大葡萄酒产区，有2900公顷的葡萄园，其中最出名、最具代表性的乃是充满传奇故事的约翰山堡酒庄（Schloss Johannisberg）。这个酒庄历史悠久，自公元720年起就种植雷司令葡萄（Riesling），其结果是酒庄的名字成为了雷司令葡萄的“代名词”，而德国正宗雷司令葡萄的全名就是：约翰山雷司令（Schloss Johannisberg Riesling）。另外，小房酒（Kabinett）也源自这个酒庄。雷司令葡萄的起源，分别由产自克罗地亚的白葡萄（Gouais Blanc）和法国长相思葡萄（Savagnin Blanc）与野葡萄的杂交品种。

传说，早在公元8世纪，有一次查理曼大帝（Charlemagne，742—814年）看到约翰山（Schloss Johannisberg）附近的雪融化得较早，知道这里的天气温暖，适合葡萄生长，就命人在这里种植葡萄。不久，山脚下就建起葡萄园，并归王子路德维格（Ludwig der Fromme）所有。不久，美因兹市（Mainz）大主教在此地盖了一座献给圣尼克劳斯（Sankt Nikolaus）的小教堂。1130年，圣本笃教会（Seimoto Atsu Church）的修士们在此教堂旁加盖了一个献给圣约翰的修道院，因此也形成了约翰山堡酒庄（Schloss Johannisberg）。后来，酒庄一直由修士们管理。1775年，负责传达美茵兹主教王子采收命令的信使不知何故姗姗来迟，延误了采摘时间，致使葡萄过熟，修道院还是不得不派人去采摘这些过熟的葡萄。出人意料的是，用这些过熟葡萄酿造的葡萄酒让人喜出望外。而由此产生的晚熟葡萄酿造方法，就成为了后来的迟摘葡萄酒（spätlese）。不过这段历史是个出了名的公案。因为在不远处同样位于莱茵高的另一个著名酒庄艾伯巴赫修道院（Kloster Eberbach）已有文献记载，早在1753年修道院膳食房的记事本中明白地记着：“由史坦贝克园区

（Steinbeck）所采摘已经长了霉菌的葡萄，可以酿出极为可口的酒。” 时至今日已事过境迁，但这种用晚熟葡萄的酿酒方法成为了世界各地酿酒雷司令甜白葡萄酒的主要方法。

1802年，修士们被法国大革命大军赶走，教会财产被世俗化，酒庄被转到欧兰尼伯爵（Furst von Oranien）家族名下。之后酒庄又几经易手，落入了梅特涅伯爵（Furst Metternich-Winneburg，1773—1859年）手中。虽然梅特涅家族目前仍拥有约翰山堡酒庄，

但酒庄的经营权已经交给了德国食品业大亨鲁道夫・奥格斯特・欧特格（Rudolf August Oekter）。1999 年，酒庄起用粉红色酒标替代原来的老式酒标。现在酒庄的总经理是维特（Witte）。

约翰山堡酒庄的葡萄园种植密度十分高，每公顷种植 1 万株葡萄树，每年总共可生产约 2.5 万箱葡萄酒。葡萄树的平均树龄在 35~40 年之间。在葡萄园管理方面，一半的葡萄园用人工以铲子除草，而另外一半不除草，以使土壤产生更多的有机质。葡萄在成熟后，用人工分次采收和分拣，榨汁后经过四个星期的发酵后再移入到用过百年的老木桶中醇化，时间约半年之久。到了次年春天的三月或四月，这些葡萄酒即可装瓶。

在数万箱由约翰山堡酒庄出品的葡萄酒中，其金盖“干浆葡萄精选迟摘”酒（Trockenbeerenauslese Gold Cap Rheingau Goldlack，TBA）表现得最为精彩。历史上许多名人都是这款酒的忠实拥趸者，如：歌德（Goethe）、海涅（Henie）、俾斯麦（Bismarck）和美国时任总统杰弗逊（Jefferson）等。这款酒只在最好的年份生产，而且每次的产量不足 150 瓶，价格极其昂贵，被英国伦敦葡萄酒搜寻网站 Wine Searcher 列为 2016 年全球最昂贵的 50 款葡萄酒之一。

约翰山堡酒庄的金盖 TBA 酒，成熟时呈现出金黄色泽，散发出诱人的新鲜柠檬、芒果，椰子、杏仁、葡萄干的果香味，以及香料、蜂蜜、奶油、矿物质的味道，有时还会带有一点辛辣味。这些混合香味郁郁葱葱，持久不散。单宁饱满，质地细腻柔滑，略带点酸味但和谐平衡，回味悠长。

第六章

美国产区

America

093 湖园，钻石溪

THE LAKES, CABERNET SAUVIGNON, DIAMOND CREEK VINEYARDS

等级 未评级

产地 美国，加利福尼亚州，纳帕河谷地区（Napa River Valley，California，America）

创立时间 1968 年

主要葡萄品种 赤霞珠、梅洛，品丽珠

年产量 1700 瓶（只在葡萄最好的年份生产）

上佳年份 1997、1996、1994、1993、1992、1990、1984、1978

美国加利福尼亚州（California America）已成为全球第四大葡萄酒生产地（排名在法国、西班牙、意大利之后），全州58个郡中有48个郡种植葡萄并酿酒，葡萄种植面积达217000公顷，占全州土地面积近1%。全州约有3500家酒庄，近万人就业，每年有2.56亿箱葡萄酒产自加州，占美国葡萄酒总产量的90%。

在20世纪70年代初期，欧洲老牌葡萄酒厂对美国的葡萄酒不屑一顾。不过，这种局面在1976年5月24日于巴黎巴林德（Blind Contest）举办的"法国－美国葡萄酒盲评擂台赛"后，人们开始改变了这一看法。在这场具有里程碑意义的"擂台赛"中，法国葡萄酒与美国葡萄酒是主角，比赛的结果：红酒的第一名和白酒的第一名均被来自美国加州纳帕河谷地区（Napa River Valley）的酒庄获得。虽然法国人不服，但人们还是第一次公开承认了以美国为代表的"新世界"葡萄酒的地位。2006年5月24日，获得上次巴黎"擂台赛"前10名的葡萄酒，在尘封30年之后再次进行复赛，赛场分别设在美国加州和英国伦敦，结果又是让人大吃一惊，获得前5名的仍然是纳帕河谷地区的葡萄酒！美国好莱坞导演米勒（Randall Miller）还专门将跨度长达30年的"法国－美国葡萄酒盲评擂台赛"拍成电影《醇酒醋男》（Bottle Shock）。

纳帕河谷地区位于旧金山市（San Francisco）东北方向80公里处，这里有长达40公里狭长的河谷，遍布了160多个葡萄园，美国最顶尖的酒庄几乎都集中在这里。位于峡谷北端的钻石溪酒庄（Diamond Creek Vineyards）就是其中之一。

钻石溪酒庄的创始人布朗斯坦（Adelle Brounstein）是德国籍的加拿大人，是一位富翁。他本是一名药厂东家，但放弃了一切，来到纳帕河谷最南端的地带，那里是土质肥沃的火山岩，含有丰富的石英，远眺时闪闪发光，所以被命名为钻石山（Diamond Mountain）。这个地方的地名和酒庄的名字都因此而来。

1967年，布朗斯坦以每英亩200美元的价格，购买了钻石山谷底的一块面积为80英亩的土地，用于开设高尔夫球场。但因为没有取得相关牌照，他花了5个月的时间，清理了土地上稠密的树木，种植了8.1公顷的葡萄。1968年，布朗斯坦与妻子波特丝·布朗斯坦（Boots Brounstein）结婚。2006年6月26日，与帕金森疾病斗争了20多年的布朗斯坦先生去世，享年86岁。现在，他的妻子波特丝·布朗斯坦和儿子菲利普·罗斯（Phillip Ross）继承和管理着这个著名的酒庄，聘请著名的酿酒大师海迪·巴勒特（Heidi Barrett）担任酿酒总管。

布朗斯坦仿照法国勃艮第葡萄园的传统种植方式，根据每块土地的特征种植不同品种的葡萄，种植了许多从法国波尔多引进的赤霞珠葡萄树，这是加州第一个种植赤霞珠葡萄的酒园。1972年，他用自己生产的葡萄酿成了第一批不同风格的葡萄酒并获得了巨大的成功，成就了钻石溪酒庄的辉煌，在媒体的大力推介下，布朗斯坦先生成为当时葡萄酒业界"美国之梦"的代表。

钻石溪酒庄在钻石山谷底拥有四个小葡萄园，包括面积为0.3公顷的湖园（Lake）、面积为3.2公顷的火山园（Volcanic Hill）、面积为2.8公顷的红石围园（Red Rock Terrace）和面积为2.8公顷的碎石草原园（Gravelly Meadow），这些葡萄园有着独特而且不同的“微气候”（Microclimate）条件，西面的葡萄园在午后有凉爽的海风吹进，而东面的葡萄园又有加利斯托戈山谷（Calistoga Valley）带来的热量。

湖园（Lake）面积仅0.3公顷，是在1972年最后才开发的葡萄园。葡萄园位于钻石山谷底，靠近轩尼诗湖（Lake Hennessey）边，因此叫“湖园”，这是钻石溪酒庄所有葡萄园中最出色的一个。这个葡萄园的土壤为火山岩土质，含铁量较高，有利于葡萄的生长。为了使本园葡萄藤的品质赶上法国顶尖酒庄的水准，在葡萄种植方面更是费神，他们引进波尔多一等顶级酒园的根芽，都是出自名门之后！庄主采用了几乎是不计成本的做法：葡萄的种植密度非常低，采取每公顷2000株的密度标准，每棵留着4条芽苗。葡萄在十分成熟后用人工采摘，有时采摘期要延迟到11月，葡萄在采摘后还要经过严格的人工挑选；如遇不好的年份或葡萄品质不佳，酒庄宁愿放弃生产湖园酒。在葡萄不好的年份，酒标会印上“特选”（Special Selection）或“第一次采收”、“第二次采收”，表示葡萄是在下雨前或雨后采收。

湖园酒使用湖园的赤霞珠葡萄、梅洛葡萄和品丽珠葡萄混合酿造，有时也可能与碎石草原园的葡萄混合酿酒。其酿造过程一丝不苟：使用新的压榨设备，在带有温控装置的小不锈钢桶里发酵，醇化首先使用加州本土的红杉木桶，后半程使用由法国进口的橡木桶，醇化期为20~24个月，醇化期间需要更换木桶（五成新木桶）四次，这样做的目的是让葡萄酒吸收不同木质的气息，增加酒的复杂性。有的年份，湖园酒也会用湖园与碎石草原园的葡萄混合酿造。

湖园酒是美国最珍贵的葡萄酒之一，也可能是市场上最难找到的美国葡萄酒。自1972年到现在的40多年时间，只有十几个年份生产过湖园酒，而且每次的产量不超过1700瓶。从2006年起，湖园酒不接受客户的预定，而是以公开拍卖的方式进行销售。

2012年5月11日，笔者应邀参加了在香港举办的钻石溪酒庄系列葡萄酒晚宴，品尝了各个系列不同年份的佳酿，酒庄主人波特丝·布朗斯坦夫人和她的儿子菲利普·罗斯先生亲自主持晚宴。当晚给我印象最深的是1984年湖园酒（Lake Diamond Creek），它带着明亮的紫红宝石色泽，散发出黑醋栗、樱桃果酱、葡萄干、巧克力、芝士的丰富香气。单宁密实饱满，浑厚有力但又柔和馥郁，始终在向你展现着青春活泼的姿态。层次丰富，酸度较低，和谐平衡，回味中有一股明显的甜味，彰显出加州葡萄酒的王者风范。

094

啸鹰

SCREAMING EAGLE, CABERNET SAUVIGNON

*

等级 未评级

产地 美国，加利福尼亚州，纳帕河谷地区

创立时间 1986 年

主要葡萄品种 赤霞珠，梅洛，品丽珠

年产量 3600 ~ 4800 瓶（只在葡萄最好的年份生产）

上佳年份 2013、2012、2010、2009、2008、2007、2006、2005、2004、2003、2002、2001、1999、1997、1995、1994、1992

让－菲利蒲（Jean Phillips）夫人是纳帕河谷地区一位精力充沛又非常谨慎的传奇性人物，她原来是一位房地产经纪人。

20世纪80年代中期，让－菲利蒲夫人在纳帕河谷橡树镇（Oakville）山麓开辟了占地23.1公顷的葡萄园。为了使葡萄酒能够尽早出名，让－菲利蒲夫人以美国在二次世界大战中著名的第101空降师的别号“啸鹰”（Screaming Eagle）作为酒庄的名称，这是一个名副其实的“金点子”。从1992年起，她用这个葡萄园的赤霞珠葡萄为主，开始生产啸鹰牌红葡萄酒。这款酒产量少，品质佳，一炮而红。同样遵循物以稀为贵的法则，这种葡萄酒在拍卖市场上，每瓶的拍卖价均高过1000美元，被誉为纳帕谷酒王，也是美国最贵的葡萄酒之一。啸鹰酒成名之后，并未改变让－菲利蒲夫人的习惯，在她拥有啸鹰酒庄的日子里，她经常惬意地骑着她的摩托车察看葡萄园。

2006年，让－菲利蒲夫人作出了一个“无法拒绝的选择”——将这个带有传奇色彩的酒庄卖给了查尔斯·班克（Charles Banks）和美国富豪斯丹利·科恩克（Stanley Kroenke）组成的财团。科恩克是美国有名的富商，他拥有NBA球队丹佛金块（Denver Nuggets），也是英超班霸阿森纳（Arsenal）的最大股东，他的妻子安尼·沃尔彤（Anne Walton）更是沃尔玛（Walmart）的后人。此前，查尔斯·班克和斯丹利·科恩克共同拥有当地的悦纳塔酒庄（Jonata Wines）。

悦纳塔酒庄位于加利福尼亚州的圣巴巴拉（Santa Barbara）葡萄酒产区，葡萄园在圣伊内斯山谷（Santa Ynez Valley）的金色山丘（Golden Hills），面积为600英亩，其中80英亩的土地被分成了50多个小葡萄园，每个葡萄园种植了不同的葡萄品种。这个酒庄的葡萄酒深受消费者的喜爱。

在收购完成后，新庄主对啸鹰酒庄进行进一步投资，引进新的酿酒设备，重建了大约50英亩的葡萄园。2009年，查尔斯·班克离开了酒庄，斯丹利·科恩克成为了啸鹰酒庄的唯一所有者。

啸鹰园位于纳帕河谷一个面朝西向的山坡上，园中分别种植了赤霞珠葡萄、梅洛葡萄和品丽珠葡萄，树龄平均为25年，每株的种植距离为1.53米×1.53米，或者1.83米×3.36米。本园的土壤以岩土为主，灌溉条件良好，即使是酷热的夏天，葡萄也不会遭受干旱。让－菲利蒲夫人只将23公顷葡萄园中生产的品质极好的一小部分葡萄用于酿造啸鹰酒，而且只在收成相当好的年份才生产，不好的年份宁愿颗粒无收（如2000年的葡萄未达到酿造标准就停止生产）。这样做尽管是一种昂贵的选择，但对让－菲利蒲夫人来讲，这却是一个非常明智的选择，其结果是，可以不断地提升她在加州葡萄酒业中的声誉。

最初，让－菲利蒲夫人将自家葡萄园出产的所有葡萄都卖给了纳帕河谷其他的酿酒厂，后来她开始考虑试着自己酿造葡萄酒。她通过好友罗伯特·蒙大维（Robert

Mondavi）（蒙大维酒庄的主人），向酿酒师理查德·彼得森（Richard Peterson）咨询了商业上的可行性，觉得前景不错。于是，她便雇用了彼得森的女儿海蒂·彼得森·贝瑞特（Heidi Peterson Barrett）作为自己的酿酒师。后来她还聘请了具有丰富经验的海伦·特里（Helen Turley）为酒庄组建了一个精英酿酒团队，他们之间密切合作，酿造出了这款鬼斧神工的佳酿。海伦·特里辞职后，新来的酿酒师马克·阿伯特（Mark Aubert）接替了他的职务。啸鹰酒使用赤霞珠葡萄、梅洛葡萄和品丽珠葡萄混合酿造。让－菲利蒲夫人和她的团队在酿酒啸鹰酒的过程中并无秘方可言：适当的产量，控制葡萄采摘时的含糖量，用0.5吨容积的小桶发酵，在65%比例新的法国橡木桶里醇化18个月。

一般情况下，庄主会将90%的啸鹰酒卖给熟客，其余部分作为慈善拍卖。这种做法的好处是，一来是做善事，二来还可以推高酒价。啸鹰酒的第一个年份是1992年，在1995年装瓶出售，当时的售价是每瓶50美元。2007年6月，香港一家高级西餐厅举办了一场慈善拍卖会，一瓶（4500毫升）2001年的啸鹰酒，卖到了140万港币，创下了美国葡萄酒的拍卖纪录。啸鹰酒被英国伦敦葡萄酒搜寻网站Wine Searcher列为2016年全球最昂贵的50款葡萄酒之一，也是榜单中美国唯一的葡萄酒！

2006年，酒庄开始酿造啸鹰副牌酒（Screaming Eagle Second Flight），产量不足10000瓶，其品质也是一流。2010年起，啸鹰酒庄用自家位于橡树镇葡萄园的长相思葡萄（Sauvignon Blanc）酿造一种酒精度高达14.6%的干白葡萄酒，年产量不足1000瓶，而且不是每年都生产。这款奇特的白葡萄酒通常不对外销售，只供庄主自家享用或送亲朋好友，因此，这种酒在市场上十分罕见。

2015年11月7日晚，啸鹰酒庄和悦纳塔酒庄在北京颐和园内的颐和安缦酒店举办的非同寻常而且极为珍贵的晚宴，酒庄总经理阿曼德·梅洛雷先生（Mr. Armand de Maigret）亲自到场主持晚宴。席间，啸鹰酒庄和悦纳塔酒庄的顶级佳酿悉数上桌，包括：2010年悦纳塔·弗洛尔干白酒（Santa Ynez Valley Sauvignon Blanc La Flor de Jonata）、2012年啸鹰干白酒（Screaming Eagle Sauvignon Blanc）、2008年悦纳塔·挑战者（Santa Ynez Valley Sauvignon EI Desafio de Jonata）、2008年悦纳塔·桑·西拉（Santa Ynez Valley Syrah La Sangre de Jonata）、2011年啸鹰副牌酒（Screaming Eagle 2nd Flight）和2012年啸鹰酒（Screaming Eagle）。

当晚给人印象最深的两款酒分别是啸鹰干白酒和啸鹰红酒。啸鹰干白酒充满着柠檬、柚子、矿物质和少量烟熏的混合香味，酸度和谐平衡，口感纯净馥郁。啸鹰红酒呈不透明的紫褐色，含有黑醋栗、烟熏肉和甘草的芳香，稍带一点矿物质气息，丰浓醇厚，单宁充足，具有丰富华丽的口感。

095

火花·贝克斯托弗·加龙，斯拉德

OLD SPARKY BECKSTOFFER TO KALON VINEYARD, SCHRADER CELLARS

等级 未评级

产地 美国，加利福尼亚州，纳帕河谷地区

创立时间 1998 年

主要葡萄品种 赤霞珠

年产量 约 3000 瓶（1500mL）

上佳年份 2012、2011、2010、2009、2008、2007、2006、2005、2004、2003、2002

弗雷德·斯拉德（Fred Schrader）曾经是一名成功的葡萄酒经销商。1988年，他与朋友一起参加一场纳帕谷的葡萄酒拍卖会，顺便到纳帕谷的葡萄园参观一番，享受一下当地的美酒和阳光。没想到，此行的纳帕谷却成为了弗雷德·斯拉德梦想真正开始的地方。

经过纳帕谷葡萄酒之行，弗雷德·斯拉德被那里葡萄酒的魅力深深折服。结束旅行后，他准备在葡萄酒事业上大干一番。他找到纳帕谷酿酒大师海伦·特里（Helen Turley）和维特劳弗（John Wetlaufer）夫妻，与他们的酿酒团队展开合作，酿造纳帕谷最有特色的葡萄酒。就这样，弗雷德·斯拉德开始了他的葡萄酒人生。由于有了与酿酒大师海伦·特里夫妻的合作，弗雷德·斯拉德酿造的葡萄酒很快就获得了成功，受到了美国著名酒评家的高度赞誉。

1998年，弗雷德·斯拉德建立了以自己名字命名的具有传奇色彩的斯拉德酒庄（Schrader Cellars）。之后，弗雷德·斯拉德的妻子卡萝尔（Carol）和酿酒师托马斯·布朗（Thomas Brown）也加入到酒庄，与弗雷德·斯拉德一道继续延续着酒庄在纳帕谷的酿酒传奇。托马斯·布朗出生于南卡罗来纳州萨姆特（Sumter，South Carolina），在弗吉尼亚大学（University of Virginia）求学期间就对葡萄酒产生了浓厚的兴趣。他是一名是十足的赛车迷，现在更是纳帕谷极为出色的酿酒师。

酒庄现有两个单一的赤霞珠葡萄园，分别是：位于纳帕谷卡利斯托其（Calistoga）的贝克斯托弗·加龙园（Beckstoffer To Kalon Vineyard）和位于纳帕谷橡树镇（Oakville）的法尼利园（To fanelli Vineyard）。最为引人注目的是，这两个园内种植的所有赤霞珠葡萄树都是无性繁殖的，并且无性繁殖的赤霞珠葡萄树已经到了第七代。每到葡萄收获之时，酒庄酿酒师托马斯·布朗会亲自组织一批工人到果园收获葡萄。这个酒庄目前共生产12款不同的葡萄酒，其中还有黑皮诺葡萄酒。

庄主弗雷德·斯拉德和酿酒师托马斯·布朗遵循的酿酒信条是“永无止境”。在他们的带领下，酒庄的酿酒团队所酿造的葡萄酒始终洋溢着一股浓郁的古典风格。他们用贝克斯托弗·加龙园的第四代乃至第六代克隆赤霞珠（偶尔也掺和一些337地块的葡萄）酿造的一种混酿克隆赤霞珠葡萄酒受到广泛的好评。这款酒的酒标也很有特点，椭圆形的白底酒标，上面印有一条昂首抬头的龙。在世界所有葡萄酒的酒标上，极少见到印有龙的酒标。

这个酒庄用全新的法国橡木桶醇化葡萄酒，醇化20个月后，只以大瓶（1500毫升）

装瓶出售。弗雷德·斯拉德和年轻的酿酒师托马斯·布朗刷新了美国酿酒史新纪录：他们酿造的2006年、2007年的火花·贝克斯托弗·加龙酒（Old Sparky Beckstoffer To Kalon Vineyard），以及2006年、2007年的斯拉德CCS酒（Schrader CCS Cabernet Sauvignons），均被《葡萄酒观察家》杂志Wine Spectator的资深编辑劳贝（James Laube）评为满分100分。由同一生产者酿造的连续两个不同年份、两款不同的赤霞珠葡萄酒连续获得满分，这在美国近200年的酿酒史上还是第一次！

弗雷德·斯拉德和酿酒师托马斯·布朗最顶级的得意之作——旗舰酒是火花·贝克斯托弗·加龙酒（Old Sparky Beckstoffer To Kalon Vineyard），年产量不足3000瓶，是纳帕谷地区最贵、也是最难买的的葡萄酒之一，每瓶售价超过2000美元的天价。这款酒被伦敦葡萄酒搜寻网站Wine Searcher列为2012年世界最贵的50种葡萄酒之一，也是当年美国入选榜单仅有的两款葡萄酒之一，而另一款是啸鹰酒（Screaming Eagle）。这款酒有着极强的生命力，笔者建议窖藏15年后享用会更具光芒。

笔者品尝了2006年火花·贝克斯托弗·加龙酒（1500毫升）。这款酒由100%赤霞珠葡萄酿造，以贝克斯托弗·加龙园第六代克隆葡萄为主，混合一些第四代克隆葡萄，以及来自卢瑟福地区的乔治三世葡萄园（George Ⅲ Vineyard in Rutherford）的葡萄，用全新的法国橡木桶醇化20个月后装瓶，酒精含量14.5%。此酒几乎是不透明的紫色，开瓶约3小时后，缓缓溢出黑醋栗、李子、黑莓的果香味，中间夹带着雪松、甘草、香草、摩卡咖啡、烤肉、焦油、矿物质的浓郁香味，郁郁葱葱，持久不散。单宁饱满劲道，馥郁醇厚，给人一种力量和技巧的相结合的感觉，层次丰富复杂，柔顺优雅。毫无疑问，这是一款伟大的葡萄酒。

096

凯瑞德，寇金

CARIAD PROPRIETARY RED WINE, COLGIN CELLARS

等级 未评级

产地 美国，加利福尼亚州，纳帕河谷地区

创立时间 20 世纪 90 年代

主要葡萄品种 赤霞珠，梅洛，品丽珠，小维铎

年产量 约 6500 瓶

上佳年份 2013、2012、2011、2010、2009、2008、2007、2006、2005、2004、2003、2002、2001、2000、1999

20 世纪 90 年代起，寇金酒庄（Colgin Cellars）就在纳帕河谷地区迅速地崭露头角，它的成功主要归功于酒庄当时的酿酒师海伦·特里（Helen Turley），这位曾经在啸鹰酒庄任过职的酿酒师，用他巧妙的手法，使葡萄酒具有更复杂的结构和惊人的味蕾感。以前，寇金酒庄用从纳帕河谷地区顶尖葡萄园收购的赤霞珠葡萄酿酒，酒庄的董事长安尼·寇金（Ann Colgin）夫人和她的丈夫乔·文德（Joe Wender）并不满足于用外购的葡萄酿酒，他们开始培植自己的葡萄园 。在酿酒师海伦·特里离开了酒庄后，安尼·寇金夫人和她的丈夫为酒庄又重新聘请了一个精英管理团队，酿酒师是马克·阿伯特（Mark Aubert），酿酒顾问是阿莱尼·雷诺德（Dr. Alain RAynaud）。葡萄园交由著名的葡萄园管理者戴维德·阿布鲁内诺（David Abreu）管理。

寇金酒庄拥有葡萄园总面积超过 10 公顷，其中有多块非常出众的葡萄园，包括：面积为 1 公顷的特伊松山园（Tychson Hill Vineyard）、面积为 8.1 公顷的九号园（IX Proprietary Red Estate）等。这些葡萄园土壤和坡度都属优良，多石子，海拔在 950~1400 米之间，日照充足，气候适宜。葡萄园内主要种植赤霞珠、梅洛、品丽珠、小维铎和希拉（Syrah）等葡萄品种，树龄平均 15 年以上。除了自家葡萄园外，酒庄还会有选择性地从海贝·拉姆巴园（Herb Lamb Vineyard）买来葡萄酿造海贝·拉姆巴酒，这款酒只在 1992—2007 年间酿造，现存于世的已经很少了。

安尼·寇金夫人和她丈夫乔·文德的酿酒哲学是，努力把优秀山坡葡萄园中葡萄的最佳特性带入葡萄酒中，并让它们“表现自己”。为了使葡萄园的潜在特性充分发挥出来，他们强调用低产量、水分和营养的均衡以及生理上完全成熟的葡萄。葡萄的成熟性主要依据它们的口感来判断，不过也会把实验室测试的结果作为参考。寇金酒庄产量极少，每年最多生产约 15000 瓶葡萄酒。

2014 年 1 月，由罗伯特·帕克执掌的著名《葡萄酒倡导家》杂志官网发布了重磅消息：在纳帕河谷地区 2010 年生产的葡萄酒中，他们评选出 12 款获得满分 100 分的葡萄酒，其中寇金酒庄一次囊括了三款满分酒，在纳帕河谷地区酒庄中独占鳌头！这三款酒分别是：凯瑞德（Cariad Proprietary Red Wine）、九号园（IX Proprietary Red Estate）、九号园希拉（IX Syrah Estate），这当中价格最贵的是凯瑞德酒。

凯瑞德（Cariad）是威尔士语中“爱情”的意思。凯瑞德酒精选了由戴维德·阿布鲁内诺亲自管理的三座葡萄园出产的优质葡萄混合酿成。赤霞珠、梅洛及品丽珠葡萄主要来自位于圣·海伦娜（St.Helena）西部山区的园麦当娜牧场园（Madrona Ranch），少量来自豪厄尔山果园（Howell Mountain）；而小维铎葡萄则来自托里维洛斯园（Thorevilos Vineyard）。这些葡萄园均由戴维德·阿布鲁内诺家族所有。

凯瑞德红酒由赤霞珠葡萄、梅洛葡萄、品丽珠葡萄和小维铎葡萄混合酿造。葡萄在采摘后，要在酿造车间用手工进行两次分选：第一次是一串一串地分选，去梗后再次逐粒分选。葡萄在挤碎后，要在较低温度下浸渍，然后进行发酵，发酵通常持续14~21天，发酵完成后，用全新的橡木桶醇化，醇化期为18~24个月，不经过滤和澄清装瓶，装瓶后，还要在酒窖里存放10~12个月后才可以上市。这款酒年产量不足6500瓶。

凯瑞德酒色泽深红，饱含着层次丰富的李子、黑樱桃、黑莓果、茴香、鼠尾草和尘土、橡木的复合味道，还有烟草、木炭等烘烤的香气。单宁充足饱满，酒体适中，丰浓醇厚，口感柔顺，完美平衡，有着惊人的陈年潜力。

红葡萄酒
Red Wine

097

积云园，赛奎农

NEXT OF KYN SYRAH CUMULUS VINEYARD, SINE QUA NON

等级 未评级

产地 美国，加利福尼亚州，文图拉县（Ventura County）

创立时间 2007 年

主要葡萄品种 希拉（Syrah）、歌海娜（Grenache）

年产量 约 1500 瓶

上佳年份 **2010、2009、2008、2007**

1994年，曼弗雷德·克兰克尔（Manfred Krankl）与妻子伊莱恩（Elaine）在位于美国加州中部海岸的文图拉县（Ventura County），共同创建了赛奎农酒庄（Sine Qua Non）。这是一对没受过专业酿酒训练的夫妻档，他们凭借着一股对葡萄酒的热情，租了一间位于废弃物处理厂旁的破旧建筑当酿酒厂，这里没有明亮的葡萄酒展示厅，也没有漂亮的纪念品，甚至因为位置太偏僻且没有明显的指示牌，因此一般人很难找到这家酒庄。酒庄的一切工作都是由曼弗雷德·克兰克尔夫妇两人亲自完成，他们没有花任何时间在葡萄酒的行销上，没想到酿出来的酒要怎么卖出去，他们的目的就是为了酿出好酒。就是这样，在别人看来这对外行的夫妇，却神奇地创造出独树一帜的膜拜酒（Cult Wine）。初期，这个酒庄只酿造100箱左右的葡萄酒以供自己的餐厅配餐之用。1996年开始，酒庄葡萄酒的年产量提升到了2000箱。现在，赛奎农酒庄又同澳大利亚酿酒师克莱西（Alois Kracher）合作，酿造“Mr. K”品牌甜酒，并于2006年发布首款“Mr. K”品牌甜酒。

曼弗雷德·克兰克尔原是钟楼餐厅（Campanile）的管理者。1992年他与迈克尔·避风港酒窖（Michael Havens of Havens Wine Cellars）合作酿造了他的第一瓶葡萄酒。他特别钟情于源自罗讷河谷的葡萄酒，这使他酿出的酒款呈现出与一般加州膜拜酒截然不同的风格。由于曼弗雷德·克兰克尔具有餐饮业的管理背景，因此由他酿出的每款葡萄酒都华丽复杂，配餐时却少有破坏食材本身的味道。他总是希望客人将他所酿的每一瓶酒喝到一滴不剩，才能让人真正领悟到美酒在生命中不可或缺的地位。

2014年9月14日，正值葡萄收获的时节，曼弗雷德·克兰克尔在一次摩托车交通事故中受伤。随即伊莱恩夫人发表声明说：“在此期间我们顶尖的团队将一如既往地继续生产和维护赛奎农酒庄的高等级品质。正如大家知道的，我们整个团队目前正在进行收割，请大家理解曼弗雷德·克兰克尔先生的康复治疗恰好发生在我们最繁忙的收获季节。我们将随时向大家发布最新的消息”。目前，曼弗雷德·克兰克尔先生正在康复中。

有着天马行空、独往独来且性格特异的曼弗雷德·克兰克尔，不仅体现在酿酒思维及技术上，他在酒款取名、酒瓶与酒标的设计上亦堪称一绝。每年他会从众多的葡萄园中根据自己的要求挑选葡萄来酿造各种不同的酒，因此赛奎农酒庄从来都不曾酿造重复的酒款。他认为每个年份的每支酒都是有区别的，更何况赛奎农酒庄的每款酒都是用不同品种的葡萄混酿出来的。赛奎农酒庄的酒名、酒标及酒瓶名出有因，因为每一款酒标都是由酒庄老板曼弗雷德·克兰克尔精心设计的艺术品。因此，赛奎农酒庄生产的葡萄酒在每年都会出现许多奇怪的酒名和不同的酒标，甚至连酒瓶的形状都不尽相同。乍看起来曼弗雷德·克兰克尔做法有违品牌行销原则，杂乱无章法，但他却成功建立了赛奎农酒庄在美国葡萄酒业独一无二的特异形象，也意外地激起了葡萄酒爱好者追捧。虽然赛奎农酒庄的葡萄酒每一年都会换名字，但是这个酒庄主要有四款佳酿：一款是由希拉葡萄主导的混合葡萄酒，一款是由歌海娜葡萄主导的混合葡萄酒，一款是由瑚珊葡萄主导的混合白葡萄酒，还有一款是“Mr. K”甜白葡萄酒。赛奎农酒庄葡萄酒每年的总产量不会超过3500箱，每一款酒才寥寥两三百箱而已，有些特殊酒款更只有几百瓶。这些酒约45%要分配给在酒庄注册客户，25%在全美各地销售，30%销售给欧洲地区。由于产量少的原因，拍卖会上鲜见赛奎农酒庄葡萄酒的身影，因为拥有这些葡萄酒的人，只想好好享用这位酿酒哲学家每年创出的大师之作。

赛奎农酒庄拥有葡萄园面积为12.2公顷，葡萄园内种植的葡萄品种有希拉、歌海娜（Grenache）、黑皮诺、瑚珊（Roussanne）、霞多丽和维欧尼（Viognier），还有用于酿制冰酒的琼瑶浆（Gewürztraminer），以及用于酿制餐后甜酒即麦秆葡萄酒的赛美戎（Semillon）等。葡萄园中的葡萄树的平均树龄为15年。在这些葡萄园中，其中最主要的是“积云”园（Cumulus Vineyard）及“十一自白”园（Eleven Confessions Vineyard）。曼弗雷德·克兰克尔夫妇将自己的家也安在这片葡萄园中。

“积云”园位于陡峭的山坡下，面积2.43公顷，其中1.01公顷种植希拉葡萄藤，1.01公顷种植歌海娜葡萄藤，0.41公顷瑚珊和维欧尼葡萄藤，每公顷种植了9785株。2007年，这块葡萄园出产的葡萄开始被用来酿酒，首款佳酿就是大名鼎鼎的“积云”园（Next of Kyn Syrah Cumulus Vineyard）。“十一自白”园面积为8.89公顷，其中4.04公顷种植希拉葡萄藤，3.23公顷种植歌海娜葡萄藤，1.21公顷种植瑚珊葡萄藤，0.41公顷种植维欧尼葡萄藤。希拉葡萄产量略大一些，一般年份可以达到4500公斤/公顷；而歌海娜葡萄产量一般年份只有3500公斤/公顷左右。

曼弗雷德·克兰克尔曾说过：“我的目的是酿造出成熟度绝佳、酒体丰满及复杂的葡萄酒，这些酒必须风格优雅，能体现出风土和年份的独特性。”他的酿酒哲学是采用轻柔的方式来进行葡萄的种植和酿造。从葡萄园到酒装瓶，他们采取绝对的人工方式。葡萄在采摘时要进行分拣，去掉叶、梗、不成熟或腐烂的果实等，这些工作全部都是通过人工完成。使用60%~100%新橡木桶醇化，为时18~24个月；用黑皮诺葡萄酿酒醇化期为9~13个月；白葡萄酒则使用40%~60%比例新的法国橡木桶中进行醇化，为时13~15个月。一般情况下，装瓶时不过滤。

“积云”园酒曾被伦敦葡萄酒搜寻网站Wine Searcher列为2014年世界最贵的50种葡萄酒之一，也是当年美国获评仅有的两款葡萄酒之一，而另一款是啸鹰酒（Screaming Eagle）。

笔者品尝过第一个年份（2007年）的“积云”园，它由希拉葡萄和歌海娜葡萄混合酿造，使用40%新法国橡木桶醇化25个月，总共只生产了1500瓶。这款酒近乎黑色，散发出诱人的黑醋栗、李子、黑莓、甘草、合欢花和胡椒、烤肉、樟脑、木炭及石墨的馥郁香味。单宁丰满浑厚，中间带着一丝酸味，但很平衡。有神话般的强度与纯净度，纹理清新，细腻浓郁，回味悠长。

098

哈伦园

HARLAN ESTATE

PROPRIETARY

等级 未评级

产地 美国，加利福尼亚州，纳帕河谷地区

创立时间 1984 年

主要葡萄品种 赤霞珠，梅洛，品丽珠，小维铎

年产量 约 20000 瓶

上佳年份 2011、2010、2009、2008、2007、2006、2005、2004、2003、2002、2001、1998、1997、1996、1995、1994、1993、1992、1991

威廉·哈伦（H·William Harlan）家族在纳帕河谷的橡树镇山麓，拥有超过97公顷的橡木树林和河谷，其中约有15%的面积（14.5公顷）用于种植葡萄，这个葡萄园名叫哈伦园（Harlan Estate）。

哈伦家族成员中的比尔·哈伦（Bill Harlan）是一位才智过人的房地产开发商，大学毕业后他投身房地产行业，有了钱便开始投资地的一家葡萄酒厂——梅丽瓦（Marryvalle）酒庄。然后他四处寻觅适合的葡萄园，在1984年他买下了位于橡木村玛莎葡萄园（Martha's Vineyard）西边的一大片土地，这块土地覆盖了陡峭绵延的山坡，海拔不尽相同。他投下巨资开始种植葡萄并添置酿酒设备，将酒庄命名为哈伦酒庄（Harlan Estate）。他用了很短的时间，使哈伦酒庄的葡萄酒获得了巨大的成功，由他酿造的第一个年份是1990年（于1996年装瓶）哈伦酒（Harlan Estate Proprietary），一上市就引起了新闻界和葡萄酒业界的轰动，成为纳帕谷的膜拜酒。这款酒的产量不大，但名气不小，即使你出600美元，也未必能得到它。

哈伦园位于橡树镇危险的陡坡上，开垦于1984年，是哈伦家族独有的，面积为2.5公顷。这块土地的地理条件和微气候非常独特，土壤主要成分为硬质土，并掺杂带有裂隙的岩石，葡萄园的边缘有一些流沙，拥有排水良好的条件。经过20多年的发展，这个酒园现在的面积已达到14.5公顷，园中种植的葡萄品种为70%的赤霞珠、20%的梅洛、8%的品丽珠和2%的小维铎，树龄平均为30年，种植密度每公顷5400株。1999年，纳帕河谷地区爆发葡萄根瘤蚜虫病，最早的2.5公顷葡萄园因品种的根茎脆弱，不得不重新种植。幸运的是，早期还有7.3公顷的葡萄根茎坚固，抵抗住了这场灾难。本园的葡萄以垂直分格的方式种植，从远处看过去非常美丽。

哈伦园红酒由赤霞珠葡萄、梅洛葡萄、品丽珠葡萄和小维铎葡萄混合酿造，在酿造过程中，会尽量保持葡萄的天然特性。葡萄在采摘时会非常小心，采摘后的葡萄要去梗，挤碎后在带有温控设备的小型发酵罐里进行发酵，发酵结束后，使用全新的法国橡木桶进行醇化，醇化期为23~26个月，装瓶前不过滤、不澄清。

与很多美国酒庄一样，哈伦酒庄对酒标的设计也非常重视。他们聘请美国前财政部雕刻家何伯·费希特（Herb Fichter）担任设计监督，成功设计出第一个年份的酒标。比尔·哈伦说过："酒瓶上的酒标是要放在餐桌上在烛光下欣赏，而不是被陈列到商店的货架上。"

从1995年起，比尔·哈伦将达不到酿造哈伦酒要求的葡萄改为生产副牌酒——"少女"（The Maiden）。1997年，他又与酿酒师波贝·里维（Bob Levy）合作，生产"邦德"（Bond）系列高级葡萄酒，于1999年推出的梅贝里（Melbury）及韦兹那（Vecina），年产各2700瓶左右，2001年又推出圣伊登（St. Eden），年产3000瓶左右。

2011年9月6日，笔者应哈伦酒庄总经理保罗·罗伯特先生（Paul Roberts）之邀，参加了在香港举办的哈伦酒庄系列葡萄酒晚宴，分别品尝了2005年、2002年、2000年、1997年、1995年等5个不同年份的哈伦酒。当晚最惊艳的是2002年的哈伦酒，它呈深紫色，具有令人沉醉的李子、黑醋栗、甘草、雪松、巧克力、烤烟、樟脑的馥郁香气，单宁细腻饱满、醇厚柔顺，整合了优雅、神秘与高贵的气质，不愧是纳帕河谷葡萄酒的巅峰之作。

第七章

澳大利亚产区

Australia

099

葛兰吉，奔富

GRANGE,

PENFOLDS

*

等级 超特优级（Exceptional）

产地 澳大利亚，阿德莱德市，巴罗莎谷地区（Barossa Valley，Adelaide，Australia）

创立时间 1844年

主要葡萄品种 设拉子（Shiraz），赤霞珠

年产量 84000 ~ 108000瓶

上佳年份 2010、2009、2008、2007、2006、2005、2004、2002、2001、1999、1998、1996、1994、1991、1990、1986、1983、1982、1978、1976、1971、1966、1963、1962、1955、1953

澳大利亚早在1788年就开始生产葡萄酒，但发展最迅速的时期是最近30年。到2000年，全澳葡萄园面积已达150000公顷，主要分布在南澳、东澳和西澳，其中又以南澳的葡萄酒为最佳。在南澳洲，著名的葡萄酒产区主要集中在（由北向南）：克拉尔谷（Clare Valley）、伊甸谷（Eden Valley）、巴罗莎谷（Barossa Valley）、麦拿仑谷（McLaren Vale）和古纳华拉（Coonawarra）等地区。到了20世纪90年代，澳洲葡萄酒已名庄辈出，且形成了一个初具规模的拍卖市场。

在澳洲，有一个名为兰顿澳大利亚葡萄酒分级系统（Langton's Classification of Australian Wine，下简称“兰顿分级”），第六版名单于2014年5月1日在位于南澳阿德莱德市（Adelaide）的国家葡萄酒中心正式发布。

兰顿分级根据葡萄酒的市场表现决定。这个分级系统由兰顿精品葡萄酒拍卖行于1990年首次建立，第一版名单中仅有34款葡萄酒，随后每五年更新一次名单，直至2010年发布的第五版。2014年5月1日发布的第六版名单中，共有139款葡萄酒入选。

最新的兰顿分级中，共设三个级别，从高到低分别是Exceptional（至尊级），Outstanding（杰出级），Excellent（优秀级）。所有进入这份名单的葡萄酒必须满足两个基本条件：至少有10年的酿造历史，并在二级市场表现活跃。

各级别含义：

1. Exceptional（至尊级）：最稀缺，最受买家追捧的葡萄酒，代表了澳大利亚葡萄酒的最高品质，可以认为是澳大利亚的“一级庄葡萄酒”。

2. Outstanding（杰出级）：极受市场欢迎的葡萄酒，是澳大利亚葡萄酒质量的标杆之作，可以认为是澳大利亚的“超二级庄葡萄酒”。

3. Excellent（优秀级）：葡萄酒二级交易市场上的抢手货，名望与品质皆不俗。

19世纪初，一位年仅34岁名为希利斯托荷·拉瓦松·奔富（Dr·Christopher Rawson Penfold）的医生，由英国的苏瑟（Sussex）移民来到南澳的阿德莱德市郊区巴罗莎谷的玛格尔村（Magill）。像许多医生一样，他对葡萄酒的医学价值深信不疑。在离开英国前，他收集了一些来自法国罗讷河谷地区的希拉葡萄（Syrah，在澳洲叫“Shiraz”——设拉子，也叫“Grange Hermitage Cottate”——海米塔奇·葛兰吉农庄）葡萄藤枝，并带到了澳洲栽种。1844年，他与夫人玛莉·蒲莎德（Mary Purchased）在玛格尔修建了一座名为葛兰吉（Grange）的小石屋，这个名字与玛莉·蒲莎德夫人在英国居住子名字一样。奔富夫妇在石屋四周种上“设拉子”葡萄藤枝，并将园命名为奔富·玛格尔（Penfolds Magill）。葡萄园首次收获后，奔医生开始酿造波特酒（Port）和雪莉酒（Sherry），供病人治病之用。奔富医生于1870年去世后，他的家人继承了这个葡萄酒产业，成立了奔富公司。

经过160多年的发展，奔富公司现在是澳洲第一大葡萄酒生产商。公司股票于1962年上市。1976年，奔富家族将公司的控股权卖给了托思公司（Tooth and Co），托思公司后来又将控股权卖给了萧思科普葡萄酒公司（Southcorp Wines）。2005年5月，富士特集团收购了萧思科普葡萄酒公司，间接成为了奔富公司的第一大股东。公司的控股权虽然几经更迭，公司的名称改为奔富酒业有限公司（Penfolds Wines Pty LTD），但奔富公司追求卓越的信条却一直保持不变。

奔富公司的首任酿酒师德裔玛希·舒伯特（Max Schubert，1915—1994年）先生对奔富公司的贡献是居功至伟的。他于1931年在年仅16岁时加入奔富公司，从1944年起负责酿酒工作。1950年，玛希·舒伯特受公司董事长杰弗·奔富·海兰（Jeffey Penfold Hyland）的委派，先到西班牙考察学习正宗雪莉酒的酿造方法，再到葡萄牙学习正宗波特酒的酿造方法，最后顺道到法国和德国观摩名葡萄酒的酿造方法。法国和德国之行并不是舒伯特的重点，但他在法国波尔多受到了当地著名酒商克鲁斯（Christian Cruse）的指点，了解了许多酿造名酒的奥秘。这次的欧洲之行让玛希·舒伯特收获颇多，他决心要在南半球酿造出第一支达到波尔多高水准的葡萄酒。回到澳洲后，玛希·舒伯特便开始努力，于1951年第一次用奔富·玛格尔园的设拉子葡萄酿成了实验性质的葛兰吉酒，酿好后的酒在当时的评价并不高。玛希·舒伯特并不气馁，在董事长杰弗·奔富·海兰支持下，他悄悄地继续酿造了三个年份的葛兰吉酒（1957、1958、1959）。功夫不负有心人，在1962年的悉尼葡萄酒大奖赛中，葛兰吉酒（1955年）终于获得金奖。1995年，美国《葡萄酒观察家》杂志将1990年的葛兰吉酒评选为“年度最佳葡萄酒”。玛希·舒伯特先生生前也许未曾想过，60年后的今天，葛兰吉酒已成为了澳洲的旗舰葡萄酒，已是全世界最知名的葡萄酒之一。

玛希·舒伯特去世后，继承他事业的酿酒师分别是狄费（Don Differ）和杜瓦（John Duval），他们在他的酿造基础上进一步发扬光大，不断创新，相继推出了RWT红葡萄酒和顶级的干白葡萄酒——雅塔娜（Yattarna Bin144）等非常有潜力的明星酒。

2002年7月，本是数学和自然科学教师的佩特·嘉高（Peter Gago）接任了奔富公司的首席酿酒师职务。佩特·嘉高曾在罗斯沃锡学院（Roséworthy）学习过酿酒学，他于1989年加入奔富公司，先后酿造过气泡酒和红酒，经验丰富。2006年10月31日，笔者应邀参加在深圳举办的奔富酒庄系列葡萄酒品鉴晚宴，第一次见到佩特·嘉高先生，并与他进行了一次长谈。他为人热情豪爽，给人的印象是思路活跃，才华横溢，对葡萄酒事业十分热衷，经常到世界各地推广奔富葡萄酒，为澳洲葡萄酒著书立说。

奔富酒庄有2000多公顷葡萄园，主要葡萄园集中在阿德莱德市附近，其中最著名的是奔富·玛格尔园和麦拿仑谷园（McLaren Vale）。奔富·玛格尔园位于阿德莱德市中心以北8公里的巴罗莎谷，是奔富酒庄的第一个葡萄园，现在已易名为奔富·玛格尔·艾斯塔奇园（Penfolds Magill Estate）。1982年以后，因阿德莱德市的发展需要，奔富·玛格尔园大部分被辟为市政之用，葡萄园面积只剩下5.2公顷，这个葡萄园种植的全是设拉子葡萄藤，大部分树龄在50年以上。奔富公司的麦拿仑谷园位于阿德莱德市以南37公里的麦拿仑山谷，面积为49.8公顷，分别种植了设拉子葡萄和赤霞珠葡萄，树龄多为40年。这两个酒园葡萄藤的种植密度非常低，每公顷为1200~2000株，葡萄在成熟后采摘，采摘后的葡萄还要再挑选一次，葡萄的收获量每公顷只有1~3吨。

葛兰吉酒是奔富酒庄的"第95号窖"（Bin 95 Grange Shiraz）酒。1989年以前，酒名为葛兰吉·海米塔奇酒（Grange Hermitage）。由于海米塔奇（Hermitage）是法国罗讷河谷地区著名的葡萄酒产区，1990年后，酒庄就将酒名改为葛兰吉酒（Grange），酒标也换了新样。葛兰吉酒通常由奔富·玛格尔·艾斯塔奇园和麦拿仑谷园的设拉子葡萄和赤霞珠葡萄混合酿造，年产108000瓶。酿造葛兰吉酒一般用90%以上的设拉子葡萄，根据不同的年份会掺杂少量（1%~13%）赤霞珠葡萄。葛兰吉酒采用类似于波尔多顶级葡萄酒的酿酒方法，在发酵和醇化过程中，会特别注意单宁酸成熟度的变化，醇化采用由美国进口的全新小橡木桶，醇化期为18~24个月。

在兰顿澳大利亚葡萄酒分级系统于2014年5月1日发布的第六版评级名单中，奔富酒庄有两个品牌获得至尊级（Exceptional）殊荣：葛兰吉（Grange）名列第一，"第707号酒窖"（Bin707）名列第六。为庆祝奔富酒庄成立170周年，酒庄在2010年特别酿造了一款2010 Penfolds Bin 170 Shiraz Kalimna Vineyard Block 3C（只生产5544瓶），这款酒用来自巴罗莎谷卡琳娜（Barossa Valley Kalimna）Block 3C单一葡萄园的设拉子葡萄酿造，在1973曾酿造过一次。2014年8月3日，酒庄用170年的老株葡萄果实再次酿造了这款佳酿，产量不超过300瓶，售价超过澳元1800元，相当于人民币11000元。

2015年3月7日，笔者在香港参加了葛兰吉酒垂直品鉴晚宴，1998年雅塔娜干白酒（Yattarna）和1981、1982、1985、1988、1990、1998年的葛兰吉酒悉数上桌，表现都很好，但最突出的还是1998年的y酒。此酒显现出深紫的红宝石色泽，带着黑莓等果味的芳香，单宁饱满，酒体醇厚，口感细腻柔顺，醇厚优雅。

100

百年波特酒，诗宝特菲尔德

PARA CENTENARY 100 YEAR OLD VINTAGE TAWNY, SEPPELTSFIELD WINERY

等级 超特优级（Exceptional）

产地 澳大利亚，阿德莱德市，巴罗莎谷地区（Barossa Valley，Adelaide，Australia）

创立时间 1851 年

主要葡萄品种 歌海娜（grenache），设拉子，慕维得尔（mouvedre）

年产量 不足 1300 标准瓶（750mL）

上佳年份 1913、1910、1909、1908

琼塞菲·诗宝特（Joseph Seppelt）是德国人，他于1851年创办了诗宝特·菲尔德酒庄（Seppeltsfield Winery）。这个酒庄位于巴罗莎谷地区，是全世界唯一每年出产百年单一年份葡萄酒的酒庄，被列入世界遗产名录，更是澳洲政府主管部门钦定的“指标性的葡萄酒庄园”。当时，琼塞菲·诗宝特本想在澳洲种烟草，但由于气候不适宜，他就到芭萝莎谷买了一块土地，种植了葡萄树。澳洲气候比德国要热，种植出来的葡萄糖分很高，失掉红葡萄酒中最重要的天然酸度。他就效仿葡萄牙酿造的波特酒，用这些葡萄来酿制波特酒。1878年，诗宝特·菲尔德酒庄建造的石头酒窖刚落成之际，琼塞菲·诗宝特的儿子贝尼诺·诗宝特（Benno Seppelt）就在酒窖中开辟了一个“百年酒窖”（Centennial Cellar），用容量为500公升的橡木桶，选择当年最好的波特酒，专门酿制百年波特酒（Para Tawny）。这个酒窖有许多旧酒桶，上面分别写着创始人及几代掌门人的名字和生卒年份。1978年，诗宝特·菲尔德酒庄首次推出百年波特酒（窖藏了整100年），第一个年份是1878年，这是百年波特酒系列（Centennial Collection）的“开创年份”，酒庄迄今已连续推出了37个年份（1878—1915年）的百年波特酒，今年将推出1916年份的波特酒。另外，这个酒庄生产的雪莉酒（Sherry）也非常有名。这些酒的主要市场是欧美和日本，在中国市场上少见。

诗宝特·菲尔德酒庄拥有一片名叫重力流葡萄园（Gravity Flow Winery），这片葡萄园历史悠久，于1888年在层层的梯田上依山而建，种植了赤霞珠、设拉子、歌海娜（Grenache）、多瑞加（Touriga）、桑娇维塞（Sangiovese）、尼洛戴伐罗（Nero Davalo）、帕洛米诺（Palomino）等葡萄品种。酒庄用这里出产的葡萄生产的重力流红葡萄酒（Gravity Flow Winery），其品质上佳。

诗宝特·菲尔德酒庄的百年波特酒（Para Centenary 100 Year Old Vintage Tawny），由歌海娜葡萄，设拉子葡萄和慕维得尔葡萄混酿，在发酵过程中加入了80度的葡萄蒸馏酒后，酒精含量达到17.5%。经过100年窖藏后酒精含量会达到24%，而且残留余糖含量还很高。当时橡木桶中有500公升的葡萄酒，在窖藏100年后只剩下不足100公升，100年的时间挥发掉了3/4。这款百年波特酒每年仅公开发行1000公升左右，约1300标准瓶（750毫升），有750毫升瓶装、500毫升瓶装、375毫升瓶装和100毫升瓶装四种规格。这款百年波特酒的价格不菲，以750毫升瓶装为例，目前市场价格超过2000美元，曾被伦敦葡萄酒搜寻网站Wine Searcher列为2012年全球最昂贵的50款葡萄酒之一，是当年榜单中澳洲唯一的葡萄酒。

笔者品尝过1898年诗宝特·菲尔德酒庄的百年波特酒（750毫升瓶装），酒精度数为24%。它呈黄褐色，酒身浓郁，非常黏稠。一股由柚子皮、水果蛋糕、太妃糖、黑巧克力、烤肉、胡椒组成的香味，变得有点像优雅的交响乐般。微酸的口感中带着甜蜜，有着澎湃的张力，醇厚和谐，含蓄而又矜持，回味持久绵长。

后　记

此前，笔者的几部著作中均有介绍葡萄酒品质的辨别、购买、储存、品饮、鉴赏等方面的技巧。在这里，笔者再次向读者朋友介绍相关知识，供参考。

1. 适量饮用葡萄酒对人体健康有益

2015年5月，美国癌症研究协会（AACR）第100届年会公布了一项研究结果，确认红葡萄酒为抗癌食品。这个研究结果认为，红葡萄酒中富含白黎芦醇（Resveratrol）、多酚（polyphenol）、维生素（Vitamin）和微量元素等，特别是白黎芦醇和多酚这两种元素是较强的抗氧化剂，可以有效地分解人体中的“坏”胆固醇。2006年11月，美国哈佛大学和美国国立卫生研究院（National Institutes of Health，NIH）共同发布了一项研究成果表明，红葡萄酒中所含的单宁酸（Tannic acid）可使超重的中年白鼠延长寿命，并提高其健康水平。美国耶鲁大学的调查分析也表明，经常喝红葡萄酒可以大大增加非霍奇金淋巴瘤患者、乳腺癌患者的存活几率。

上述的研究结果表明，一个人如果每天适量饮用（不超过375毫升）葡萄酒，可以软化和扩张血管，加速血液循环，促进新陈代谢，增强消化力和免疫力，对感冒、癌症、冠状动脉疾病、心脑血管疾病、老年痴呆症、抑郁症等疾病都能起到积极的预防或减轻病情作用。这些科学的发现，极大地刺激葡萄酒的需求，特别是高品质的葡萄酒更是受到人们的青睐。

2. 如何辨别葡萄酒品质

一是了解产地。一些老牌葡萄酒生产国对产区都有严格的控制。如法国的“原产地控制命名”AOC（Appellation d’Origine Contrôlé）、意大利的“保证法定地区”

D.O.C.G.（Denominazione di Origine Controllata e Garantita）、西班牙的“原产地名称保护地区”DOC（Denominacion de Origen Calificada）等。其中，法国AOC法定产区共有七个，分别是：波尔多（Bordeaux）、勃艮第（Burgundy）、阿尔萨斯（Alsace）、罗讷河谷（Rhone River Valley）、卢瓦河谷（Loier River Valley）、普罗旺斯（Provence）和香槟区（Champagne）等。以勃艮第法定产区为例，根据不同的地理范围，葡萄酒又分四个等级：特级酒（Grand CRU），一级酒（Premier CRU），村级酒（Village Wines）和餐酒（Regional Wines）等。与其他地方不同，勃艮第产区最大的特点是，大多数葡萄酒是由单一葡萄酿成的。虽然法国的AOC酒庄成千上万，但其葡萄酒品质却相差甚远。

二是了解品牌。品牌是葡萄酒质量的重要保证。要了解品牌，首先要了解酒庄和它的历史与现状。一个好品牌，必然有较悠久的历史，好口碑的传承，或是经常获得专业奖项，或得到酒评家们的广泛好评。

三是了解葡萄的种植、地理环境、酿造工艺等。要正确判断葡萄酒的质量是一件困难的事。从客观上讲，葡萄酒品质主要取决于葡萄，而葡萄品质又取决于品种、土壤、种植方法以及老天的帮助（即所谓的“年份”）；从主观上讲，葡萄酒品质又取决于酿酒师的手艺，包括酿造技术和工艺、发酵、醇化、橡木桶使用情况以及储藏条件等。

酒标上的年份是指葡萄的采摘年份，而非葡萄酒的装瓶或出厂年份。

四是亲身感受葡萄酒。首先是“察颜观色”，仔细检视葡萄酒的水位（酒水位越高越好）；酒的纯洁度、亮度和透明度（越透亮越好）；察看酒瓶封口和软木塞的完好程度，酒标的新旧程度和完整程度；辨别酒瓶或酒标上的防伪标识（现在有些名庄在酒瓶或上酒标设有防伪标识，如在酒瓶上铸有防伪的凸字或激光防伪标识）等。再就是用鼻子闻，如果酒瓶密封不严，酒液可能会渗漏出，就会散发出酒味。

还有一点，如果是陈年名贵佳酿，一定要注意其变质或过期。变质或过期酒一般会像酱油般，浑浊不透明，水位较低，酒瓶软木塞或已腐烂。由于陈年佳酿价格昂贵，市面上经常会出现假酒，对此要特别当心。

3. 购买和储藏葡萄酒

如果你要购买葡萄酒，选择信誉和条件良好的专卖店或供应商是非常重要的。商家的信誉是购买葡萄酒的必要保证。零售商的葡萄酒一般会由自己保存，如果商家储藏条件不佳，或运输保管不当，再好的葡萄酒也会变成酱油。

对保证葡萄酒的品质来说，“阴、凉、湿、稳”是关键。“阴”是指不见阳光的地方；“凉”是指温度维持在13~16℃之间；“湿”是指湿度能维持在65%~80%之间；“稳”是指平稳、没有震动的地方。

如果你只有少量的葡萄酒，储藏条件又达不到上述要求，建议你在家里找一个避光、阴凉（温度最好不要超过23℃）、避震的地方，将酒水平地平稳摆放，每隔1~2个月检查一次，用这种方法储藏酒最好不要超过一年。如果你是一个热衷的收藏家，建议买一个电酒柜（每个酒柜可存放60~300瓶不等）来储藏葡萄酒，这种酒柜备有恒温、恒湿、遮光的功能，可使葡萄酒的保存时间更长一些。如果你有条件，建议建一个有恒温、恒湿、避光功能的酒窖。

葡萄酒的保存期，要视葡萄酒的品种而定。相对而言，白酒保存期较短，红酒保存期要长一些；一般保存期为2~3年，而优质佳酿则可保存10年以上。

4. 葡萄酒与菜肴搭配

传统的说法是，“红酒配红肉，白酒配白肉（如海鲜等）”，但葡萄酒与菜肴的搭配并没有金科玉律。我国的菜肴系列非常丰富，偏咸、偏辣、偏酸、偏甜、偏油腻的菜肴各有不同风味，很难用一种统一的标准来搭配葡萄酒。但有两点要提醒读者：一是在选择与葡萄酒搭配的食物时，不要使食物的味道掩盖葡萄酒的味道，否则你无法享受到酒的复杂层次和醇厚的优雅感；二是要注意葡萄酒的“天敌”——甜味，如果你先吃了甜食再喝葡萄酒（甜白葡萄酒除外），你的味觉已被甜味所侵袭，再好的葡萄酒在你口腔里也不过是无味的液体而已，这简直是在“糟蹋”葡萄酒。

5. 品尝和鉴赏葡萄酒

饮用葡萄酒主要分为观色、闻香、品味三个步骤，饮用过程节奏要适当慢，这样才能细细欣赏那美妙复杂的香气和细致多变的味道。

一般而言，饮用白葡萄酒（或香槟酒等）的理想酒温为6~11℃；饮用红葡萄酒的理想酒温为16~20℃。

香味是葡萄酒的重要元素。葡萄酒的香味由各类果香、花香、木香、烧烤香、食物香和土壤、皮革、金属、矿物质等气息组成。饮酒环境尽量不要有太强的异味，如香水、香烟、浓烈的烧烤、辣椒、洋葱、大蒜味等，否则，你很难享受到葡萄酒复杂而多变的香味。喝酒前，逆时针慢慢地摇晃酒杯，使酒香缓缓溢出，同时也让酒身得到更好的氧化。如果你对香味辨别能力有限，建议到专卖店买一盒香料样块，以提高你的辨香能力。

饮用葡萄酒的顺序是先白后红，先淡后浓，甜酒收尾。白葡萄酒和香槟酒在开瓶后可即饮，红葡萄酒要视品种和年份不同而定。对一些较年轻的红葡萄酒，应在饮用前几个小时开瓶，让酒“呼吸空气”并氧化，使酒变得更加醇厚和柔和。一些已成熟的陈年红葡萄酒在饮用前的48小时应竖立放置，以沉淀酒渣，开瓶后尽量要“醒酒”（即换瓶和除渣）。

在倒酒时，应将酒液斟倒至酒杯的三分之一处。如果一次饮多种不同的葡萄酒，建议选择不同的杯子，如红酒杯、白酒杯、香槟杯等。更讲究一点的，饮用红酒还可以分为波尔多杯、勃艮第杯、希拉杯等。

每种不同的酒喝完后，应用白温水漱口或嚼片面包、芝士，清除嘴中异味，以利享受下一瓶葡萄酒丰盛的韵味。

作者简介

熊建明先生，管理哲学博士，高级工程师，中国方大集团股份有限公司董事长。著名的资深葡萄酒评论家，有近30年葡萄酒鉴赏和收藏的丰富经验。

参考文献

1 **《红葡萄酒鉴赏手册》**，Michael Edwards 编著，中文翻译：陈辉，香港万里机构·万里书店出版，2001 年 3 月版

2 **《白葡萄酒鉴赏手册》**，Godfrey Spence 编著，中文翻译：樊毓斐，上海科学技术出版社，2005 年 7 月版

3 **《法国葡萄酒翻译字典》**，林俗森、刘钜堂著，法国食品协会，1998 年 6 月版

4 **《世界百大珍稀葡萄酒鉴赏》**，熊建明著，中国轻工业出版社，2008 年 2 月第 1 版

5 **《世界百大葡萄酒·百年志 1900-2008》**，熊建明著，中国轻工业出版社，2011 年 4 月第 1 版

6 **《波尔多顶级葡萄酒品鉴》**，熊建明著，中国轻工业出版社，2011 年 9 月第 1 版

7 **《勃艮第顶级葡萄酒品鉴》**，熊建明著，中国轻工业出版社，2012 年 8 月第 1 版

8 *Parker's Buyer's Guide*，Robert M.Parker，JR 著，Fireside Rockefeller Center 出版，2002 年版

9 *The World's Greatest Wine Estates*，Robert M. parkerJR 著，Simon & Schuster 出版，2005 年版

10 *Wine Buyer's Guide*，Robert M.parker，JR 著，Seventh Edition 出版，2008 年版

11 *The Great Wines of France*，Clive Coates 著，Mitchell Beazley 出版，2005 年版

12 *The Wines Of Burgundy*，Clive Coates，MW 著，University of Califomia Press，Ltd 出版，2008 年版

13 *The World Atlas of Wines*，Hugh Johnson/Jancis Robinson 著，Mitchell Beazley 出版，2007 年版

14 *Burgundy*，Anthony Hanson 著，Mitchell Beazley 出版，2004 年版

15 *Moet~Hachette*，International Wine Dictionary，Hachette 著，1996 年版

16 *L'Or du Vin: Les 100 Vin les Plus Prestigieux du Monde*，Pierre CasamAyor/Michel Dovaz / Jean-François Bazin 著，1994 年版

17 **《勃艮第葡萄酒（Les Vins de Bourgogne）》**，毕欧第（Sylvain Pitiot）著，陈千浩、任汝芯译，台湾白象文化事业有限公司出版，2013 年 4 月第 1 版